Matthießen — Fuchslocher

Die Pumpen

Ein Leitfaden für Ingenieurschulen und zum Selbstunterricht

Sechste vermehrte und verbesserte Auflage

von

Eugen Fuchslocher
Dipl.-Ing., Kiel

Mit 237 Textabbildungen

Springer-Verlag Berlin Heidelberg GmbH
1943

ISBN 978-3-662-36031-6 ISBN 978-3-662-36861-9 (eBook)
DOI 10.1007/978-3-662-36861-9

Ursprünglich erschienen bei Springer-Verlag OHG. in Berlin 1943

Vorwort zur ersten Auflage.

Das vorliegende Buch bringt in kurzer Fassung das Wichtigste, was ein angehender Maschineningenieur über Wesen, Anordnung, Konstruktion und Betrieb der heute gebräuchlichen Pumpen wissen muß. In erster Linie ist es als Lehrbuch und als Ergänzung für den Unterricht an den Ingenieurschulen gedacht. Außerdem soll es als Leitfaden für Studierende an technischen Hochschulen und zum Selbstunterricht dienen.

Dem Umfange des Buches entsprechend konnte auf theoretischem Gebiete nur das Allernotwendigste gebracht werden. Wer sich tiefere Kenntnisse der Pumpentheorie aneignen will, wird in den einzelnen Abschnitten auf die entsprechende Literatur hingewiesen.

Das Hauptgewicht wurde auf die ausführlichere Behandlung der Kolben- und Kreiselpumpen gelegt, während die Dampf- bzw. Luftdruckpumpen und die Dampf- bzw. Wasserstrahlpumpen nur kurz beschreibend besprochen sind.

Wo es irgend angängig war, sind die Abbildungen als Strichbilder gebracht. Durch diese Vereinfachung wird das Verständnis und die Übersicht für den Anfänger wesentlich erleichtert. Der Besprechung der einzelnen Abschnitte ist möglichst immer ein kurzes Zahlenbeispiel angefügt worden. Außerdem ist am Schlusse der „Kolbenpumpen" und ebenso der „Kreiselpumpen" die praktische Durchrechnung einer ganzen Pumpe durchgeführt. Die einzelnen Teile des Kurbeltriebes sind nicht besonders besprochen, da ihre Kenntnis von den Maschinenelementen her als bekannt vorausgesetzt werden kann. Fremdwörter sind nach Möglichkeit vermieden worden.

Kiel, 1922. **Matthießen. Fuchslocher.**

Vorwort zur sechsten Auflage.

Im Januar 1941, während der Drucklegung der 5. Auflage, ist mein Mitarbeiter, Herr Prof. Dipl.-Ing. Matthiessen, verstorben. Es ist mir eine angenehme Pflicht, auch an dieser Stelle meinem Berufskameraden für seine freundliche und reibungslose Mitarbeit zu danken.

Infolge der großen Fortschritte im Pumpenbau ließ es sich nicht vermeiden, daß der Umfang des Buches von Auflage zu Auflage zugenommen hat. Deshalb war es für diese Auflage zweckmäßig, eine kleine Änderung der Stoffeinteilung vorzunehmen. Im Text sind verschiedene Änderungen und Ergänzungen durchgeführt worden. Neue Abbildungen sollen zum besseren Verständnis des Textes dienen. Einige nicht mehr gebräuchliche Bauarten sind durch zeitgemäße Ausführungen ersetzt worden. Erweitert sind im Abschnitt Kolbenpumpen die Kapitel über Ausführungsbeispiele und Pumpen mit umlaufendem Verdränger, im Abschnitt Kreiselpumpen die Kapitel über Berechnung, Parallelbetrieb und Regelung.

Allen Pumpenfirmen, die das Buch durch wertvolle Anregungen und Überlassung von Zeichnungen, Druckschriften und Bildstöcke gefördert haben, sei auch an dieser Stelle aufrichtigster Dank gesagt.

Dem Springer-Verlag gebührt besonderer Dank für die mustergültige Ausführung des Buches.

Kiel, Februar 1943. **Fuchslocher.**

Inhaltsverzeichnis.

Allgemeines.

Die Pumpen dienen zum Fördern von Flüssigkeiten. Die Förderung der Flüssigkeit kann erfolgen durch einen hin- und hergehenden Kolben (Kolbenpumpen), durch ein rasch umlaufendes Schaufelrad (Kreiselpumpen), durch einen Strahl von Druckwasser (Wasserstrahlpumpen, hydraulische Widder) oder Dampf (Injektoren) und schließlich durch Luft- oder Dampfdruck (Saugheber, Luftdruckapparate, Pulsometer). Bei den Kolbenpumpen bewegt sich ein hin- und hergehender Kolben in einem geschlossenen Gehäuse, dem Pumpenzylinder, so daß eine absatzweise Förderung der Flüssigkeit stattfindet. Bei den Flügelpumpen wird ein Flügel hin- und herbewegt. Es sind daher Ventile erforderlich, welche die Pumpe abwechselnd von dem Saug- und Druckrohr absperren. Die absatzweise Bewegung des Wassers in den Rohren kann durch Windkessel, welche zeitweise einen Teil des Wassers aufnehmen, in eine mehr oder weniger ununterbrochene Bewegung verwandelt werden. Bei den Kreiselpumpen dreht sich ein Schaufelrad dauernd. Dadurch fallen Ventile und Windkessel fort und es fließt ein ununterbrochener Wasserstrom in der Pumpe und in dem Saug- und Druckrohr. Bei den Strahlpumpen fördern die gewöhnlichen Wasserstrahl- und Dampfstrahlpumpen ununterbrochen ohne Ventile, während der absatzweise arbeitende hydraulische Widder wieder Ventile und einen Windkessel nötig hat. Ebenso arbeiten die Luftdruckapparate (Mammutpumpen) ununterbrochen ohne Ventile, während die Dampfdruckpumpen (Pulsometer) absatzweise mit Ventilen fördern.

Die häufigste Verwendung finden die Kolben- und Kreiselpumpen. Beide stehen in scharfem Wettbewerb miteinander. Der Wirkungsgrad der Kolbenpumpen ist zwar etwas höher als derjenige der Kreiselpumpen. Die letzteren arbeiten aber mit höheren Umlaufzahlen und verlangen daher raschlaufende Antriebsmaschinen, welche wieder höhere Wirkungsgrade als langsamlaufende Maschinen haben. Der Gesamtwirkungsgrad von Anlagen mit Kolben- und Kreiselpumpen ist daher ungefähr der gleiche. Die langsamlaufenden Kolbenpumpen lassen in der Regel keine unmittelbare Kupplung mit raschlaufenden Antriebsmaschinen (Elektromotoren, Dampfturbinen) zu. Die erforderliche Übersetzung verschlechtert dann wieder den Gesamtwirkungsgrad und verteuert die Anlage. Bei unmittelbarem Antrieb der Kolbenpumpe durch eine Höchstdruck-Kolbendampfmaschine sind trotz der geringen Geschwindigkeiten wieder erhebliche Vorteile bezüglich der Wirtschaftlichkeit auf seiten der Kolbenpumpe zu erwarten. Bei den Kreiselpumpen hat die Steigerung der Drehzahl merklich nachgelassen. Wegen ihrer Einfachheit werden die Schrauben- und Propellerpumpen sehr bevorzugt.

Die Strahlpumpen und Luft- bzw. Dampfdruckpumpen haben infolge ihres geringen Wirkungsgrades eine mehr untergeordnete Bedeutung. Für besondere Zwecke ist ihre Verwendung aber oft vorteilhaft.

I. Kolbenpumpen.

1. Anordnung und Wirkungsweise der verschiedenen Bauarten.

Man unterscheidet nach der Wirkungsweise:

a) Einfach wirkende Pumpen.
b) Doppelt wirkende Pumpen.
c) Differentialpumpen.

a) Einfach wirkende Pumpen.

Dieselben kann man in Druck- und Hubpumpen einteilen, je nachdem das Wasser aus dem Zylinder durch Drücken des Kolbens oder durch Heben desselben verdrängt wird.

Die **einfach wirkende Druckpumpe** wird stets mit Tauchkolben ausgeführt; sie kann liegend und stehend angeordnet werden. Abb. 1 zeigt eine liegende Pumpe. Der Pumpenzylinder Z, in welchem der durch eine Stopfbüchse abgedichtete Tauchkolben K hin- und herbewegt wird, enthält oben das Druckventil $D.V.$ und unten das Saugventil $S.V.$ Das Wasser wird vom Brunnen zum Zylinder durch das Saugrohr R_s und vom Zylinder zum oberen Ausguß durch das Druckrohr R_d geleitet. Am unteren Ende des Saugrohrs ist ein Saugkorb angeordnet, um Unreinigkeiten von der Pumpe fernzuhalten. Manchmal ist der Saugkorb noch mit einem besonderen Ventil, dem Fußventil, versehen.

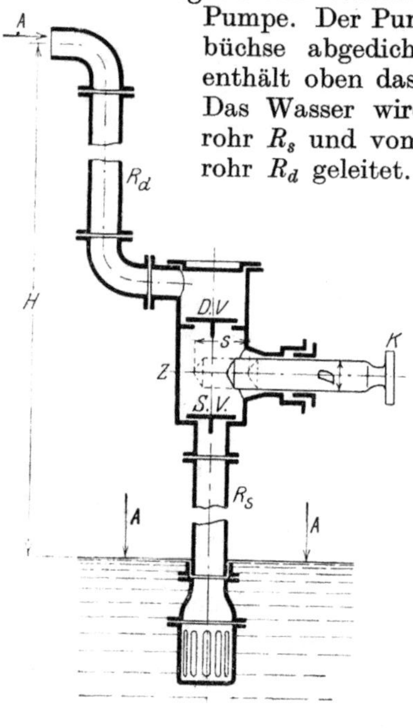

Abb. 1. Einfach wirkende Druckpumpe.

Bezeichnet man mit $F = \frac{\pi D^2}{4}$ den Kolbenquerschnitt in m², mit s den Kolbenhub in m und setzt man voraus, daß die Pumpe mit Wasser gefüllt sei, dann wird beim Hingang des Kolbens, d. h. bei der Bewegung nach der Kurbelwelle hin, vom Kolben der Raum $F s$ m³ im Zylinder freigegeben. Sowie der Druck im Zylinder um ein bestimmtes Maß abgenommen hat, also ein Unterdruck entstanden ist, wird durch den Atmosphärendruck A, welcher auf dem Wasserspiegel im Brunnen wirkt, das Saugventil geöffnet und gleichzeitig die im Saugrohr befindliche Wassersäule in Bewegung gesetzt. Der im Zylinder freigegebene Raum Fs wird also mit Wasser gefüllt. Ist der Kolben in seiner rechten Totlage angekommen, dann schließt sich das Saugventil unter der Wirkung des Eigengewichts bzw. des Federdrucks. Diesen Verlauf unter der Mitwirkung des Atmosphärendrucks nennt man das S a u g e n d e r P u m p e.

Beim Rückgang des Kolbens öffnet sich das Druckventil und der Kolben drückt die Wassermenge Fs in das Druckrohr, so daß die im Druckrohr befindliche

Wassermenge in Bewegung gesetzt wird und am Ausguß die Wassermenge Fs austritt. Ist der Kolbenhub beendet, dann schließt sich das Druckventil. Diesen Verlauf nennt man das Drücken der Pumpe.

Bei einer Umdrehung der Kurbel oder einem Doppelhub fördert die Pumpe Fs m³ und es beträgt somit bei n Umdrehungen in der Minute die mittlere sekundliche Wasserlieferung: $Q = \frac{F s n}{60}$ m³/sek. Mißt man D und s in dm, so erhält man die sekundliche Wasserlieferung in Liter, also Q in l/sek.

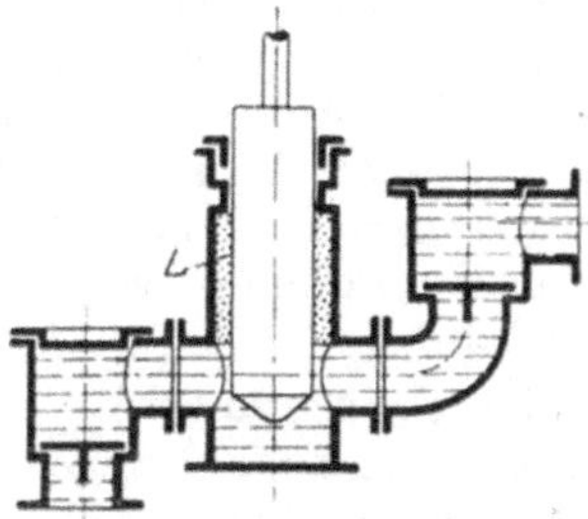

Abb. 2. Falsche Ausführung, Luftsack.

Da der Kraftbedarf beim Saugen zu demjenigen beim Drücken sich wie die entsprechenden Höhen verhält, ordnet man meist zur besseren Verteilung des Kraftbedarfs 2 oder 3 Pumpen parallel nebeneinander an, wobei 2 Kurbeln um 180° und 3 um 120° versetzt sind (Zwillings-, Drillingspumpen). Diese Ausführung findet man besonders bei Preßpumpen. Jedoch wird die Pumpe auch in einfacher Ausführung verwendet. Sie kommt für alle Wassermengen auf alle Förderhöhen in Frage.

Mißt man am Ausguß die tatsächliche (effektive) Wasserlieferung Q_e einer Pumpe in m³/sek, so wird man finden, daß dieselbe stets kleiner als die aus den Abmessungen der Pumpe berechnete Wasserlieferung Q ist, weil Lieferungs-

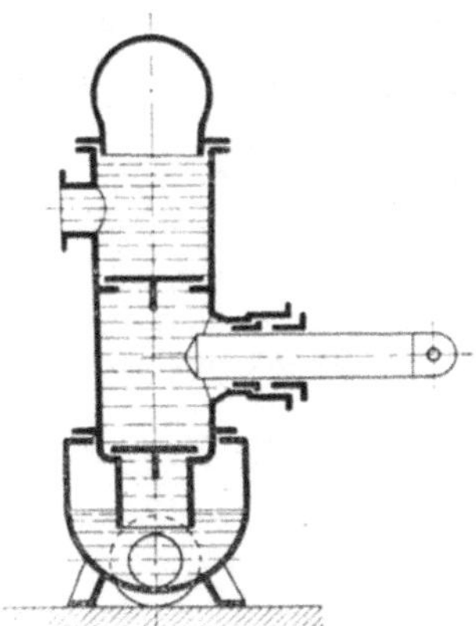

Abb. 3. Einfach wirkende Druckpumpe mit Windkessel.

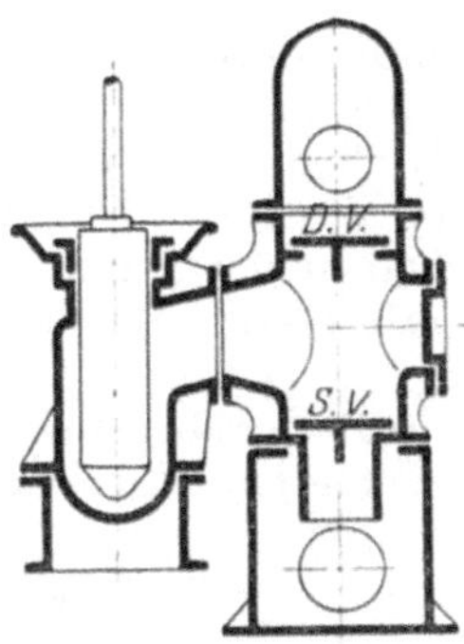

Abb. 4. Stehende, einfach wirkende Druckpumpe, gedrängte Ausführung.

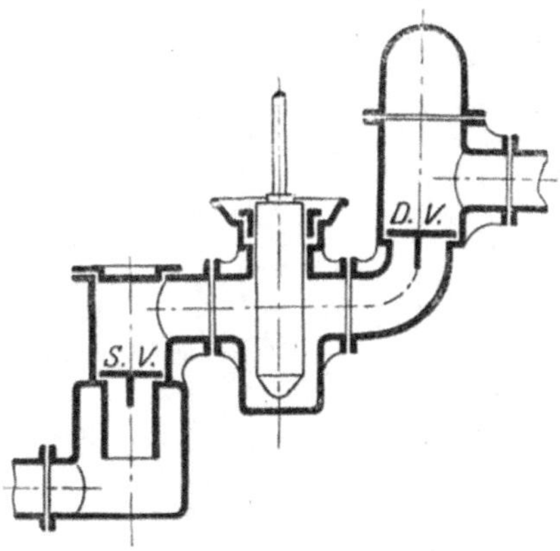

Abb. 5. Stehende, einfachwirkende Druckpumpe, Ventile leicht zugänglich.

verluste vorkommen. Man nennt das Verhältnis $\frac{Q_e}{Q}$ den Lieferungsgrad η_l, somit ist: $\eta_l = \frac{Q_e}{Q}$.

Die Lieferungsverluste können durch Undichtheiten hervorgerufen werden. Undicht können sein: die Stopfbüchse des Kolbens, die Ventile und die Rohrleitung. Ist die Saugleitung undicht, so tritt Luft ein und es wird statt Wasser ein Gemisch von Wasser und Luft gefördert. Dieses Gemisch kann auch durch den natürlichen Luftgehalt des Wassers entstehen. Beim Saugen scheidet sich ein Teil der Luft aus und sammelt sich im hochgelegenen Teil des Zylinders an. Ist der Zylinder sachgemäß ausgeführt, dann wird beim Druckhub die Luft vollständig in das Druckrohr entweichen. Kann sich aber Luft in einem Raum innerhalb des Zylinders, dem sogenannten Luftsack so ansammeln, daß sie beim Druckhub nicht entweicht (Abb. 2), dann wird diese Luftmenge beim Saugen sich ausdehnen und beim Drücken sich zusammenziehen, so daß die Ventile zu spät öffnen. Der hierbei auftretende Verlust wird um so größer sein, je größer die Saughöhe und die Druckhöhe ist. Wie später gezeigt wird, öffnen und schließen die Ventile mit Verspätung gegen den Hubwechsel, dadurch wird eine kleinere Wassermenge als Fs angesaugt und gedrückt. Es kann gesetzt werden $\eta_l = 0{,}90$ bis $0{,}98$; der kleine Wert für kleine Pumpen, der große Wert für große Pumpen, wie sie bei Wasserwerken und Wasserhaltungen verwendet werden.

Bei Kolbenpumpen, besonders bei denjenigen mit Kurbelantrieb, werden meist Windkessel angeordnet, um ein ruhiges Arbeiten zu erzielen, wie später gezeigt wird. Bei Spritzen sind Windkessel notwendig, um einen gleichmäßigen Wasserausfluß zu erhalten. Abb. 3 zeigt die einfach wirkende Pumpe mit Windkessel. Abb. 4 und 5 sind Beispiele für stehende Pumpen.

Die **Hubpumpe** (Abb. 6) wird mit durchbrochenem Scheibenkolben K ausgeführt. Der Scheibenkolben ist mit dem Druckventil $D.V.$ versehen, er bewegt sich in einem ausgebohrten vertikalen Zylinder Z auf und ab. Bewegt sich der Kolben aufwärts, dann öffnet sich das Saugventil $S.V.$ und der Kolben saugt die Wassermenge Fs m³ an. Gleichzeitig wird die im Zylinder über dem Kolben befindliche Wassermenge $(F-f)s$ in das Druckrohr gehoben, wobei $f = \frac{\pi d^2}{4}$ den Querschnitt der Kolbenstange bezeichnet.

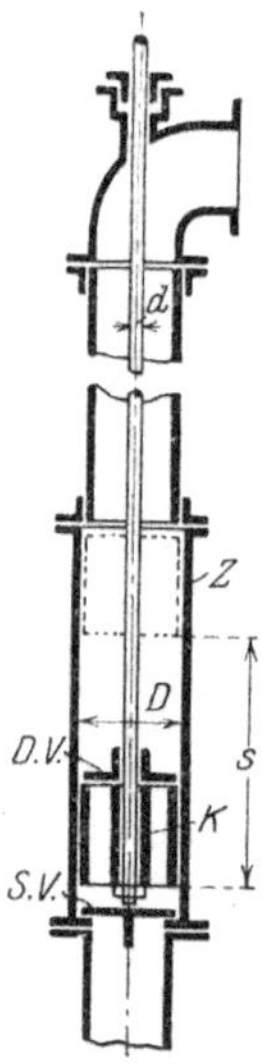

Abb. 6.

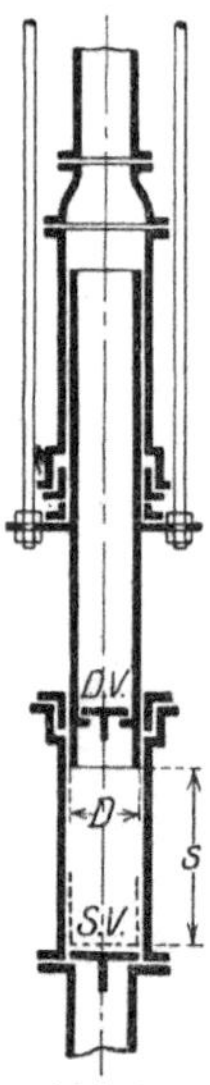

Abb. 7.

Abb. 6. Hubpumpe.

Abb. 7. Hubpumpe mit Rohrkolben (Rittingerpumpe).

Bei der Abwärtsbewegung tritt die im Zylinder unter dem Kolben befindliche Wassermenge Fs durch das geöffnete Druckventil hindurch. Gleichzeitig wird über dem Kolben der Raum $(F-f)s$ frei, so daß die Wassermenge $Fs-(F-f)s = fs$ in das Druckrohr verdrängt wird.

Die Pumpe fördert bei einer Umdrehung die Wassermenge $(F-f)s + fs = Fs$ und es ist somit:

$$Q = \frac{F s n}{60}.$$

Da f im Verhältnis zu F klein ist, wird der größte Teil der Förderarbeit beim Heben geleistet und es kann daher die Hubpumpe bei Vernachlässigung von f als einfach wirkend angesehen werden. Um eine gleichmäßigere Verteilung der Förderarbeit zu erzielen, werden verschiedene Hilfsmittel verwendet (Gegengewicht, Ausgleichkolben). Die Hubpumpe wird bei tiefliegendem Brunnenwasserspiegel verwendet, wie es bei Brunnen- und Bohrlochpumpen der Fall ist. Außerdem wird sie bei den Kondensatoren der Dampfmaschinen benützt.

Bei Druckhöhen über etwa 40 m ist die Abdichtung des Scheibenkolbens sehr mangelhaft, auch ist eine Überwachung der Dichtungsflächen des Kolbens nicht möglich. Ein Fehler der Abdichtung läßt sich erst beim sichtbaren Abnehmen der Wasserlieferung feststellen. Deshalb verwendet man bei großen Druckhöhen die Hubpumpe mit Rohrkolben, einfach wirkende Rittingerpumpe (Abb. 7). Bei derselben erfolgt die Abdichtung durch zwei von außen nachziehbare Stopfbüchsen. Die Arbeitsweise ist dieselbe wie bei der einfachen Hubpumpe.

b) Doppelt wirkende Pumpen.

Dieselben werden liegend oder stehend ausgeführt; bei kleinen Druckhöhen verwendet man den Scheibenkolben, sonst wird der Tauchkolben bevorzugt. Bei den Pumpen mit Tauchkolben kann man 2 Bauarten unterscheiden, je nachdem ein Kolben oder ein

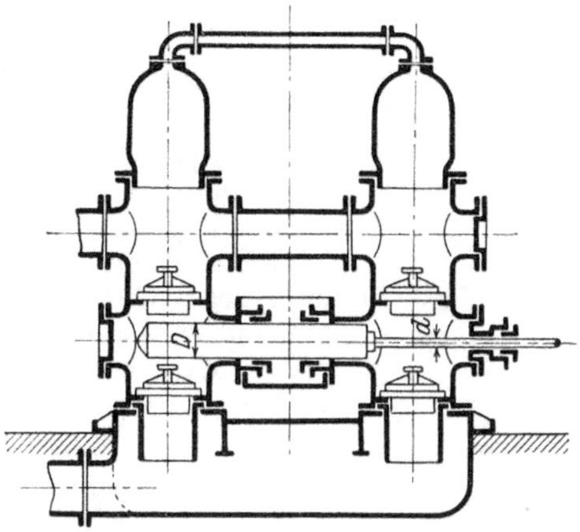

Abb. 8. Liegende, doppelt wirkende Pumpe mit einem Tauchkolben.

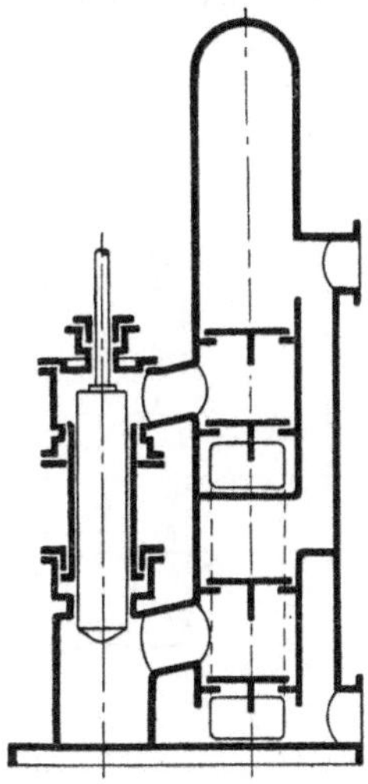

Abb. 9. Stehende, doppelt wirkende Pumpe, gedrängte Bauart.

Doppelkolben verwendet wird. Bei der letzteren Art ist ein Umführungsgestänge notwendig.

Abb. 8 zeigt eine liegende Pumpe mit einem gemeinschaftlichen Tauchkolben. Beim Hingang saugt die linke Kolbenfläche Fs an, gleichzeitig drückt die rechte Kolbenfläche $(F-f)s$ aus dem rechten Zylinder. Beim Rückgang drückt die linke Kolbenfläche Fs aus dem linken Zylinder, gleichzeitig saugt die rechte Kolbenfläche $(F-f)s$ an. Bei einer Umdrehung fördert demnach die Pumpe die Wassermenge $(F-f)s + Fs = (2F-f)s$ m³ und somit ergibt sich:

$$Q = \frac{(2F-f)sn}{60}.$$

Die Pumpe wird bei Wasserwerken und Wasserhaltungen für mittlere Förderhöhen verwendet. Sehr oft wird statt der beiden in der Mitte liegenden Stopfbüchsen eine einzige (Unastopfbüchse) ausgeführt (Abbildung 72), um den Reibungswiderstand des Tauchkolbens und die Baulänge der Pumpe zu verkleinern. Abb. 9 und 10 zeigen stehende Tauchkolbenpumpen, dieselben werden als Fabrik- und Schachtpumpen verwendet.

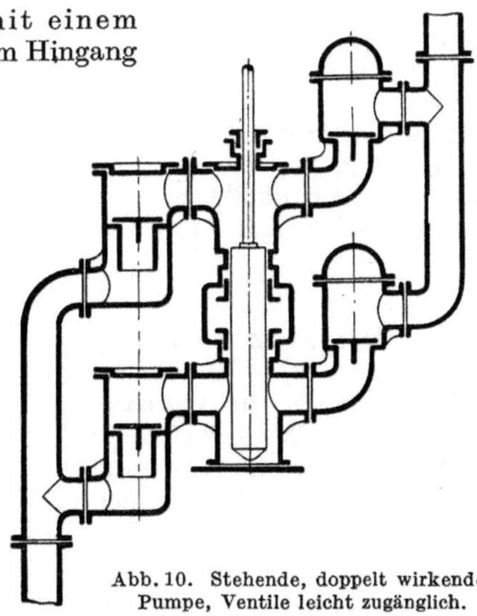

Abb. 10. Stehende, doppelt wirkende Pumpe, Ventile leicht zugänglich.

Die Wasserlieferung und der Arbeitsbedarf sind beim Rückgang größer als beim Hingang. Der Unterschied ist um so größer, je größer die Druckhöhe ist, da infolge des zunehmenden Kolbendrucks auch der Durchmesser d der Kolbenstange größer wird.

Deshalb verwendet man bei großer Druckhöhe die liegende Doppelkolbenpumpe mit Umführungsgestänge (Abb. 11), welche beim Hin- und Rückgang des Tauchkolbens dieselbe Wassermenge liefert. Bei einer Umdrehung fördert die Pumpe die Wassermenge $Fs + Fs = 2Fs$ und demnach folgt:

$$Q = \frac{2Fsn}{60}.$$

Die Pumpe wird bei Wasserhaltungen und als Preßpumpe verwendet.

Bei kleinen Förderhöhen und nicht zu großen Fördermengen verwendet man auch die Pumpe mit Scheibenkolben. Abb. 12 zeigt eine

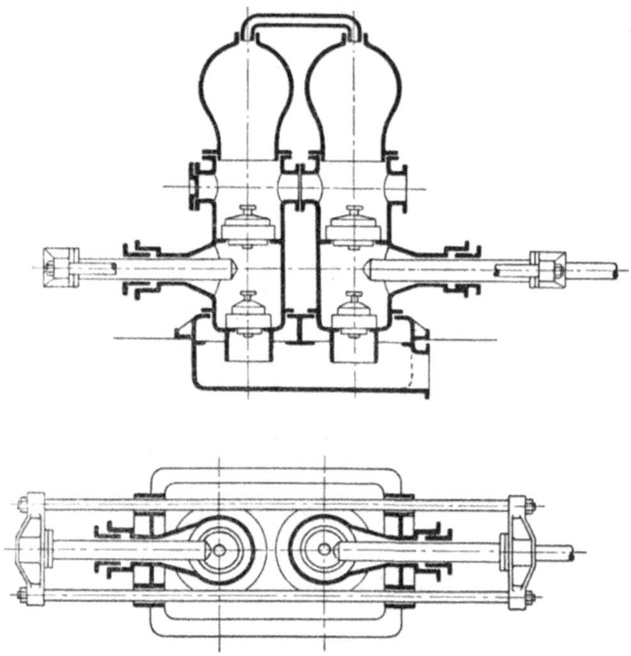

Abb. 11. Liegende Doppelkolbenpumpe für große Druckhöhen.

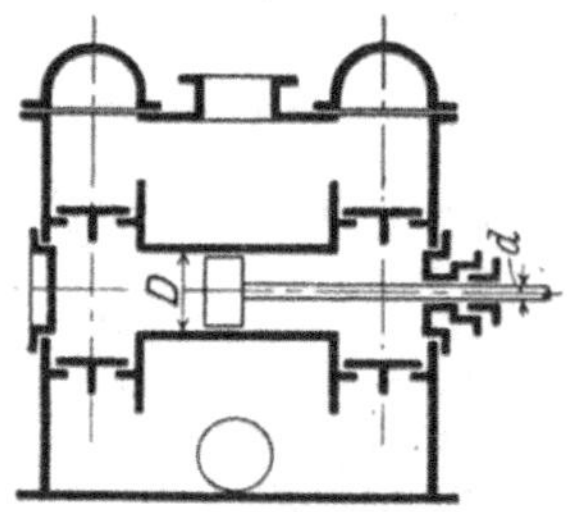

Abb. 12. Pumpe mit Scheibenkolben, Fabrikpumpe.

liegende Anordnung. Die Wirkungsweise dieser Pumpe ist dieselbe wie bei der Anordnung, welche Abb. 8 darstellt. Auf die mangelhafte Abdichtung des einfachen Scheibenkolbens, welche schon erwähnt worden ist, sei hingewiesen. Die Pumpe findet wegen ihrer kleinen Baulänge als Fabrikpumpe Verwendung.

c) Differentialpumpen.

Die Differentialpumpe mit Tauchkolben wird liegend und stehend ausgeführt. Abb. 13 zeigt eine liegende Anordnung. Beim Hingang wird in dem linken Zylinder die Wassermenge Fs angesaugt und gleichzeitig im rechten Zylinder die Wassermenge $(F - f)s$ verdrängt. Beim Rückgang wird aus dem linken Zylinder die Wassermenge Fs durch das Druckventil hindurchgeschoben, gleichzeitig wird aber im rechten Zylinder der Raum $(F - f)s$ frei, so daß nur die Wassermenge $Fs - (F - f)s = fs$ in das Druckrohr verdrängt wird. Während einer Umdrehung wird also die Wassermenge $(F - f)s + fs = Fs$ verdrängt und demnach ist: $Q = \frac{Fsn}{60}$.

Der Stufenkolben saugt und drückt zugleich beim Hingang, während er beim Rückgang nur drückt.

Wird $f = \frac{F}{2}$, dann ist die Wasserverdrängung des Kolbens beim Hin- und Rückgang gleich groß. Der Querschnitt f kann auch so gewählt werden, daß der Kraftbedarf beim Hin- und Rückgang gleich groß wird (s. Beispiel S. 16). Die Differentialpumpe gewährleistet also bei einfacher Bauart gleichmäßige Förderung und gleichmäßigen Kraftbedarf.

Bei der Differentialhubpumpe (Abb. 14) wird durch Anordnung des Ausgleichkolbens (d_1) die nachteilige Verteilung des Kraftbedarfs der einfachen Hubpumpe beseitigt. Bei der Aufwärtsbewegung des Kolbens wird die Wassermenge $F s$ angesaugt, gleichzeitig wird von der im Zylinder über dem Kolben befindlichen Wassermenge $(F - f_1) s$ in das Druckrohr gehoben. Bei der Abwärtsbewegung tritt die Wassermenge $F s$ durch das geöffnete Druckventil hindurch, gleichzeitig wird über dem Kolben der Raum $(F - f_1) s$ frei, so

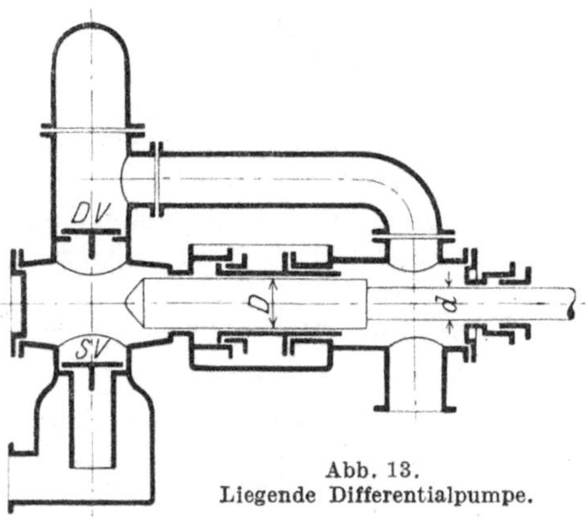

Abb. 13.
Liegende Differentialpumpe.

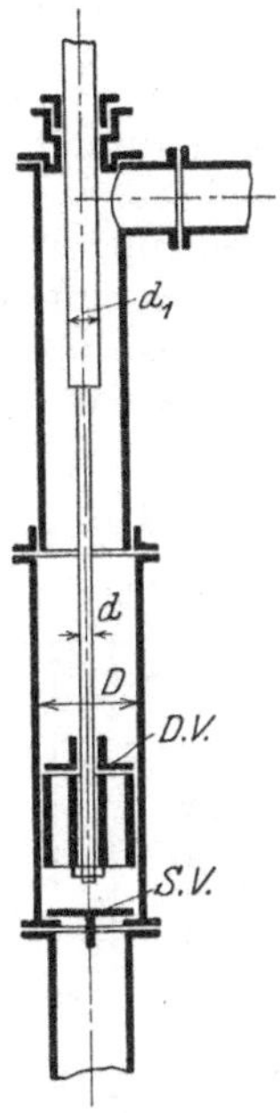

Abb. 14. Differentialhubpumpe.

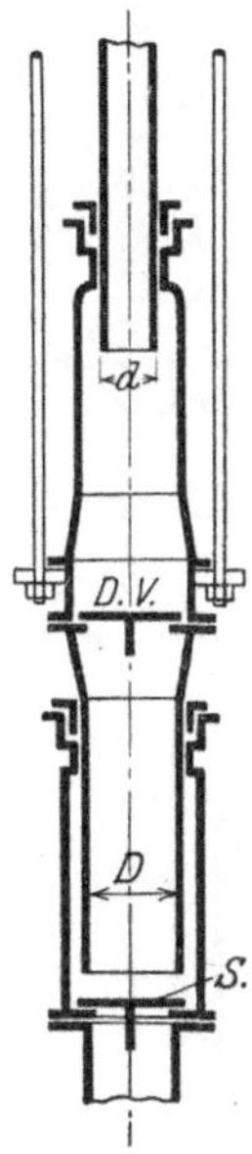

Abb. 15 Differential-Rittingerpumpe.

daß die Wassermenge $F s - (F - f_1) s = f_1 s$ in das Druckrohr verdrängt wird.

Bei einer Umdrehung fördert demnach die Pumpe die Wassermenge $F - f_1) s + f_1 s = F s$ und somit $Q = \frac{F s n}{60}$.

Macht man $f_1 = \frac{F}{2}$, dann ist die Wasserverdrängung beim Auf- und Niedergang gleich groß.

Bei großen Druckhöhen verwendet man die Differentialhubpumpe mit Rohrkolben — Rittingerpumpe — (Abb. 15). Die Wasserverdrängung beträgt beim Aufgang $f s$ und beim Niedergang $(F - f) s$ und somit $Q = \frac{F s n}{60}$.

2. Berechnung der Kolbenpumpen.

a) Saugwirkung.

α) Allgemeines.

Ein etwa 11 m langes Rohr, das an einem Ende geschlossen ist, werde mit Wasser von 4° C gefüllt und mit einer Scheibe dicht verschlossen. Nach

Umdrehung des Rohres werde die Scheibe unter Wasser entfernt (Abb. 16), dann wird das Wasser in dem Rohr etwas herabsinken, aber an einem bestimmten Punkte B stehenbleiben. Über B befindet sich nun ein luftleerer Raum, d. h. der Druck über dem Wasser bei B ist gleich Null. Dieser Vorgang zeigt, daß der auf das Wasser außen ausgeübte Druck der Atmosphäre gleich dem Druck der Wassersäule BC ist. Unter mittleren Verhältnissen wird die Höhe der Wassersäule $BC = 10{,}33$ m sein; diese Höhe stellt somit den Atmosphärendruck in Meter Wassersäule ausgedrückt dar. Es ist also im Mittel:

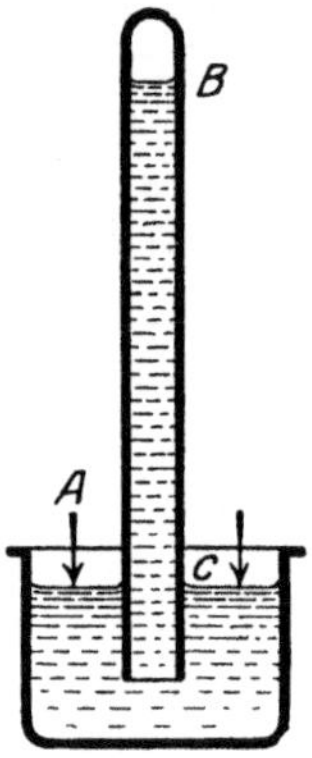

Abb. 16.

$$A = 10{,}33 \text{ m WS} (4^\circ \text{ C})$$

oder abgerundet at $= 10$ m WS (4° C) metrische oder technische Atmosphäre.

Bezeichnet F den lichten Rohrquerschnitt in m², p den Flächendruck in einem Rohrquerschnitt in kg/m², h die senkrechte Höhe der Flüssigkeitssäule über diesem Querschnitt in m und γ das spezifische Gewicht der Flüssigkeit in kg/m³, dann ist:

$$Fp = Fh\gamma \quad \text{oder} \quad p = h\gamma.$$

Es ist somit:

$$A = 10{,}33 \cdot 1000 = 10330 \text{ kg/m}^2,$$

$$\text{at} = 10 \cdot 1000 = 10000 \text{ kg/m}^2.$$

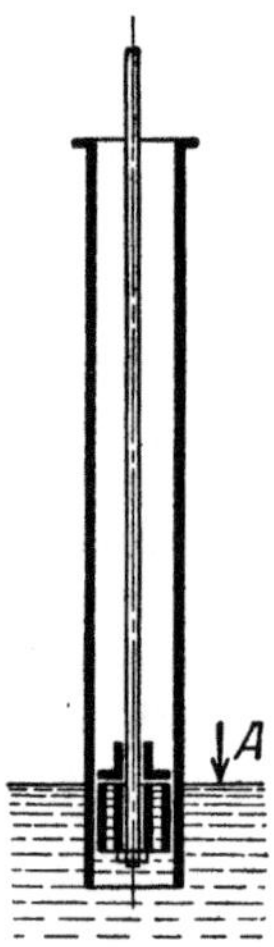

Abb. 17.

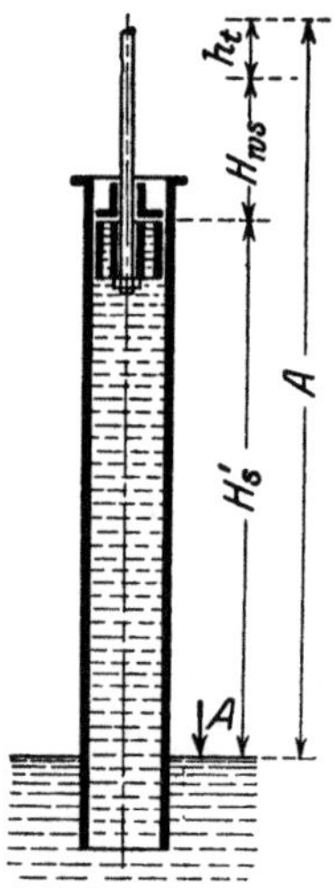

Abb. 18.

Der Atmosphärendruck wird mit dem Barometer in mm QS von 0° C gemessen. Zur Umwandlung in m WS (4° C) muß man den in m QS gemessenen Druck mit dem spezifischen Gewicht des Quecksilbers bei 0° C 13,6 (abgerundet) multiplizieren; z. B.

$$A = 750 \text{ mm QS} = 0{,}75 \text{ m QS}.$$

$$= 0{,}75 \cdot 13{,}6 = 10{,}2 \text{ m WS}.$$

Ein durchbrochener Kolben, der sich luftdicht in einem Rohr bewegt, werde bei geöffnetem Ventil bis auf das Wasser abwärts gesenkt, so daß die Luft unter dem Ventil vollständig entweichen kann und dann das Ventil geschlossen (Abb. 17). Bewegt sich der Kolben mit einer bestimmten Geschwindigkeit aufwärts, dann gibt er in dem Rohr über dem Wasser Raum frei, welcher infolge des Atmosphärendrucks sofort mit Wasser gefüllt wird. Auf diese Weise wird das Wasser dem aufsteigenden Kolben bis zu einem Punkte folgen, der H'_s m über dem Wasserspiegel liegt (Abb. 18). H'_s wird die Höhe von A m WS nicht erreichen, wie dies oben der Fall war, da der Atmosphärendruck beim Aufgang des Kolbens nicht nur der Wassersäule von der Höhe H'_s m das Gleichgewicht halten, sondern auch alle bei der Bewegung des Wassers auftretenden Widerstände überwinden muß. Außerdem ist es nicht möglich, unter dem Kolben den Druck Null zu erzeugen, da das Wasser im luftverdünnten Raum gesättigte Dämpfe ausscheidet, deren Druck von der Temperatur des Wassers abhängig ist.

Bezeichnet H_{ws} die Summe der Bewegungswiderstände in m WS und h_t den Siededruck des Wassers von t° C in m WS, dann ist:

$$h_t + H_{ws} + H'_s = A.$$

Abb. 19 zeigt den zeichnerischen Verlauf dieser Gleichung (s. auch S. 12). Die Saughöhe H_s, welche man ausführt, wird man stets kleiner als H'_s wählen, um eine gewisse Sicherheit zu haben, da die anderen Größen der obigen Gleichung veränderlich sind. Man erhält somit:

$$H_s < A - h_t - H_{ws}.$$

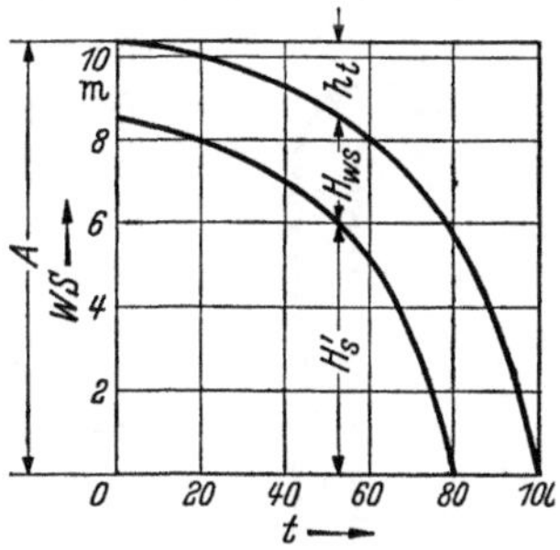

Abb. 19.

An ein offenes mit Wasser gefülltes Gefäß (Abb. 20) sei ein horizontales zylindrisches Rohr angeschlossen, dann steht ein Wasserteilchen an der Öffnung, welche vorerst geschlossen sein soll, unter dem Überdruck h m WS. Tritt nun ein Wasserteilchen von der Masse m durch die Öffnung mit der Geschwindigkeit c m/sek aus, so ist seine kinetische Energie (Energie der Geschwindigkeit) $\frac{m c^2}{2}$. Gleichzeitig sinkt der Wasserspiegel entsprechend dem ausgetretenen Teilchen. Soll aber der Wasserspiegel in gleicher Höhe bleiben, dann ist ein Wasserteilchen von der Masse m hinzuzusetzen; dieses Teilchen besitzt die potentielle Energie (Energie der Lage) $m g h$. Bei Vernachlässigung der auftretenden Reibungswiderstände ist dann:

$$m g h = \frac{m c^2}{2} \quad \text{oder} \quad h = \frac{c^2}{2 g}.$$

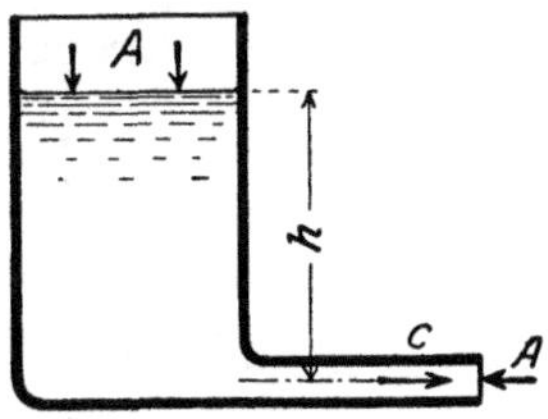

Abb. 20.

Hieraus folgt, daß zur Erzielung der Wassergeschwindigkeit von c m/sek im Rohr ein Druck von h m WS notwendig ist. Bezeichnet F den lichten Rohrquerschnitt, dann ist $Q = F c$ oder $c = \frac{Q}{F}$. Da die Rohrquerschnitte überall gleich sind, ist auch die Wassergeschwindigkeit im Rohr überall dieselbe.

β) Saugwirkung einer einfach wirkenden Tauchkolbenpumpe ohne Windkessel (Abb. 21).

Für das bessere Verständnis ist es zweckmäßig, zuerst die Saugwirkung einer Kolbenpumpe ohne Windkessel zu betrachten.

Beim Antrieb der meisten Kolbenpumpen (außer den unmittelbar wirkenden Dampfpumpen) wird der Kurbeltrieb verwendet. Die Bewegung des Tauchkolbens entspricht daher den Bewegungsverhältnissen des Kurbeltriebes. Soll der Gleitbahndruck des Kreuzkopfes nach unten gerichtet sein, so muß die Pumpe linkslaufend arbeiten, also entgegengesetzt wie in Abb. 21 angegeben ist. Die notwendigen Bezeichnungen seien:

r Kurbelhalbmesser in m, v Geschwindigkeit des Kurbelzapfens in m/sek, l Schubstangenlänge in m, c die augenblickliche Kolbengeschwindigkeit in m/sek, b die augenblickliche Kolbenbeschleunigung in m/sek².

Bezeichnet h_z den Wasserdruck in m WS im höchsten Punkt des Zylinders während der Saugwirkung, dann ist nach Abb. 22:

$$h_z = A - H_s - H_{ws}.$$

Die Saughöhe H_s (s. Abb. 21) ist der senkrechte Abstand vom niedrigsten Wasserspiegel im Brunnen bis zum höchsten Punkt des Zylinderraums (Dichtungsfläche des Druckventils). Dies ist besonders bei doppelt wirkenden Pumpen stehender Bauart (Abb. 9 und 10) zu beachten; hier befindet sich der höchste Punkt unter dem oberen Druckventil.

Es ist:

$$H_{ws} = h_1 + h_2 + h_3 + h_4,$$

wobei h_1, h_2, h_3 und h_4 die Einzelwiderstände in m WS bedeuten; dieselben sollen nun einzeln betrachtet werden (s. auch Abb. 22).

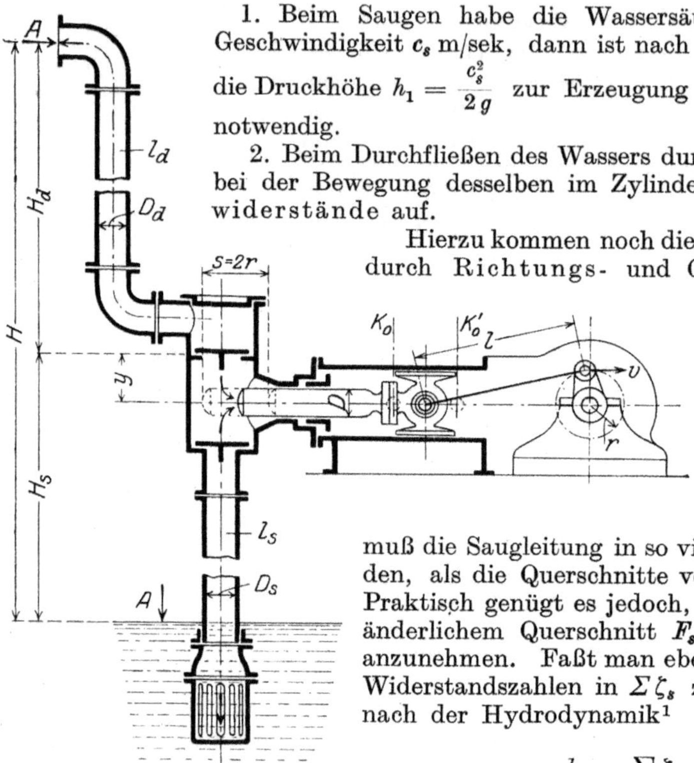

Abb. 21. Liegende, einfach wirkende Druckpumpe ohne Windkessel.

1. Beim Saugen habe die Wassersäule im Saugrohr die Geschwindigkeit c_s m/sek, dann ist nach dem oben Erwähnten die Druckhöhe $h_1 = \frac{c_s^2}{2g}$ zur Erzeugung der Geschwindigkeit notwendig.

2. Beim Durchfließen des Wassers durch das Saugrohr und bei der Bewegung desselben im Zylinder treten **Reibungswiderstände** auf.

Hierzu kommen noch die Widerstände, welche durch **Richtungs- und Geschwindigkeitsänderung** hervorgerufen werden, wie dies im Saugkorb, Fußventil, in etwa vorhandenen Krümmungen des Saugrohrs und im Zylinder der Fall ist. Bei genauer Berechnung muß die Saugleitung in so viele Teile zerlegt werden, als die Querschnitte verschieden groß sind. Praktisch genügt es jedoch, ein Rohr von unveränderlichem Querschnitt F_s und der Länge l_s anzunehmen. Faßt man ebenfalls die sämtlichen Widerstandszahlen in $\sum \zeta_s$ zusammen, dann ist nach der Hydrodynamik[1]

$$h_2 = \sum \zeta_s \frac{c_s^2}{2g}.$$

Soll keine Trennung der Wassersäule stattfinden, dann muß $F_s c_s = F c$ sein (Kontinuitätsgleichung, s. auch S. 70).

Hieraus folgt

$$c_s = \frac{F}{F_s} c$$

und somit

$$h_2 = \sum \zeta_s \left(\frac{F}{F_s}\right)^2 \frac{c^2}{2g}, \quad h_1 = \left(\frac{F}{F_s}\right)^2 \frac{c^2}{2g}.$$

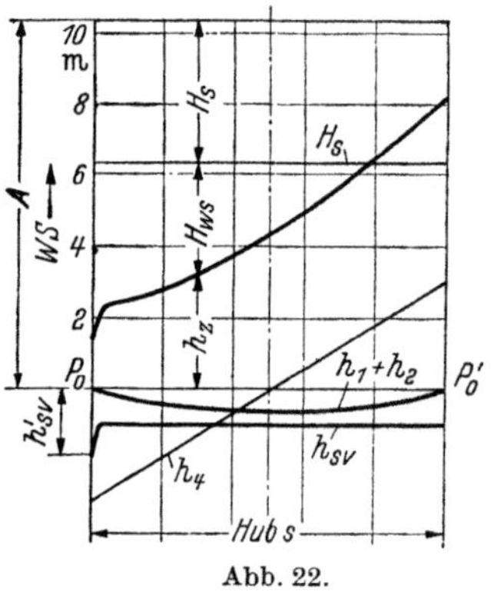

Abb. 22.

h_1 und h_2 ändern sich demnach wie das Quadrat der Kolbengeschwindigkeit, sie sind also zu Beginn und am Ende des Hubes gleich Null.

3. Zum Öffnen des Saugventils ist eine bestimmte Druckhöhe h'_{sv} notwendig. Ist das Ventil geöffnet, dann kann der Durchgangswiderstand als unveränderlich angesehen werden, derselbe sei h_{sv}, dann ist $h'_{sv} > h_{sv}$. (Weiteres s. Ventilberechnung, S. 26.)

[1] Siehe Hütte I oder Dubbel: Taschenbuch für den Maschinenbau.

4. Die Wassermasse $\frac{F_s l_s \gamma}{g}$ wird mit der Beschleunigung b_s bewegt, somit ist nach der dynamischen Grundgleichung:

$$P = m\,b = \frac{F_s l_s \gamma}{g} b_s .$$

Bezeichnet h_4 die Druckhöhe (in m WS), welche zur Überwindung des Beschleunigungswiderstandes notwendig ist, dann ist auch $P = F_s h_4 \gamma$ und somit: $F_s h_4 \gamma = \frac{F_s l_s \gamma}{g} b_s$ oder $h_4 = \frac{l_s}{g} b_s$. Nun ist $F_s c_s = F c$, demnach auch $F_s b_s = F b$ und $b_s = \frac{F}{F_s} b$. Mit diesem Wert erhält man:

$$h_4 = \frac{l_s}{g} \frac{F}{F_s} b .$$

Die Druckhöhe h_4 ist wie die Kolbenbeschleunigung b in den Totlagen am größten und etwa in der Mitte des Hubes gleich Null.

Die Kolbenbeschleunigung in den Totlagen K_0 und K_0' (Abb. 21) ist: $b_0 = \frac{v^2}{r}(1 + \lambda)$ und $b_0' = \frac{v^2}{r}(1 - \lambda)$. Das Längenverhältnis $\lambda = \frac{r}{l}$ beträgt gewöhnlich $\frac{1}{5}$, somit $b_0 = \frac{6}{5} \frac{v^2}{r}$. Beim Beginn des Saughubes ist somit: $h_{4\,max} = \frac{l_s}{g} \frac{F}{F_s} b_0$.

Bei der doppelt wirkenden Pumpe (Abb. 8) ist stets $h_{4\,max}$ der linken Pumpenseite in Rechnung zu setzen, da hierfür b_0 in Frage kommt. Versuche zeigen, daß die Widerstandshöhe h_4 den größten Einfluß auf die Veränderlichkeit von H_{ws} hat. Da h_4 beim Beginn des Saughubes den größten Wert hat, sei dieser Augenblick näher betrachtet. Beim Beginn des Saughubes sind h_1 und h_2 gleich Null, somit ist: $h_z = A - H_s - h_{sv}' - \frac{l_s}{g} \frac{F}{F_s} b_0$.

Wird $h_z < h_t$, dann entstehen Dämpfe im Zylinder und die Saugwassersäule bewegt sich selbsttätig, folgt also der Kolbenbewegung nicht mehr.

Wenn die Kolbengeschwindigkeit in der zweiten Hubhälfte abnimmt, wird meist durch die Saugwassersäule ein Wasserschlag hervorgerufen. Hierbei kann Mehrförderung durch vorzeitiges Öffnen des Druckventils entstehen, dies hat unter Umständen Schlagen des Saugventils bei der Kolbenumkehr zur Folge. Es kann aber auch die Wasserlieferung vermindert werden, wenn der Zylinder infolge von Dämpfen während des Saughubes nicht voll gefüllt wird.

Wird ein stoßfreier Gang der Pumpe verlangt, dann darf die Saugwassersäule nicht vom Kolben abreißen, d. h. $h_z > h_t$, oder:

$$A - H_s - h_{sv}' - \frac{l_s}{g} \frac{F}{F_s} b_0 > h_t .$$

Man muß also bedacht sein, $h_{4\,max}$ möglichst klein zu erhalten. Dies wird durch Anwendung eines Saugwindkessels erreicht.

γ) Saugwirkung einer einfach wirkenden Tauchkolbenpumpe mit Windkessel (Abb. 23).

Beim Saughube wird das Wasser dem Saugwindkessel entnommen und es wird nur die zwischen Saugwindkessel und Pumpenkolben befindliche Wassersäule entsprechend der Kolbenbewegung beschleunigt und verzögert. Wie aus Abb. 23 ersichtlich ist, ist die Länge l_s' klein, da der Saugwindkessel sehr nahe am Saugventil angeordnet ist. Damit ist der Zweck erreicht, den Beschleunigungswiderstand h_4 klein zu erhalten.

Da während des Betriebes das Wasser im Saugrohr mit annähernd unveränderlicher Geschwindigkeit fließt, ist: $F_s c_s = Q$ oder $F_s = \frac{Q}{c_s}$. Die Wassergeschwindigkeit c_s wird bei kurzem Saugrohr zu 1 m/sek. und bei langem Saugrohr zu 0,5 m/sek gewählt.

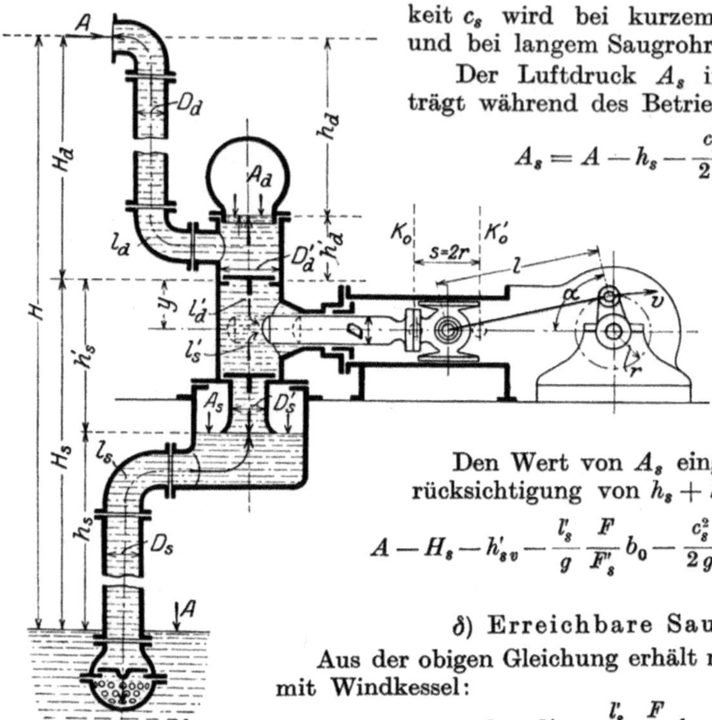

Abb. 23. Liegende, einfach wirkende Druckpumpe mit Windkessel.

Der Luftdruck A_s im Saugwindkessel beträgt während des Betriebes:

$$A_s = A - h_s - \frac{c_s^2}{2g} - \sum \zeta_s \frac{c_s^2}{2g}.$$

Damit zu Beginn des Saughubes die Wassersäule dem Kolben folgt, erhält man nun die Bedingung:

$$A_s - h'_s - h'_{sv} - \frac{l'_s}{g} \frac{F}{F'_s} b_0 > h_t.$$

Den Wert von A_s eingesetzt, folgt unter Berücksichtigung von $h_s + h'_s = H_s$

$$A - H_s - h'_{sv} - \frac{l'_s}{g} \frac{F}{F'_s} b_0 - \frac{c_s^2}{2g} (1 + \Sigma \zeta_s) > h_t.$$

δ) Erreichbare Saughöhe.

Aus der obigen Gleichung erhält man für Kolbenpumpen mit Windkessel:

$$H_s < A - h_t - h'_{sv} - \frac{l'_s}{g} \frac{F}{F'_s} b_0 - \frac{c_s^2}{2g} (1 + \Sigma \zeta_s).$$

Diese Gleichung zeigt, von welchen Größen die Saughöhe abhängig ist.

Da der Luftdruck mit wachsender Höhe abnimmt, ist der Aufstellungsort der Pumpe von Einfluß auf H_s. Hütte, Band I, gibt bei mittlerem Atmosphärenzustand und mittlerer Temperatur der Luftsäule $t_m = 0°$ folgende Werte an:

Höhe über dem Meeresspiegel in m	0	100	200	300	400	500	600	800	1000	1500	2000
A in mm QS (0° C)	760	751	742	733	724	716	707	690	674	635	598
A in m WS (4° C)	10,3	10,2	10,1	9,9	9,8	9,7	9,6	9,4	9,2	8,6	8,1

Ferner ist die Temperatur des Wassers bei Bestimmung der Saughöhe zu beachten, da der Druck h_t von der Temperatur abhängig ist. Werte für h_t gibt folgende Tabelle nach Hütte, Band I (s. auch Abb. 19).

Temperatur t° C . .	0	10	20	30	40	50	60	70	80	90	100
h_t in mm QS (0° C) .	4,6	9,17	17,4	31,5	54,9	92	148,8	233,1	354,6	525,4	760
h_t in m WS (4° C) .	0,06	0,12	0,24	0,43	0,75	1,25	2,02	3,17	4,82	7,14	10,33

Der Luftdruck und die Temperatur des Wassers sind bei ausgeführten Pumpwerken Schwankungen ausgesetzt, die unter Umständen berücksichtigt werden müssen, man vergleiche einen kalten Wintertag bei hohem Barometerstand mit einem regnerischen warmen Sommertag bei tiefem Barometerstand.

Ebenso beeinflußt der Öffnungswiderstand des Saugventils die Saughöhe; h'_{sv} ist durch die Konstruktion des Ventils bestimmt (s. Ventilberechnung S. 24).

Der Beschleunigungswiderstand $\frac{l'_s}{g}\frac{F}{F'_s}b_0$ wird um so kleiner 1. je kleiner l'_s ist; der Windkessel ist so nahe wie möglich am Saugventil anzuordnen; 2. je größer F'_s ist; es sind also die Querschnitte des Saugrohrs, des Ventilkastens und des Zylinderraums reichlich zu bemessen. Dies ist um so notwendiger, je größer v bzw. n ist.

Das letzte Glied in der obigen Gleichung wächst mit dem Quadrat von c_s, dies ist bei der Wahl von c_s zu beachten. Durch zweckmäßige Führung des Saugrohrs ist man imstande, die Reibungswiderstände so klein wie möglich zu halten.

Saugkorb und Fußventil müssen große Durchgangsquerschnitte erhalten, scharfe und häufige Krümmungen des Saugrohrs sind möglichst zu vermeiden. Nach der Pumpe zu muß das Saugrohr stetig ansteigen, damit sich keine Luftsäcke bilden können. Wird statt Wasser eine andere Flüssigkeit gefördert, so sind das spezifische Gewicht und die Eigenschaften der Flüssigkeit zu berücksichtigen.

Beispiel: Es ist die Saughöhe für eine einfach wirkende Tauchkolbenpumpe (Abb. 23) zu bestimmen. Der Aufstellungsort liegt 300 m über dem Meeresspiegel. Die mittlere Temperatur des Wassers beträgt 20° C. Nach den örtlichen Verhältnissen sind in die Saugleitung 2 Krümmer einzubauen. Der Entwurf gibt folgende Abmessungen: $l_s = 16$ m, $l'_s = 0{,}53$ m, $D = 120$ mm, $s = 180$ mm, $n = 100$/min.

Aus der obigen Tabelle folgt für die Höhe von 300 m $\mathbf{A = 9{,}9}$ **m** WS und für die Temperatur $t = 20°$ C $\mathbf{h_t = 0{,}24}$ **m** WS. Der Öffnungswiderstand des Saugventils beträgt $\mathbf{h'_{sv} = 1{,}53}$ **m** WS. (Berechnung s. S. 26.)

Mit $2\,r = s = 0{,}180$ m folgt $v = \frac{2\,\pi\,r\,n}{60} = \frac{\pi \cdot 0{,}18 \cdot 100}{60} = 0{,}94$ m/sek. Der Kolbenquerschnitt F beträgt $F = \frac{\pi \cdot 0{,}12^2}{4} = 0{,}0113$ m². Der Querschnitt $F''_s = \frac{\pi\,D'^2_s}{4}$ ist durch die Ventilkonstruktion bestimmt zu $F''_s = \frac{\pi \cdot 0{,}14^2}{4} = 0{,}0154$ m². Die Kolbenbeschleunigung in der Totlage K_0 beträgt $b_0 = \frac{6}{5}\frac{v^2}{r} = \frac{6}{5}\frac{0{,}94^2}{0{,}09} = 11{,}7$ m/sek².

Mit diesen Werten erhält man:

$$h_{4\,\max} = \frac{l'_s}{g}\frac{F}{F'_s}b_0 = \frac{0{,}53 \cdot 0{,}0113 \cdot 11{,}7}{9{,}81 \cdot 0{,}0154} = \mathbf{0{,}46\ m\ WS.}$$

Die Wassergeschwindigkeit im Saugrohr werde zu $c_s = 0{,}7$ m/sek gewählt, dann ist: $F_s = \frac{Q}{c_s}$, nun ist $Q = \frac{F\,s\,n}{60} = \frac{0{,}0113 \cdot 0{,}18 \cdot 100}{60} = 0{,}0034$ m³/sek, somit $F_s = \frac{0{,}0034}{0{,}7} = 0{,}00486$ m² und $D_s = 0{,}079$ m; gewählt $D_s = 80$ mm.

Die Summe der Widerstandszahlen setzt sich zusammen wie folgt:

1. Widerstandszahl der Leitung (Hütte I) $\zeta = \frac{\lambda l}{d}$, hierbei ist $\lambda = 0{,}02 + \frac{0{,}0018}{\sqrt{c\,d}}$, in unserem Fall $\lambda = 0{,}03$ und $\zeta = \frac{0{,}03 \cdot 16}{0{,}08} = 6$.

2. Widerstandszahl der beiden Krümmer, nach Hütte I ist bei $\frac{d}{r} = 0{,}8$, $\zeta = 2 \cdot 0{,}2 = 0{,}4$.

3. Durchgangswiderstand des Saugkorbs $\zeta = 1{,}6$.

4. Durchgangswiderstand des Fußventils $\zeta = 3$.

Mit diesen Werten erhält man $\Sigma\zeta_s = 6 + 0{,}4 + 1{,}6 + 3 = 11$ und somit $\frac{c_s^2}{2\,g}(1 + \Sigma\zeta_s) = \frac{0{,}49 \cdot 12}{2 \cdot 9{,}81} = \mathbf{0{,}3\ m\ WS.}$

Setzt man sämtliche Werte in die Gleichung für die Saughöhe ein, so erhält man: $H_s < 9{,}9 - 0{,}24 - 1{,}53 - 0{,}46 - 0{,}3$ oder $H_s < 7{,}37$ m.

Die Berechnung ist für die mittleren Verhältnisse durchgeführt worden. Setzt man die ungünstigsten Verhältnisse voraus, d.h. tiefsten Barometerstand 700 mm QS und höchste Temperatur des Wassers von 30° C, dann ist $A = 0{,}7 \cdot 13{,}6 = 9{,}5$ m WS und $h_t = 0{,}43$ WS. Berücksichtigt man außerdem die Vergrößerung des Reibungswiderstandes durch Ansatz von Rost oder anderen Niederschlägen im Saugrohr, dann erhält man $\Sigma \zeta_s = 1{,}5 \cdot 11 = 16{,}5$ und $\frac{c_s^2}{2g}(1 + \Sigma \zeta_s) = \frac{0{,}49 \cdot 17{,}5}{2 \cdot 9{,}81} = 0{,}44$ m WS. Mit diesen Werten ergibt sich:

$$H_s < 9{,}5 - 0{,}43 - 1{,}53 - 0{,}46 - 0{,}44; \qquad H_s < 6{,}64 \text{ m}.$$

Man wählt $H_s = 6$ m, um eine Sicherheit zu haben.

b) Druckwirkung.

α) Druckwirkung einer einfach wirkenden Tauchkolbenpumpe ohne Windkessel (Abb. 21).

Die Druckwassersäule wird durch den Tauchkolben in der ersten Hälfte des Hubes beschleunigt, dieser Bewegung wirken der Atmosphärendruck auf die Ausflußöffnung, das Gewicht der Druckwassersäule und die Bewegungswiderstände entgegen.

Bezeichnet man mit h'_{zm} die mittlere Pressung im Zylinder in m WS, dann ist:

$$h'_{zm} = A + (H_d + y) + H_{wd}.$$

Bei Kesselspeisepumpen und Preßpumpen tritt an Stelle von A der entsprechende Druck in m WS. Es ist $H_{wd} = h_1 + h_2 + h_3 + h_4$.

1. Zur Erzeugung der Wassergeschwindigkeit c_d im Druckrohr ist die Druckhöhe $h_1 = \frac{c_d^2}{2g}$ notwendig.

2. Es sind die Reibungswiderstände des Druckrohrs und die Widerstände, welche durch Richtungs- und Geschwindigkeitsänderung im Zylinder und Druckrohr hervorgerufen werden, zu überwinden. Nach früherem (s. Saugwirkung) ist:

$$h_2 = \sum \zeta_d \frac{c_d^2}{2g}.$$

Nun ist $F_d c_d = F c$, daher $c_d = \frac{F}{F_d} c$. Mit diesem Wert folgt:

$$h_2 = \sum \zeta_d \left(\frac{F}{F_d}\right)^2 \frac{c^2}{2g} \quad \text{und} \quad h_1 = \left(\frac{F}{F_d}\right)^2 \frac{c^2}{2g}.$$

h_1 und h_2 ändern sich demnach wie das Quadrat der Kolbengeschwindigkeit.

3. Der Öffnungswiderstand h'_{dv} des Druckventils ist größer als der Durchgangswiderstand h_{dv} des geöffneten Druckventils, der letztere Widerstand kann als unveränderlich angenommen werden.

4. Die Wassermasse $\frac{F_d l_d \gamma}{g}$ wird mit der Beschleunigung b_d bewegt. Nach der dynamischen Grundgleichung $P = m\,b$ folgt $P = \frac{F_d l_d \gamma}{g} b_d$. Bezeichnet h_4 die Druckhöhe, welche zur Überwindung des Beschleunigungswiderstandes notwendig ist, dann ist: $F_d h_4 \gamma = \frac{F_d l_d \gamma}{g} b_d$ oder $h_4 = \frac{l_d}{g} b_d = \frac{l_d}{g} \frac{F}{F_d} b$.

Die Druckhöhe h_4 ändert sich wie die Kolbenbeschleunigung b und hat den größten Einfluß auf h'_{zm}.

Während der zweiten Hälfte des Druckhubes nimmt h'_{zm} infolge des Arbeitsvermögens der bewegten Wassermassen ab. h'_{zm} kann so klein werden, daß das

Saugventil sich öffnet und Mehrförderung stattfindet. Dieselbe ist jedoch kein Gewinn, da bei der Kolbenumkehr das Druckventil meist mit heftigem Schlag schließt. Außerdem kann ein Abreißen der Wassersäule an irgendeiner Stelle des Druckrohrs, besonders bei Krümmungen, stattfinden, wenn die Widerstände, welche der Bewegung des Wassers entgegenwirken, beim Hubende eine kleinere Verzögerung als die größte Verzögerung des Kolbens hervorrufen. Bei Wiedervereinigung entsteht dann ein Wasserschlag.

Die größte Verzögerung beim Hubende ist: $b_0 = \frac{v^2}{r}(1+\lambda)$, für $\lambda = \frac{1}{5}$ folgt $b_0 = \frac{6}{5}\frac{v^2}{r}$. Beim Hubende sind h_1 und h_2 gleich Null, demnach wird für irgendeinen Querschnitt des Druckrohrs die Pressung in m WS $h_x = A + H_x - \frac{6}{5}\frac{l_x}{g}\frac{F}{F_d}\frac{v^2}{r}$. Hierbei bedeutet H_x die senkrechte Entfernung dieses Querschnittes vom Ausguß und l_x die Länge des Druckrohrs von diesem Querschnitt bis zum Ausguß. Wird $h_x < h_t$, dann entwickeln sich Dämpfe und es findet eine Trennung der Wassersäule in diesem Querschnitt statt. Soll ein Abreißen der Wassersäule vermieden werden, dann erhält man die Bedingung

$$A + H_x - \frac{6\, l_x F\, v^2}{5\, g\, F_d\, r} > h_t$$

oder

$$A + H_x - h_t > \frac{6}{5}\frac{l_x}{g}\frac{F}{F_d}\frac{v^2}{r}.$$

Der schädliche Einfluß von h_4 wird durch Anordnung eines Druckwindkessels wesentlich verkleinert.

β) Druckwirkung einer einfach wirkenden Tauchkolbenpumpe mit Windkessel (Abb. 23).

Beim Druckhube drückt der Tauchkolben das Wasser in den Druckwindkessel und es wird nur die zwischen dem Tauchkolben und dem Druckwindkessel befindliche Wassersäule beschleunigt und verzögert. Um die Länge l'_d klein zu erhalten, ist der Windkessel so nahe wie möglich an das Druckventil heranzubringen. Während des Betriebes strömt das Wasser mit der annähernd unveränderlichen Geschwindigkeit c_d durch das Druckrohr, somit ist: $Q = F_d c_d$ und $F_d = \frac{Q}{c_d}$. Der Luftdruck im Druckwindkessel ist während des Betriebes:

$$A_d = A + h_d + \frac{c_d^2}{2g}(1 + \Sigma\zeta_d).$$

Die mittlere Pressung im Zylinder ist

$$h'_{zm} = A_d + (h'_d + y) + H'_{wd},$$

wobei H'_{wd} die Summe der Widerstände, welche der Bewegung der Wassersäule von der Länge l'_d entgegenwirken, bezeichnet. Aus beiden Gleichungen folgt, da $h'_d + h_d = H_d$ ist (Abb. 23)

$$h'_{zm} = A + (H_d + y) + \frac{c_d^2}{2g}(1 + \Sigma\zeta_d) + H'_{wd}.$$

Demnach wächst h'_{zm} mit größer werdendem c_d, man wählt daher $c_d = 1$ m/sek für große Pumpen und lange Leitungen, $c_d = 1{,}5$ bis 2 m/sek für kleine Pumpen und kurze Leitungen, bei hohen Drücken auch darüber.

Bei manchen Anlagen ist es zweckmäßig, die mit zunehmendem F_d wachsenden Anlagekosten der Rohrleitung und die mit zunehmenden Leitungswiderständen wachsenden Betriebskosten gegeneinander abzuwägen.

Richtungs- und Querschnittsänderung der Rohrleitung muß man möglichst vermeiden.

Die Druckhöhe H_d ist durch die Festigkeit des verwendeten Materials begrenzt.

Beispiel: Wie groß muß bei einer liegenden Differentialpumpe (Abb. 13) der Stufenkolben bemessen werden, wenn die Antriebskraft beim Hin- und Rückgang gleich groß sein soll?

Bezeichnet P_1 die notwendige Kolbenkraft beim Hingang und P_2 dieselbe beim Rückgang in kg und wird H_s und H_d bis Mitte Kolben gemessen, dann ist:

$$P_1 = \gamma (F - f)(A + H_d + H_{wd}) - \gamma F (A - H_s - H_{ws}) + \gamma f A$$
$$P_2 = \gamma f (A + H_d + H_{wd}) - \gamma f A$$
$$P_1 = P_2.$$

Nach einigen Umformungen erhält man, wenn man $H = H_s + H_d$ und $H_w = H_{ws} + H_{wd}$ setzt:

$$f = \frac{F}{2} \frac{H + H_w}{H_d + H_{wd}}.$$

c) Wirkungsweise und Berechnung der Windkessel.

Durch Einschalten eines elastischen Zwischenglieds (Luftinhalt des Windkessels) wird die Leitung so in zwei Teile zerlegt, daß nur die zwischen Wind-

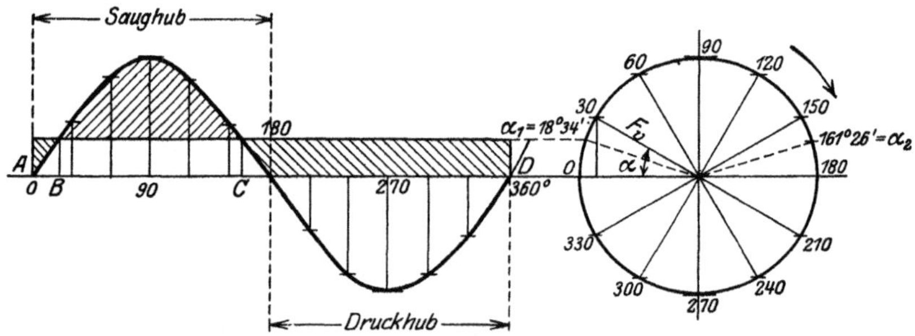

Abb. 24. Einfach wirkende Pumpe nach Abb. 23.

kessel und Pumpe befindliche Wassersäule der Kolbenbewegung folgt, also beschleunigt und verzögert wird, während die zwischen Saugkorb bzw. Ausguß und Windkessel befindliche Wassersäule sich mit annähernd unveränderlicher Geschwindigkeit bewegt.

Dieser Vorgang soll bei dem Saugwindkessel einer einfach wirkenden Pumpe (Abb. 23) näher betrachtet werden. Beim Hingang saugt der Tauchkolben die Wassermenge $F c$ m³/sek aus dem Saugwindkessel an, demnach wird während des Zeitteilchens dt die Wassermenge $dW = F c\, dt$ angesaugt. Nimmt man die Schubstangenlänge $l = \infty$ an, dann ist $c = v \sin \alpha$, mit diesem Wert erhält man $dW = F \cdot v \sin \alpha\, dt$. Nun ist die Winkelgeschwindigkeit $w = \frac{d\alpha}{dt} = \frac{v}{r}$; hieraus folgt $dt = \frac{r}{v} d\alpha$, somit $dW = F r \sin \alpha\, d\alpha$.

Bei unveränderlichem v ändert sich die Kolbengeschwindigkeit c wie der Sinus des Winkels α; da F ebenfalls unveränderlich ist, ändert sich auch die sekundliche Wassermenge $F c = F v \sin \alpha$ wie der Sinus des Winkels α. Mit Hilfe einer Sinuslinie, welche über dem Kurbelwinkel α als Abszisse gezeichnet ist, kann man daher die Wirkungsweise zeichnerisch darstellen. Man beschreibt in einem beliebigen Maßstab einen Kreis mit dem Radius $F v$ (Abb. 24) und teilt den

Umfang in gleiche Teile ein. Auf der Abszissenachse trägt man den Kurbelwinkel eines Doppelhubes ab und teilt denselben in gleichviele Teile wie vorher ein. In den Teilpunkten der Abszissenachse trägt man die zugehörigen Ordi-

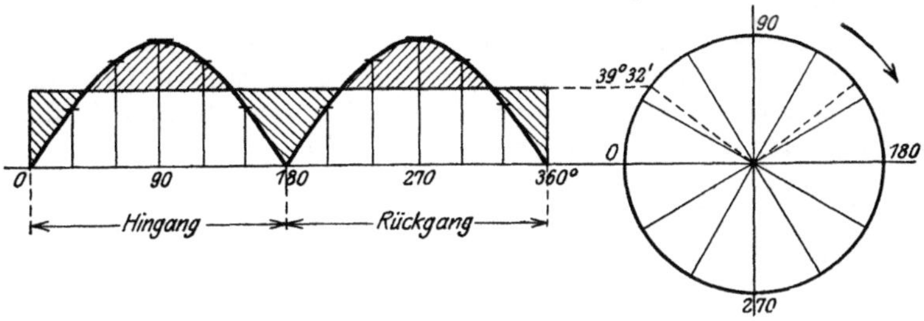

Abb. 25. Doppelt wirkende Pumpe nach Abb. 11.

naten $F v \sin \alpha$ ab, welche man aus dem Kreis erhält. Die Fläche zwischen der Abszissenachse und der Sinuslinie stellt dann die Wassermenge W während des Saugens bzw. des Drückens dar.

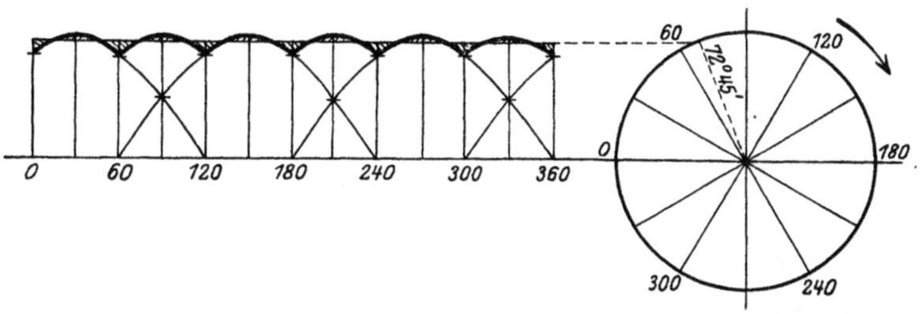

Abb. 26. Drei einfach wirkende Pumpen nach Abb. 3 unter 120° gekuppelt.

In den Abb. 25 bis 27 ist die Wasserverdrängung aus dem Zylinder von verschiedenen Pumpenarten zeichnerisch dargestellt. Es ist $Q = F_s c_s$ bzw. $Q = F_d c_d$; in den Schaubildern ist Q durch eine Gerade dargestellt, welche über der Abszissen-

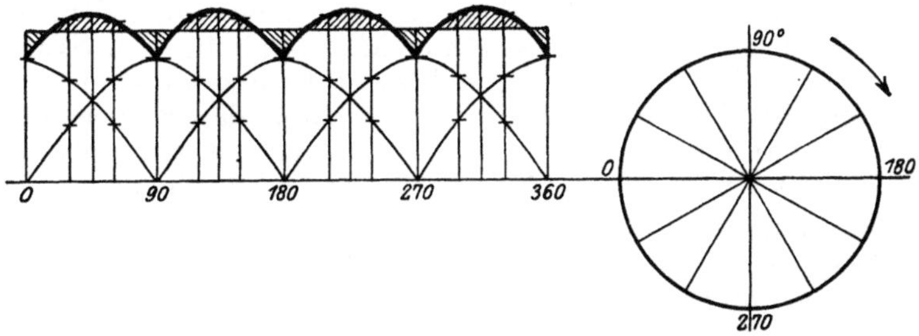

Abb. 27. Zwei doppelt wirkende Pumpen nach Abb. 11 unter 90° gekuppelt.

achse ein der Sinusfläche gleiches Rechteck bildet. Aus Abb. 24 ist ersichtlich, daß bei B und C der Zufluß und der Abfluß im Saugwindkessel gleich groß ist. Von B bis C wird dem Windkessel mehr Wasser entnommen als ihm zufließt, der Wasserspiegel im Windkessel sinkt und der Luftinhalt nimmt zu.

Bei C wird daher der Luftinhalt ein Maximum (V_{max}) sein. Von C bis D und A bis B fließt dem Windkessel die zuviel entnommene Wassermenge wieder zu, so daß der Wasserspiegel wieder steigt und bei B der Luftinhalt ein

Minimum (V_{min}) ist. Die in Abb. 24 rechts aufwärts gestrichelte Fläche stellt die Wassermenge dar, um welche sich der Wasserinhalt des Windkessels periodisch ändert. Betrachtet man den veränderlichen Luftraum, dann stellt diese Fläche ($V_{max} - V_{min}$) dar.

Während des Zeitteilchens dt oder des zurückgelegten Kurbelwinkels $d\alpha$ wird dem Saugwindkessel die Wassermenge $Fr \sin\alpha\, d\alpha$ entnommen. Gleichzeitig fließt die Wassermenge $Q dt$ zu, daher ist der Unterschied von Ab- und Zufluß während des Zeitteilchens dt: $dU = Fr \sin\alpha\, d\alpha - Q\, dt$. Nun ist:

$$Q = \frac{Fsn}{60} = \frac{Frn}{30} \quad \text{und} \quad \omega = \frac{d\alpha}{dt} = \frac{\pi n}{30}; \quad dt = \frac{30}{\pi n} d\alpha.$$

Hieraus folgt:

$$Q\,dt = \frac{Frn}{30} \cdot \frac{30}{\pi n} d\alpha = \frac{Fr}{\pi} d\alpha.$$

Mit diesem Wert erhält man: $dU = Fr\left(\sin\alpha - \frac{1}{\pi}\right) d\alpha$. Bei B und C ist $dU = 0$, somit $\sin\alpha - \frac{1}{\pi} = 0$, oder $\sin\alpha = \frac{1}{\pi}$. Hieraus $\alpha_1 = 18° \, 34'$ und $\alpha_2 = 161° \, 26'$.

Durch Integration erhält man: $U = \int\limits_{\alpha_1}^{\alpha_2} Fr\left(\sin\alpha - \frac{1}{\pi}\right) d\alpha = V_{max} - V_{min}$ oder

$$V_{max} - V_{min} = Fr\left(-\cos\alpha - \frac{\alpha}{\pi}\right)_{\alpha_1}^{\alpha_2} = 1{,}1\,Fr = 0{,}55\,Fs.$$

In ähnlicher Weise erhält man für die doppelt wirkende Pumpe mit Umführungsgestänge $V_{max} - V_{min} = 0{,}21\,Fs$ und für 3 unter 120° gekuppelte einfach wirkende Pumpen $V_{max} - V_{min} = 0{,}009\,Fs$.

Man nennt das Verhältnis $\frac{V_{max} - V_{min}}{V_m} = \delta$ den Ungleichförmigkeitsgrad des Windkessels, hierbei ist V_m der mittlere Luftinhalt des Windkessels. Für eine einfach wirkende Pumpe ist: $V_m = \frac{V_{max} - V_{min}}{\delta} = \frac{0{,}55\,Fs}{\delta}$; δ ist zu wählen, man findet die Werte $\delta = 0{,}01$ bis $0{,}05$.

Da man bei der obigen Bestimmung von V_m δ doch wählen muß, hat man vielfach den praktischen Weg der Erfahrung eingeschlagen, indem man V_m als ein Vielfaches des Hubvolumens Fs wählt. Man wählt für den Saugwindkessel $V_m = 5$ bis $10\,Fs$ und für den Druckwindkessel $8\,Fs$ und um so mehr, je länger die Druckleitung ist. Dabei ist allerdings zu beachten, daß V_m der mittlere Luftinhalt während des Betriebes ist und daß ein nur mit atmosphärischer Luft gefüllter Windkessel bei hohem Förderdruck sehr groß sein muß.

Beim Druckwindkessel wird beim Ingangsetzen der Pumpe der Luftdruck größer als derjenige während des Betriebs. Die Druckerhöhung ist von der Schnelligkeit des Anfahrens, der Länge l_d des Druckrohrs und dem Luftinhalt des Windkessels abhängig und darf nicht zu groß werden.

Aus der Gleichung $A_s = A - h_s - \frac{c_s^2}{2g}(1 + \Sigma\zeta_s)$ folgt: $c_s = \sqrt{\frac{2g(A - A_s - h_s)}{1 + \Sigma\zeta_s}}$.

Unter der Wurzel sind die Größen A_s und h_s veränderlich. Der Luftdruck A_s ändert sich entsprechend dem Luftinhalt von einem Maximum zu einem Minimum und umgekehrt. Ebenso ändert sich die Höhe h_s entsprechend dem Stand des Wasserspiegels im Windkessel. Demnach ändert sich auch die Wassergeschwindigkeit c_s in derselben Weise wie A_s und h_s. Somit ist die obige Annahme von der annähernden Unveränderlichkeit von c_s nicht ohne weiteres zulässig. Vielmehr wird die Saugwassersäule durch die periodische Druckänderung Schwingungen ausführen. Tritt Resonanz zwischen der Eigenschwingungszahl der Saugwassersäule und der Impulszahl der Pumpe ein, dann können Drücke auftreten, die ein Vielfaches des Betriebsdruckes ausmachen. Dasselbe kann auch beim Druckwindkessel zutreffen. Daher ist es in manchen Fällen zweckmäßiger, die Größe des Windkessels so zu bestimmen, daß Resonanzschwingungen vermieden werden[1].

d) Arbeitsweise und Berechnung der Ventile.

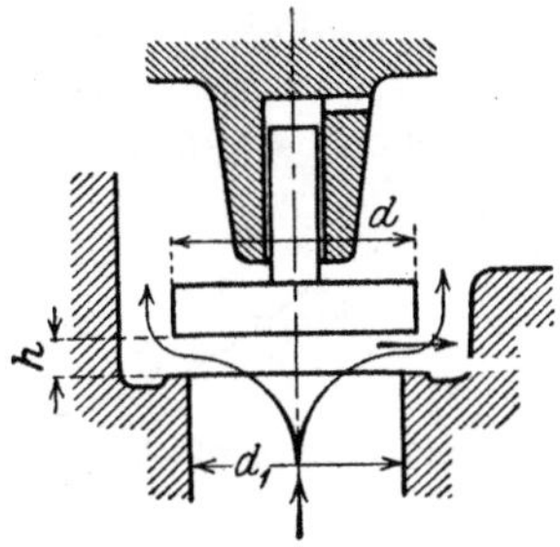

Abb. 28. Hubventil.

Bei den Kolbenpumpen werden Hubventile verwendet, welche unter der Einwirkung des Flüssigkeitsdrucks selbsttätig öffnen und entsprechend der Abnahme dieses Drucks unter der Einwirkung ihres Eigengewichts oder einer Federbelastung selbsttätig schließen. Außerdem finden noch selbsttätige Klappenventile Verwendung. Gesteuerte Ventile werden nur noch ganz selten bei Kanalisationspumpen verwendet.

Zur Bestimmung der Größe und Belastung eines Ventils ist die Kenntnis der Arbeitsweise desselben notwendig. Deshalb werde zuerst die theoretische Arbeitsweise eines Hubventils (Abb. 28) an Hand von einfachen Bewegungsgesetzen betrachtet.

Die hierfür notwendigen Bezeichnungen sind:

c_1 Wassergeschwindigkeit im Ventilsitz in m/sek.

$f_1 = \frac{\pi d_1^2}{4}$ der Durchgangsquerschnitt im Ventilsitz in m².

h der Hub des Ventils in m.

$f = \frac{\pi d^2}{4}$ die Fläche desselben in m².

$u = \pi d$ der äußere Umfang desselben in m.

c_{sp} die Spaltgeschwindigkeit in m/sek, d. h. die radial gerichtete Geschwindigkeit am Umfang des Ventiltellers.

μ der Kontraktionskoeffizient im Spalt, d. h. die Verhältniszahl, welche die Schnürung des Wasserstrahls im Spalt berücksichtigt.

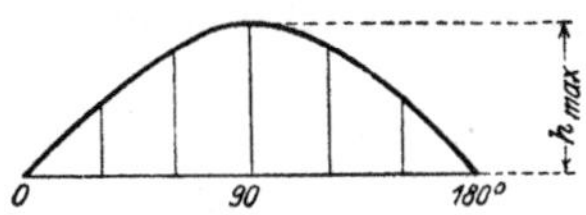

Abb. 29. Ventilhublinie.

Sieht man von der Eigenbewegung des Ventils ab, dann ist:

$$\mu\, u\, h\, c_{sp} = f_1 c_1,$$

nun ist: $f_1 c_1 = F c$, demnach $\mu\, u\, h\, c_{sp} = F c$.

Nimmt man die Schubstangenlänge $l = \infty$ an, dann ist $c = v \sin\alpha$ und damit: $\mu\, u\, h\, c_{sp} = F\, v \sin\alpha$ oder $h = \frac{F v \sin\alpha}{\mu\, u\, c_{sp}}$.

Die Spaltgeschwindigkeit c_{sp} ist durch die Ventilbelastung bestimmt und muß daher bei Gewichtsventilen während des Ventilhubs unveränderlich sein. Nimmt man auch die Zahl μ als unveränderlich an, dann zeigt die Gleichung, daß der Ventilhub h dem Sinus des Kurbelwinkels α proportional ist (Abb. 29).

Die Ventilgeschwindigkeit c_v erhält man aus:

$$c_v = \frac{dh}{dt} = \frac{F v}{\mu\, u\, c_{sp}} \cos\alpha \frac{d\alpha}{dt},$$

nun ist:

$$\frac{d\alpha}{dt} = \omega \quad \text{und} \quad v = r\,\omega.$$

[1] Näheres hierüber siehe: Die Experimentalstudie von A. Gramberg in der Z. VDI 1911 S. 842 u. 888 oder H. Berg: Die Kolbenpumpen, 2. Aufl. Berlin: Springer.

Mit diesen Werten folgt:

$$c_v = \frac{F\, r\, \omega^2}{\mu\, u\, c_{sp}} \cos\alpha .$$

Diese Gleichung zeigt, daß die Ventilgeschwindigkeit c_v dem Kosinus des Kurbelwinkels α proportional ist (Abb. 30). Das Ventil hat beim Öffnen und Schließen seine größte Geschwindigkeit. Beim Schließen wird daher ein Schlag entstehen, wenn die zwischen Ventil und Sitz befindliche Wasserschicht nicht bremsend wirken kann.

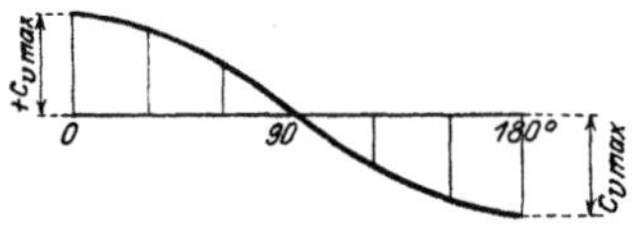

Abb. 30. Ventilgeschwindigkeitslinie.

Die Ventilbeschleunigung folgt aus:

$$b_v = \frac{d\, c_v}{d\, t} = -\frac{F\, r\, \omega^2}{\mu\, u\, c_{sp}} \sin\alpha \frac{d\,\alpha}{d\, t}$$

oder

$$b_v = -\frac{F\, r\, \omega^3}{\mu\, u\, c_{sp}} \sin\alpha = -h\,\omega^2 .$$

Die Ventilbeschleunigung ist negativ (Abb. 31), demnach ist die Ventilbewegung beim Steigen eine verzögerte und beim Sinken eine beschleunigte.

Berücksichtigt man die Eigenbewegung des Ventils, dann erhält man:

$$\mu\, u\, h\, c_{sp} = F\, c - f\, c_v \quad \text{(Gleichung von Westphal).}$$

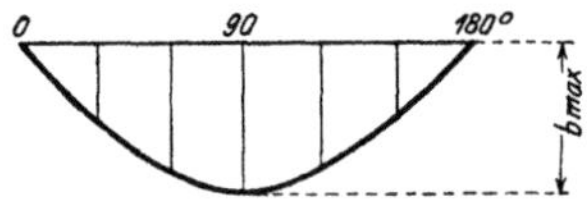

Abb. 31. Ventilbeschleunigungslinie.

Hierbei ist die Ventilgeschwindigkeit c_v beim Steigen positiv und beim Sinken negativ. Beim Steigen des Ventils wird der vom Ventil frei gegebene Raum mit dem aus dem Ventilsitz nachströmenden Wasser ausgefüllt. Beim Sinken verdrängt das Ventil eine bestimmte Wassermenge, die durch den Spalt entweicht.

Nun ist $c_v = \frac{dh}{dt}$; setzt man diesen Wert in obige Gleichung ein, dann erhält man eine Differentialgleichung, deren Lösung ergibt:

$$\mu\, u\, h\, c_{sp} = F \cdot v \sin\alpha - f \frac{F\, r\, \omega^2}{\mu\, u\, c_{sp}} \cos\alpha .$$

Diese Gleichung läßt sich zeichnerisch darstellen[1]. Wie die Abb. 32 zeigt, erhält man durch Summieren der Ordinaten der Sinuslinie und derjenigen der Kosinuslinie eine verschobene Sinuslinie, welche die Spaltmenge darstellt. Die verschobene Sinuslinie stellt aber auch den Ventilhub dar, da man die Ventilhublinie erhält, wenn man die gemessenen Ordinaten durch $\mu\, u\, c_{sp}$ dividiert.

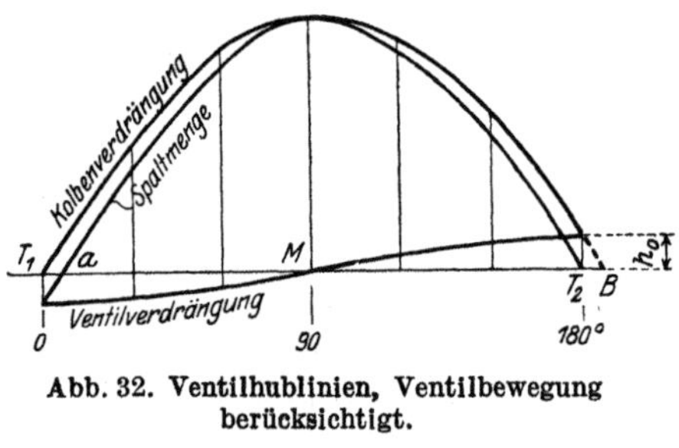

Abb. 32. Ventilhublinien, Ventilbewegung berücksichtigt.

Aus der Abb. 32 ist zu ersehen, daß das Ventil erst öffnet, nachdem der Kolben von seiner Totlage T_1 einen Weg zurückgelegt hat, der dem Kurbelwinkel $T_1 A$ entspricht, und daß das Ventil noch h_0 m geöffnet ist, wenn der Kolben sich in der Totlage T_2 befindet. Das Ventil schließt sich erst, wenn der Kolben nach seiner Umkehr von der Totlage T_2 einen Weg zurückgelegt hat, der dem Kurbelwinkel $T_2 B = \delta$ entspricht. Außerdem hat das Ventil bei einem Kurbelwinkel von 90° seinen größten Hub noch nicht erreicht. Das Öffnen des einen Ventils erfolgt erst, wenn das entsprechende Gegenventil sich geschlossen hat. Schließt letzteres mit Verspätung, so wird auch das erstere mit entsprechender Verspätung öffnen.

[1] Nach O. H. Müller: Das Pumpenventil.

Aus der obigen Gleichung erhält man für $\alpha = 180°$:

$$\mu u h_0 c_{sp} = f \frac{F r \omega^2}{\mu u c_{sp}},$$

somit

$$h_0 = f \frac{F r \omega^2}{(\mu u c_{sp})^2}.$$

Ebenso erhält man eine Gleichung für den Winkel δ, wenn man $\alpha = 180° + \delta$ und $h = 0$ setzt:

$$0 = \sin(180 + \delta) - f \frac{\omega}{\mu u c_{sp}} \cos(180 + \delta).$$

Hieraus: $\operatorname{tg}(180 + \delta) = \operatorname{tg}\delta = \frac{f \omega}{\mu u c_{sp}}$. Setzt man $h = 0$ und $c = v \sin(180 + \delta) = -r\omega \sin\delta$ in die Gleichung von Westphal ein, so erhält man die Ventilschlußgeschwindigkeit c_v':

$$0 = -F r \omega \sin\delta - f c_v' \qquad \text{oder} \qquad c_v' = -\frac{F r \omega}{f} \sin\delta.$$

Bei dem Kurbelwinkel δ handelt es sich meist um Werte, die kleiner als 5° sind, daher kann man $\operatorname{tg}\delta = \sin\delta$ setzen, ohne einen merkbaren Fehler zu begehen. Man erhält somit: $c_v' = -\frac{F r \omega}{f} \frac{f \omega}{\mu u c_{sp}} = -\frac{F r \omega^2}{\mu u c_{sp}}$. Der beim Schließen des Ventils entstehende Schlag ist von der Hubhöhe h_0 im Totpunkt und der Ventilschlußgeschwindigkeit c_v' abhängig. Durch zu großen Ventilschlag werden die Dichtungsflächen rasch undicht oder es können Brüche vorkommen. Deshalb muß bei einer richtig arbeitenden Pumpe das Ventil so schließen, daß man den Ventilschlag in der Nähe der Pumpe nicht oder nur schwach hört. Die Gleichungen zeigen, daß sowohl die Hubhöhe h_0 als auch die Ventilschlußgeschwindigkeit c_v' durch Vergrößerung der Spaltgeschwindigkeit c_{sp} verkleinert wird. Wie aber schon einmal erwähnt wurde, ist die Spaltgeschwindigkeit durch die Ventilbelastung bestimmt. Man muß also, um hörbaren Schlag zu vermeiden, die Ventilbelastung für den Ventilhub h_0 so groß wählen, daß h_0 und c_v' klein werden. Beim Schließen hat das Ventil von der Masse m_v das Arbeitsvermögen $\frac{m_v c_v'^2}{2}$, welches infolge des Ventilschlags in andere Energieformen (Formänderung, Wärme) umgesetzt wird. Die Schlagstärke ist daher auch von der Masse des Ventils abhängig, es ist demnach das Ventil so leicht wie möglich zu bemessen (Festigkeit, guter Baustoff) und die Ventilbelastung durch eine gespannte Feder zu erzeugen. Besonders bei schnellaufenden Pumpen ist diese Bedingung zu erfüllen, da die Ventilschlußgeschwindigkeit c_v' mit dem Quadrat der Umlaufzahl n wächst.

Statt der Ventilbelastung bei der Hubhöhe h_0 nimmt man zweckmäßig die Ventilbelastung bei geschlossenem Ventil, da h_0 sehr klein ist. Es muß somit die Federspannung bei geschlossenem Ventil so groß sein, daß das Ventil ohne hörbaren Schlag schließt.

Auch beim Öffnen kann Ventilschlag entstehen, dieser Öffnungsschlag kann beim Druckventil bei großer Saug- und Druckhöhe und bei großer Umlaufzahl solche Größe erreichen, daß die Saughöhe bzw. die Umlaufzahl verkleinert werden muß.

Für $\sphericalangle \alpha = 90°$, also annähernd für den größten Hub des Ventils $c_v = 0$ erhält man: $\mu u h_{\max} c_{sp} = F v = F r \omega$; nun ist: $\omega = \frac{2\pi n}{60}$ und $2r = s$, damit: $\mu u h_{\max} c_{sp} = \frac{F s n}{60} \pi$.

Diese Gleichung benutzt man zur Bestimmung der Ventilgröße. Für eine einfach wirkende Pumpe ist $Q = \frac{F s n}{60}$, dies ist auch die sekundliche Wasserlieferung einer Kolbenseite bei einer doppelt wirkenden Pumpe. Somit ist:

$$\mu\, u\, h_{\max}\, c_{sp} = Q\, \pi .$$

Zur Bestimmung der Ventilgröße wird auch folgende Gleichung verwendet: $\mu\, u\, h\, c_{sp} = F c_m$, wobei $c_m = \frac{2 s n}{60}$ die mittlere Kolbengeschwindigkeit bedeutet. Der Unterschied der Berechnungsarten besteht darin, daß bei der ersten Gleichung die Verhältnisse für $h_{\max}$ und bei der zweiten die mittleren Verhältnisse zugrunde gelegt sind.

Man wählt $h_{\max} = 5$ bis 15 mm, je nachdem n groß oder klein ist. Für den Kontraktionskoeffizienten μ, der mit dem Ventilhub veränderlich ist, kann man die Mittelwerte $\mu = 0{,}6$ bis $0{,}8$ setzen, je nachdem h groß oder klein ist. Die Spaltgeschwindigkeit c_{sp} wird meist zu 2 bis 3 m/sek gewählt. Manchmal werden auch höhere Werte genommen, um kleine Abmessungen zu erhalten, wie es bei Pumpen mit großer Druckhöhe (Preßpumpen) erwünscht ist. Hierbei ist jedoch der damit verbundene größere Druckhöhenverlust zu beachten. Besonders bei Saugventilen soll c_{sp} nicht zu groß gewählt werden, da ein großes c_{sp} die Saughöhe wesentlich verkleinert.

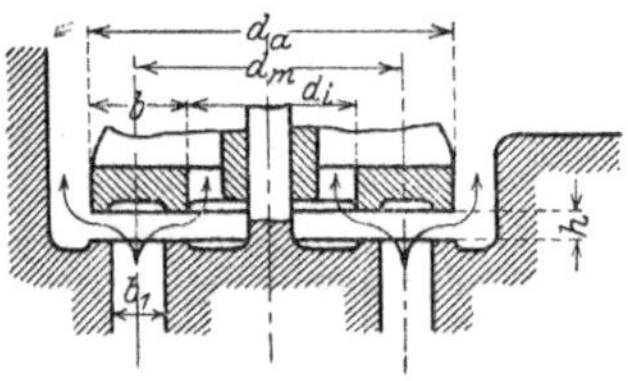

Abb. 33. Ringventil.

Sind die aufgeführten Werte zweckmäßig gewählt, dann kann man aus obiger Gleichung u bestimmen. Bei einem Tellerventil ist $u = \pi d$, hieraus erhält man d.

Sehr oft wird d zu groß, dann muß man ein Ringventil wählen (Abb. 33). Bei demselben strömt das Wasser durch den Querschnitt $\pi\, d_a\, h$ nach außen und durch den Querschnitt $\pi\, d_i\, h$ nach innen aus. Der gesamte Durchgangsquerschnitt ist somit $\pi (d_a + d_i)\, h$, nun ist

$$d_m = \frac{d_i + d_a}{2}$$

und demnach $u = \pi (d_a + d_i) = 2\, \pi\, d_m$. Soll im Ventilsitz dieselbe Durchflußgeschwindigkeit wie im Spalt bestehen, also $c_1 = c_{sp}$ sein, dann erhält man unter Vernachlässigung der Verengung durch etwa vorhandene Rippen:

$$\pi\, d_m\, b_1 = u\, h_{\max} = 2\, \pi\, d_m\, h_{\max}$$

oder

$$b_1 = 2\, h_{\max} .$$

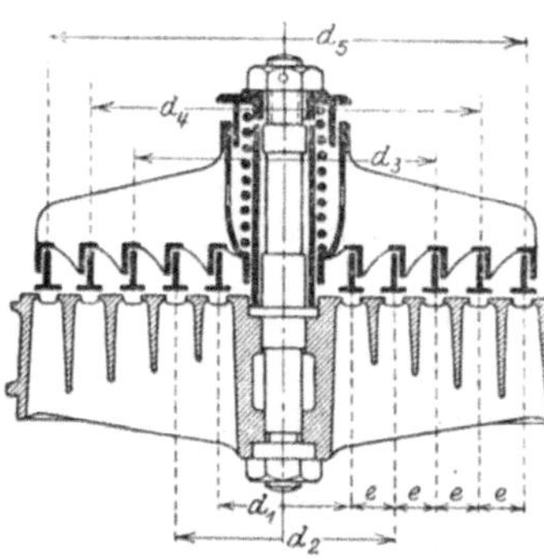

Abb. 34. Mehrspaltiges Ringventil.

$b - b_1 = 2 s$ ist durch die Festigkeit des Materials bestimmt.

Auch d_m wird manchmal für ein Ringventil zu groß, dann kann man entweder ein Gruppenventil, d. h. mehrere Ventile auf einem gemeinschaftlichen Sitz, oder ein mehrspaltiges Ringventil wählen. Bei einem mehrspaltigen Ringventil (Abb. 34) lassen sich die Abmessungen wie folgt bestimmen:

Die mittleren Durchmesser der z-Ringe seien $d_1, d_2, d_3, \ldots, d_z$, die Entfernung der Ringmitten sei e, dann ist:

$$\begin{aligned} d_1 &= d_1 \\ d_2 &= d_1 + 2e \\ d_3 &= d_2 + 2e = d_1 + 4e \\ &\ldots\ldots\ldots\ldots \\ d_z &= d_1 + (z-1)\,2e. \end{aligned}$$

Man hat also eine arithmetische Reihe, deren Summe ist:

$$(d_1 + d_2 + d_3 + \cdots + d_z) = \frac{z}{2}(d_1 + d_1 + (z-1)\,2e).$$

Setzt man $d_1 + d_2 + d_3 + \cdots d_z = \Sigma d_m$, dann ist: $\Sigma d_m = z\,[d_1 + (z-1)\,e]$. Hieraus folgt:

$$e = \frac{\Sigma d_m - z d_1}{z(z-1)}.$$

d_1 ist so groß zu wählen, daß die Ventilspindel untergebracht werden kann. Man findet $d_1 = 65$ bis 150 mm. Wählt man außerdem z, dann kann man e berechnen. Erhält man für e einen ungünstigen Wert, dann muß man z ändern und noch einmal rechnen. Ausführungen zeigen für e die Werte 30 bis 75 mm.

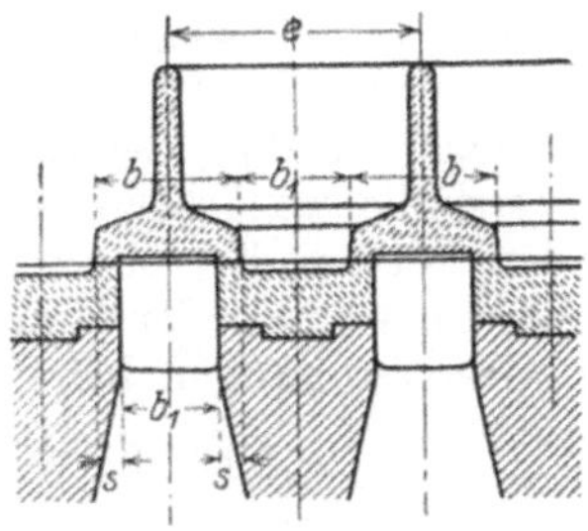

Abb. 35. Mehrspaltiges Ringventil.

Aus Abb. 35 folgt: $b + b_1 = e$ und $b - b_1 = 2s$,

$$\text{somit: } b = \frac{e}{2} + s;$$

s ist durch die Druckfestigkeit des Materials bestimmt.

Zur Bestimmung der größten Ventilbelastung benutzt man die Gleichung von Bach:

$$P = \gamma f_1 \frac{c_1^2}{2g}\left[\lambda + \frac{f_1^2}{(\mu_1 h u_1)^2}\right].$$

In dieser Gleichung bezeichnet P die wirksame Ventilbelastung, welche das gehobene Ventil gegen das strömende Wasser im Gleichgewicht hält, und λ sowie μ_1 Berichtigungszahlen, welche durch Versuche zu ermitteln sind. Die anderen Bezeichnungen sind am Anfang dieses Abschnittes erklärt worden. Ferner soll $\mathfrak{F}_{\max}$ die größte Spannkraft der Feder bei dem Hub $h_{\max}$ und G_w das Gewicht der Feder und des Ventils im Wasser in kg bedeuten, dann ist: $P = \mathfrak{F}_{\max} + G_w$. Da in dem Augenblick der höchsten Stellung des Ventils Gleichgewicht zwischen der Ventilbelastung und der Kraft des Wasserstroms besteht, befindet sich das Ventil in Ruhe, und es sind die Bewegungswiderstände und die Massenkraft des Ventils gleich Null.

Setzt man:

$$\left[\lambda + \frac{f_1^2}{(\mu_1 h u_1)^2}\right] = \zeta_1,$$

dann erhält man:

$$\mathfrak{F}_{\max} + G_w = \gamma f_1 \frac{c_1^2}{2g}\zeta_1.$$

Die Größe der zusammengesetzten Berichtigungszahl ζ_1 ist von der Ventilbauart abhängig und mit dem Ventilhub veränderlich. Zur Bestimmung von $\mathfrak{F}_{\max}$ aus obiger Gleichung ist die Kenntnis der Größe von ζ_1 notwendig. Es ist also zweckmäßig, durch Versuche Werte von ζ_1 für verschiedene Ventilbauarten zu ermitteln, um dieselben beim Entwurf neuer Ventile von ähnlicher Bauart verwerten zu können.

Im Heft 233 der Forschungsarbeiten auf dem Gebiete des Ingenieurwesens sind Werte für ζ_1 für fünf verschiedene Ventile angegeben. Dieselben hat L. Krauß durch Versuche ermittelt und in einem Achsenkreuz zeichnerisch dargestellt. Da bei ähnlichen Ventilen die Größe von ζ_1 gleich sein dürfte, wenn das Verhältnis $x = \frac{\text{Spaltquerschnitt}}{\text{Sitzfläche}} = \frac{u\,h}{f_1}$ gleich ist, sind die Werte von ζ_1 in dem Schaubild über dem Grundmaß x aufgetragen.

Nach Ermittelung von $\mathfrak{F}_{\max}$ kann man die Stärke der Belastungsfeder berechnen, es ist: $M_d = \mathfrak{F}_{\max}\, r$, wenn r der mittlere Windungshalbmesser der Feder in cm bedeutet. Für kreisförmigen Querschnitt ist $M_d = \frac{\pi d^3}{16} \tau'_{\text{zul}}$. In dieser Gleichung ist für d die Drahtstärke in cm und für τ'_{zul} die zulässige Drehungsbeanspruchung des Federmaterials in kg/cm² einzusetzen.

τ'_{zul} für Federstahl ≤ 3000 kg/cm², τ'_{zul} für Phosphorbronzedraht 1500 bis 2000 kg/cm².

Um die Windungszahl der Feder bestimmen zu können, muß die Federspannung $\mathfrak{F}_0$ bei geschlossenem Ventil bekannt sein. Die Federspannung $\mathfrak{F}_0$ rechnerisch zu ermitteln, ist allgemein nicht möglich, da es sehr schwer ist, auf dem Versuchswege die hierfür notwendigen Werte zu erhalten. Außerdem wäre es erforderlich, für jede Ventilbauart diese Werte zu bestimmen. Deshalb hat die Praxis den Weg der Erfahrung eingeschlagen; es wird auf dem Prüfstand durch Versuche die richtige Feder so bestimmt, daß das Ventil ohne Schlag schließt und den bei der Berechnung eingesetzten größten Hub erreicht. Für ähnliche Verhältnisse und Ventilbauarten können die erhaltenen Erfahrungswerte für die Federspannungen beim Entwurf verwendet werden[1].

Der Durchgangswiderstand des geöffneten Hubventils in m WS ist:

$$h_v = \zeta \frac{c_1^2}{2g} * .$$

Um einen kleinen Durchgangswiderstand zu erhalten, ist ein großer Durchgangsquerschnitt notwendig; da die Hubhöhe des Ventils gewisse Werte nicht überschreiten darf, ist der Umfang u des Ventils groß zu wählen.

Wie im Abschnitt 2a gezeigt wurde, hat der Öffnungswiderstand h'_{sv} des Saugventils auf die Saughöhe der Pumpe Einfluß, es werde derselbe daher näher betrachtet. Bezeichnet für den Augenblick des Öffnens h den Wasserdruck in m WS oberhalb des Ventils, h_1 denselben unterhalb des Ventils, $G_w + \mathfrak{F}_0$ die Ventilbelastung, $m_v b_v$ den Beschleunigungswiderstand des Ventils (Abb. 36), dann ist: $f_1 h_1 \gamma = f h \gamma + G_w + \mathfrak{F}_0 + m_v b_v$.

Bei einer Pumpe mit Windkessel ist:

$$h_1 = A_s - h''_s - \frac{l''_s}{g} \frac{F}{F''_s} b_0,$$

wobei h''_s den senkrechten Abstand vom Wasserspiegel des Saugwindkessels bis zur Dichtungsfläche des Saugventils, sowie l''_s die entsprechende Länge, F''_s den entsprechenden Querschnitt bezeichnet. Es ist dann: $h'_{sv} = h_1 - h$.

Die Berechnung von Klappenventilen erfolgt in ähnlicher Weise, wie sie für die Hubventile ausgeführt worden ist. Es ist nur zu berücksichtigen, daß

---

[1] Reiches Versuchsmaterial findet man in der oben erwähnten Arbeit von L. Krauß und in der 2. Aufl. des Buches von Berg: Die Kolbenpumpen. Berlin: Springer.

* Werte für ζ findet man in der Hütte und im Heft 233 der Forsch.-Arb. d. Ing.

bei Klappenventilen die Drehmomente der wirkenden Kräfte in Betracht kommen. Da die Hebelarme der Kräfte beim Öffnen der Klappe sich ändern, werden die Berechnungsgrundlagen sehr schwierig. Versuche mit Klappenventilen sind noch nicht veröffentlicht worden.

Beispiel: Für eine einfach wirkende Pumpe ist das Saugventil zu berechnen (Abb. 23). Es ist gegeben $D = 120$ mm, $s = 180$ mm, $n = 100$/min (s. auch S. 13).

Man hat

$$F = \frac{\pi \cdot 0{,}12^2}{4} = 0{,}0113 \text{ m}^2$$

und

$$Q = \frac{F s n}{60} = \frac{0{,}0113 \cdot 0{,}18 \cdot 100}{60} = 0{,}0034 \text{ m}^3/\text{sek}.$$

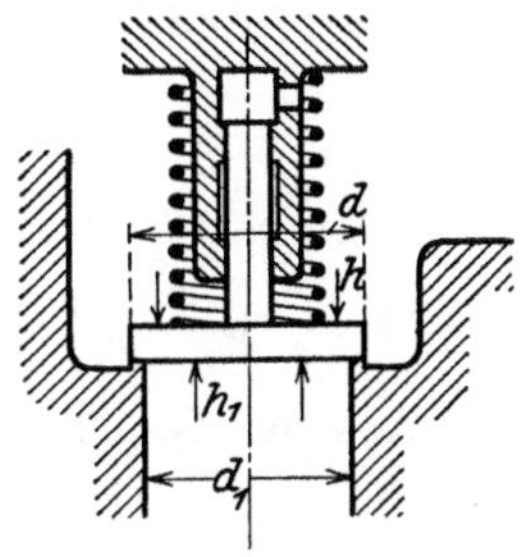

Abb. 36. Hubventil.

Den Ventilumfang u erhält man aus der Gleichung:

$$\mu\, u\, h_{\max}\, c_{sp} = Q\,\pi.$$

Man wählt $c_{sp} = 2$ m/sek, $h_{\max} = 10$ mm und $\mu = 0{,}7$; mit diesen Werten folgt: $u = \frac{0{,}0034 \cdot \pi}{0{,}7 \cdot 0{,}01 \cdot 2} = 0{,}76$ m. Für ein Tellerventil ist $u = \pi d$, daher $d = \frac{0{,}76}{\pi} = 0{,}242$ m. Dieser Durchmesser ist zu groß, man wählt daher ein Ringventil (Abb. 33), für dasselbe ist $u = 2\,\pi\, d_m$, $d_m = \frac{0{,}76}{2 \cdot \pi} = 0{,}121$ m. Das Ventil werde mit $d = $ **120 mm** ausgeführt.

Ferner ist: $b_1 = 2\,h_{\max} = 2 \cdot 10 = 20$ mm, somit $d_{a1} = 140$ mm, $d_{i1} = 100$ mm; s sei zu 3 mm gewählt, dann folgt: $b = 26$ mm, $d_a = 146$ mm und $d_i = 94$ mm. Die größte Ventilbelastung folgt aus: $\mathfrak{F}_{\max} + G_w = \gamma\, f_1 \frac{c_1^2}{2g} \zeta_1$. Es ist

$$f_1 = \pi\, d_m\, b_1 = \pi \cdot 0{,}12 \cdot 0{,}02 = 0{,}0075 \text{ m}^2$$

und es sei $c_1 = c_{sp} = 2$ m/sek; der Wert für ζ_1 werde aus dem Heft 233 der Forschungsarbeiten für $x = 1$ zu 4 entnommen. Mit diesen Werten erhält man: $\mathfrak{F}_{\max} + G_w = 1000 \cdot 0{,}0075 \frac{2^2}{2 \cdot 9{,}81} 4 = 6$ kg. Das Gewicht des Ventils beträgt nach dem Entwurf $G = 1{,}13$ kg (spez. Gewicht der Bronze 8,5), somit $G_w = 1{,}13 \frac{7{,}5}{8{,}5} = 1$ kg. Hierbei ist das Gewicht der Feder vernachlässigt. Demnach ist $\mathfrak{F}_{\max} = \mathbf{6 - 1 = 5}$ **kg.** Nach dem Entwurf ist der mittlere Windungshalbmesser der Feder $r = 22$ mm, daher $M_d = 5 \cdot 2{,}2 = 11$ kgcm. Aus der Gleichung $\frac{\pi d^3}{16} \tau'_{\text{zul}} = M_d$ folgt mit $\tau'_{\text{zul}} = 2500$ kg/cm², $d^3 = \frac{11 \cdot 16}{\pi \cdot 2500} = 0{,}0225$ cm³, $d = 0{,}28$ cm; man wählt $\boldsymbol{d = 3}$ **mm.** Aus dem Erfahrungsmaterial sei $\mathfrak{F}_0 = 3{,}5$ kg entnommen, demnach ist die Federkonstante:

$$C = \frac{\mathfrak{F}_{\max} - \mathfrak{F}_0}{h} = \frac{5 - 3{,}5}{1} = 1{,}5 \text{ kg/cm}.$$

Aus der Gleichung (s. Hütte) $f = \frac{64\,n\,r^3}{d^4} \frac{P}{G}$ folgt: $C = \frac{P}{f} = \frac{d^4 G}{64\,n\,r^3}$. Hieraus folgt die Anzahl der Windungen $n = \frac{d^4 G}{64\,C\,r^3} = \frac{0{,}3^4 \cdot 850\,000}{64 \cdot 1{,}5 \cdot 2{,}2^3} = 6{,}7$; gewählt 7 Windungen.

Beispiel: Der Öffnungswiderstand des oben berechneten Saugventils ist zu bestimmen. Es ist gegeben: $H_s = 6$ m, $h_s = 5{,}3$ m, $h_s'' = 0{,}35$ m und die Angaben auf S. 13.

Man bestimmt zuerst den Druck im Saugwindkessel während des Betriebes:

$$A_s = A - h_s - \frac{c_s^2}{2g}(1 + \Sigma \zeta_s).$$

Nach S. 13 ist das letzte Glied der obigen Gleichung gleich 0,3 m WS, somit $A_s = 9{,}9 - 5{,}3 - 0{,}3 = 4{,}3$ m WS. Es ist nun

$$h_1 = A_s - h_s'' - \frac{l_s''}{g} \frac{F}{F_s''} b_0.$$

Nach S. 13 ist $b_0 = 11{,}7$ m/sek², daher

$$h_1 = 4{,}3 - 0{,}35 - \frac{0{,}35 \cdot 0{,}0113}{9{,}81 \cdot 0{,}0154} \cdot 11{,}7, \quad h_1 = 4{,}3 - 0{,}35 - 0{,}31 = \mathbf{3{,}64\ m\ WS}.$$

Aus der Gleichung $f_1 h_1 \gamma = f h \gamma + G_w + \mathfrak{F}_0 + m_v b_v$ erhält man:

$$h = \frac{f_1 h_1 \gamma - G_w - \mathfrak{F}_0 - m_v b_v}{f \gamma}.$$

Das Gewicht des Ventils beträgt 1,13 kg, somit $m = \frac{1{,}13}{9{,}81} = 0{,}115$. Im Augenblick des Anhubes ist die Ventilbeschleunigung b_v gleich der Beschleunigung b_1 des unter dem Ventil im Ventilsitz befindlichen Wassers. Nun ist $f_1 b_1 = F b_0$, damit auch $f_1 b_v = F b_0$ und $b_v = \frac{F b_0}{f_1} = \frac{0{,}0113 \cdot 11{,}7}{0{,}0075} = 17{,}6$ m/sek². Außerdem ist $f = \pi d_m b = \pi \cdot 0{,}12 \cdot 0{,}026 = 0{,}0098$ m². Mit diesen Werten ist:

$$h = \frac{0{,}0075 \cdot 3{,}64 \cdot 1000 - 1 - 3{,}5 - 0{,}115 \cdot 17{,}6}{0{,}0098 \cdot 1000} = 2{,}11 \text{ m WS}.$$

Demnach beträgt der Öffnungswiderstand $h_{sv}' = 3{,}64 - 2{,}11 = \mathbf{1{,}53\ m\ WS}$.

e) Pumpenarbeit und Wirkungsgrade.

Für eine einfach wirkende Pumpe (Abb. 21) ist nach dem früher Erwähnten die mittlere Pressung im Zylinder in m WS

$$\text{beim Saugen} \quad h_{zm} = A - (H_s - y) - H_{ws},$$
$$\text{beim Drücken} \quad h_{zm}' = A + H_d + y + H_{wd}.$$

Während einer Umdrehung ist dann die Pumpenarbeit in kgm:

$$A_i = (A - h_{zm} + h_{zm}' - A) F \gamma s = (h_{zm}' - h_{zm}) F \gamma s.$$

Nun ist $h_{zm}' - h_{zm} = H_d + H_s + H_{wd} + H_{ws}$.

Setzt man: $H_d + H_s = H$ und $H_{wd} + H_{ws} = H_w$, dann erhält man: $A_i = (H + H_w) F \gamma s$. Somit ist die Pumpenleistung in PS:

$$N_i = \frac{(H + H_w) F \gamma s n}{60 \cdot 75}; \quad \text{nun ist:} \quad Q = \frac{F s n}{60}, \quad \text{damit} \quad N_i = \frac{Q \gamma (H + H_w)}{75}.$$

Die letzte Gleichung gilt für alle Pumpenarten, es ist nur für Q der entsprechende Wert einzusetzen; also für die doppelt wirkende Pumpe je nach Bauart:

$$Q = \frac{(2F - f) s n}{60} \quad \text{oder} \quad Q = \frac{2 F s n}{60}$$

(s. Abschnitt 1b).

Die Pumpenleistung N_i wird indizierte Leistung genannt, da dieselbe aus dem Indikatordiagramm berechnet werden kann. Abb. 37 zeigt ein normales Indikatordiagramm; bei *SV* öffnet das Saugventil und bei *DV* das Druckventil. Im Diagramm sind die Drücke durch die entsprechenden senkrechten

Abstände von der absoluten Nullinie dargestellt. Bezeichnet h_i den mittleren Druck im Zylinder (in m WS) während einer Umdrehung der Kurbel (eines Doppelhubes), dann ist: $h_i = h'_{zm} - h_{zm}$.

Den Druck h_i bestimmt man aus dem Diagramm wie folgt:

Durch Planimetrieren erhält man den Flächeninhalt F_i des Diagramms und ermittelt die mittlere Höhe im Längenmaßstab aus: $h = \frac{F_i}{s'}$. Beträgt der Federmaßstab 1 kg/cm² $= a$ mm, dann ist der mittlere Druck in kg/m²: $\gamma h_i = \frac{h}{a} \cdot 10000$. Hieraus folgt: $N_i = \frac{F s \gamma h_i n}{60 \cdot 75}$ oder allgemein: $N_i = \frac{Q \gamma h_i}{75}$.

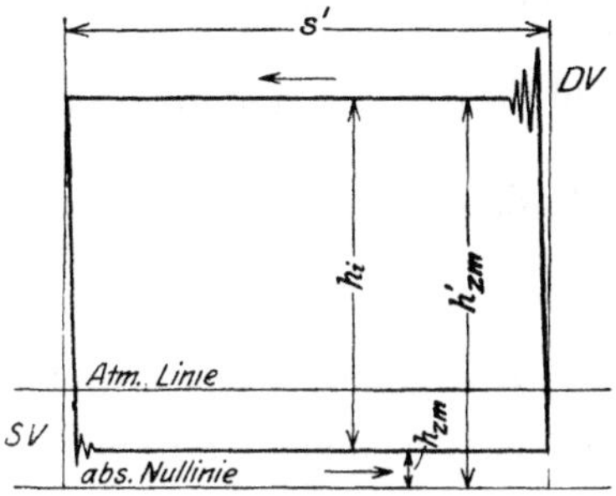

Abb. 37. Indikatordiagramm.

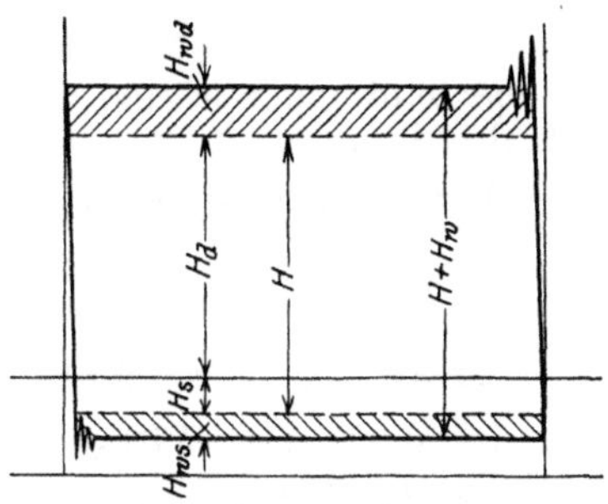

Abb. 38. Indikatordiagramm.

Nach Abb. 38 ist: $h_i = H + H_w$ oder $H_w = h_i - H$.

Man erhält demnach die Größe von H_w, wenn man von der aus dem Diagramm ermittelten Höhe h_i die senkrechte Förderhöhe H abzieht.

Nun ist $H_w = H_{ws} + H_{wd}$; um H_{ws} und H_{wd} einzeln bestimmen zu können, ermittelt man aus dem Diagramm h'_{zm} und mißt den senkrechten Abstand y_i vom Indikatorstutzen bis zum Ausguß; dann ist: $h'_{zm} = A + y_i + H_{wd}$ oder $H_{wd} = h'_{zm} - A - y_i$ und damit auch

$$H_{ws} = H_w - H_{wd}.$$

Das Verhältnis $\eta_h = \frac{H}{H + H_w}$ stellt den hydraulischen Wirkungsgrad dar. Im Abschnitt 1a wurde der Lieferungsgrad $\eta_l = \frac{Q_e}{Q}$ schon besprochen. Durch Multiplikation beider Wirkungsgrade erhält man den indizierten Wirkungsgrad

$$\eta_i = \eta_l \cdot \eta_h = \frac{Q_e H}{Q (H + H_w)}.$$

Derselbe gibt ein Urteil über die Arbeitsverluste, welche in der Pumpe und in den Rohrleitungen entstehen.

Bei langen Rohrleitungen ist es zweckmäßig, den Wirkungsgrad der Pumpe allein (ohne Rohrleitungen) zu bestimmen, um ein richtiges Urteil über die Pumpe zu erhalten. An den Lufthauben der Windkessel können Manometer angeschlossen werden. Beim Ablesen ist darauf zu achten, daß die Manometer Druckunterschiede gegen den jeweiligen Atmosphärendruck anzeigen. Ferner müssen die absoluten Drücke (kg/cm²) in m WS umgerechnet werden. Mit den in Abb. 23 eingetragenen Maßen erhält man die manometrische Förderhöhe in m WS

$$H_{\text{man}} = A_d - A_s + h'_s + h'_d.$$

Sind in H_{wr} die Druckverluste, welche in den Rohrleitungen auftreten, und die

Geschwindigkeitshöhe $\frac{c_a^2}{2g}$, welche durch den Ausfluß am Ende des Druckrohres entsteht, enthalten, dann ist: $H_{\text{man}} = H + H_{wr}$.

Ferner sei H_{wp} der Strömungswiderstand in der Pumpe, dann ist der hydraulische Wirkungsgrad der Kolbenpumpe allein:

$$\eta_h = \frac{H_{\text{man}}}{H_{\text{man}} + H_{wp}}.$$

Bezeichnet η_m den mechanischen Wirkungsgrad, dann ist die Antriebsleistung

$$N = \frac{N_i}{\eta_m} = \frac{Q\,\gamma\,(H + H_w)}{75 \cdot \eta_m} \quad \text{oder} \quad \eta_m = \frac{N_i}{N}.$$

Der mechanische Wirkungsgrad gibt Aufschluß über die Reibungsverluste im Antrieb der Pumpe.

Bezeichnet η den Gesamtwirkungsgrad, dann ist:

$$\eta = \eta_l \cdot \eta_h \cdot \eta_m$$

und $\eta = \frac{N_e}{N} = \frac{\frac{Q_e\,\gamma\,H}{75}}{N}$, demnach $N = \frac{Q_e\,\gamma\,H}{75 \cdot \eta}$. Bei Kolbenpumpen findet man $\eta = 0{,}80$ bis $0{,}90$. Der Wirkungsgrad kann jedoch bei kleinen Pumpen bis auf $\eta = 0{,}55$ herabgehen.

f) Bestimmung der Hauptabmessungen.

Soll eine Pumpe in ihren Abmessungen bestimmt werden, dann müssen die Verhältnisse, unter welchen die Pumpe zu arbeiten hat, bekannt sein. Gegeben sind stets:

1. Die tatsächliche Wasserlieferung Q_e in m³/sek.
2. Die statische Förderhöhe H in m, sowie die Längen der Rohrleitungen.
3. Die Beschaffenheit und die Temperatur des Wassers (bzw. der Flüssigkeit), welches gefördert werden soll.

Zuerst ist der Aufstellungsort zu wählen, derselbe richtet sich außer nach den örtlichen Verhältnissen nach dem niedrigsten Wasserstand im Brunnen. Ist der Aufstellungsort gewählt, dann sind auch die Saug- und Druckhöhe H_s und H_d sowie die Rohrlängen l_s und l_d gegeben. Alsdann ist die Wahl der Pumpenart zu treffen, dieselbe richtet sich nach dem Verwendungszweck (Wasserwerk, Fabrik, unterirdische Wasserhaltung, Preßwerk usw.).

Der Lieferungsgrad η_l wird nach den Erfahrungswerten ausgeführter Pumpen gewählt, dann erhält man $Q = \frac{Q_e}{\eta_l}$. Es sei eine einfach wirkende Pumpe gewählt, dann ist: $Q = \frac{F\,s\,n}{60}$ oder $F\,s\,n = 60\,Q$.

Die Umlaufzahl n richtet sich nach der Wahl der Antriebsmaschine, deren Leistung sich berechnet aus: $N = \frac{Q_e\,\gamma\,H}{75 \cdot \eta}$, wobei η nach Erfahrungswerten zu wählen ist.

Zwischengetriebe sind möglichst zu vermeiden. Bei großen Leistungen ist unmittelbarer Antrieb durch Dampfmaschine, Verbrennungsmotor und Elektromotor meist möglich. Bei mittleren und kleineren Leistungen werden beim Antrieb durch Verbrennungsmotor und Elektromotor Riemen- oder Zahnrädergetriebe verwendet, während beim Antrieb durch Dampfmaschine der unmittelbare Antrieb beibehalten wird, jedoch wird die Umlaufzahl n kleiner, als bei

Dampfmaschinen üblich ist, gewählt. Die Umlaufzahlen ausgeführter Kolbenpumpen schwanken zwischen $n = 60$/min und $n = 500$/min. Wählt man eine große Umlaufzahl n, dann wird das Hubvolumen $F s = \frac{60\,Q}{n}$ klein, aber die Ventile und Ventilkästen werden groß, außerdem nutzen sich die Ventile schneller ab.

Es ist also bei der Wahl von n nicht die Pumpe allein, sondern die gesamte Pumpenanlage zu betrachten, um einen guten Gesamtwirkungsgrad zu erzielen.

Man hat nun $F s = \frac{60\,Q}{n}$; ferner ist das Verhältnis $\frac{s}{F}$ bzw. $\frac{s}{D}$ zu wählen. Bei dieser Wahl ist hauptsächlich darauf zu achten, daß die Maschinenteile des Antriebs übliche Abmessungen erhalten. Bei Pumpen mit großer Förderhöhe ist daher F klein und s groß, dies tritt am meisten bei den Preßpumpen hervor. Bei schnellaufenden Pumpen wählt man F groß und s klein, damit die Massenkräfte der hin- und hergehenden Triebwerksteile nicht zu groß werden. Außerdem wählt man bei stehenden Pumpen s kleiner als bei liegenden. Im Mittel findet man $\frac{s}{D} = 2$ bis 3.

Beispiel: Für eine Wasserlieferung von 250 m³/h und eine Förderhöhe von 80 m ist eine Pumpenanlage zu entwerfen. Das Förderwasser wird durch eine Filteranlage vorher gereinigt.

Nach den örtlichen Verhältnissen wird die Saughöhe zu 5 m gewählt, damit wird $H_d = 75$ m sowie $l_s = 12$ m und $l_d = 300$ m. Es ist:

$$Q_e = \frac{250}{3600} = 0{,}0696 \text{ m}^3/\text{sek} \quad \text{und} \quad N = \frac{Q_e\,\gamma\,H}{75\,\eta};$$

nach ähnlichen Ausführungen wird $\eta = 0{,}80$ gewählt, damit

$$N = \frac{0{,}0696 \cdot 1000 \cdot 80}{75 \cdot 0{,}80} = 93 \text{ PS}.$$

Es seien zwei doppelt wirkende Pumpen mit je einem gemeinschaftlichen Tauchkolben (Abb. 8) gewählt; dieselben werden unter 90° gekuppelt. Zum Antrieb sei eine liegende Verbund-Dampfmaschine mit Kondensation verwendet, die Umlaufzahl derselben betrage $n = 60$/min.

Demnach ist für eine Pumpe $Q_e = 0{,}0348$ m³/sek. Wählt man $\eta_l = 0{,}96$, dann folgt: $Q = \frac{Q_e}{\eta_l} = \frac{0{,}0348}{0{,}96} = 0{,}0363$ m³/sek.

Nun ist: $Q = \frac{(2F - f)\,s\,n}{60}$, daher $(2F - f)\,s = \frac{60\,Q}{n} = \frac{60 \cdot 0{,}0363}{60} = 0{,}0363$ m³.

Es sei $s = 550$ mm gewählt und $d = 55$ mm vorerst geschätzt (Nachrechnung s. S. 39), damit erhält man:

$$2F - f = \frac{0{,}0363}{0{,}55} = 0{,}066 \text{ m}^2.$$

Mit $f = \frac{\pi \cdot 0{,}055^2}{4} = 0{,}0024$ m² folgt dann $2F = 0{,}0684$ m² oder $F = 0{,}0342$ m², hieraus $D = 0{,}209$ m; abgerundet: $D = $ **0,21 m.**

Damit wird $\frac{s}{D} = \frac{550}{210} = 2{,}62$. Hätte man ein ungünstiges Verhältnis $\frac{s}{D}$ erhalten, dann müßte man s zweckmäßig abändern und F noch einmal ausrechnen.

Ventilberechnung: Für die eine Kolbenseite ist

$$Q_1 = \frac{F\,s\,n}{60} = \frac{0{,}0346 \cdot 0{,}55 \cdot 60}{60} = 0{,}019 \text{ m}^3/\text{sek}.$$

Man wählt $c_{sp} = 2$ m/sek, $h_{\max} = 10$ mm, $\mu = 0{,}7$. Diese Werte setzt man in die Gleichung $\mu\, u\, h_{\max}\, c_{sp} = Q\pi$ ein und erhält: $u = \frac{0{,}019 \cdot \pi}{0{,}7 \cdot 0{,}01 \cdot 2} = 4{,}26$ m. Nun ist $u = 2\pi d_m$, demnach $d_m = \frac{4{,}26}{2\pi} = 0{,}68$ m. Für ein mehrspaltiges Ringventil (Abb. 34 und 35) ist $e = \frac{\Sigma d_m - z\, d_1}{z(z-1)}$; es sei $d_1 = 120$ mm und $z = 3$, damit folgt $e = \frac{0{,}68 - 3 \cdot 0{,}12}{3 \cdot 2} = 0{,}053$ m, abgerundet $\boldsymbol{e = 50}$ **mm.** Die mittleren Durchmesser der einzelnen Ringe sind dann:

$$d_1 = 120 \text{ mm}, \quad d_2 = 220 \text{ mm}, \quad d_3 = 320 \text{ mm}, \quad \text{somit} \quad \Sigma d_m = 660 \text{ mm}.$$

Die Abrundung von e ist zulässig, da vorher verschiedene Werte gewählt worden sind. Die Nachprüfung ergibt: $u = 2\pi d_m = 2\pi \cdot 0{,}66 = 4{,}14$ m, damit

$$c_{cp} = \frac{0{,}019 \cdot \pi}{0{,}7 \cdot 0{,}01 \cdot 4{,}14} = 2{,}06 \text{ m/sek.}$$

Wählt man $s = 3$ mm, so erhält man $b = \frac{e}{2} + s = 25 + 3 = 28$ mm und $b_1 = 28 - 6 = 22$ mm. Die Fläche des Ringventils beträgt:

$$f = \pi \Sigma d_m b = \pi \cdot 0{,}66 \cdot 0{,}028 = 0{,}058 \text{ m}^2$$

und somit die Belastung des Ventils:

$$P = f \cdot \gamma \cdot H = 0{,}058 \cdot 1000 \cdot 80 = 4640 \text{ kg}.$$

Die Sitzfläche des Ventils beträgt $f_s = \pi \Sigma d_m 2s = \pi \cdot 66 \cdot 2 \cdot 0{,}3 = 124$ cm demnach ist die Flächenpressung $p = \frac{P}{f_s} = \frac{4640}{124} = 37{,}5$ kg/cm². Diese Flächenpressung ist für Bronze als sehr gering zu bezeichnen. Die Ventilfeder wird in ähnlicher Weise, wie auf S. 25 gezeigt wurde, berechnet.

Rohrleitungen: Jede Pumpe erhält eine eigene Saugleitung, damit man im Notfalle auch mit einer Pumpe arbeiten kann. Der Durchmesser des Saugrohrs berechnet sich aus: $F_s = \frac{Q}{c_s} = \frac{0{,}0363}{0{,}8} = 0{,}045$ m², $\boldsymbol{D_s \cong 0{,}25}$ **m.**

Für die Druckleitung wird ein gemeinschaftliches Rohr gewählt, der Durchmesser berechnet sich aus: $F'_d = \frac{2Q}{c_d} = \frac{2 \cdot 0{,}0363}{1{,}2} = 0{,}06$ m², $D'_d = 0{,}276$ m, gewählt $\boldsymbol{D'_d = 275}$ **mm.** Zwischen dem gemeinschaftlichen Rohr und den einzelnen Pumpen werden Rohre eingeschaltet, den Durchmesser derselben erhält man aus: $F_d = \frac{Q}{c_d} = \frac{0{,}0363}{1{,}2} = 0{,}03$ m², $D_d = 0{,}196$ m, gewählt $\boldsymbol{D_d = 200}$ **mm.**

3. Konstruktive Ausbildung und Einzelheiten.

a) Pumpenkörper (Pumpenzylinder).

Als Material verwendet man gewöhnlich Gußeisen. Für große Wasserwerks- und Bergwerkspumpen mit hohem Druck tritt Stahlguß an Stelle von Gußeisen. Bei hohen Drücken ist Gußeisen nicht dicht genug, so daß das Wasser durchschwitzt. Preßpumpen für sehr hohen Druck werden aus Phosphorbronze gegossen oder aus Stahl durch Ausbohren aus dem Vollen hergestellt. Die Preßpumpen werden auch heute noch meistens als Kolbenpumpen ausgeführt. Bei dem hier fortwährend wechselnden Kraftbedarf kann die Kolbenpumpe nämlich im Betrieb dadurch auf Nullast umgestellt werden, daß man eine Verbindung der Druckleitung mit der Atmosphäre herstellt. Sie braucht dann fast gar keine Kraft. Die Kreiselpumpe läßt eine derartige öftere Entspannung nicht zu. Sie eignet sich daher nur in vereinzelten Fällen als Preßpumpe und erfordert dann meist einen sehr großen Akkumulator. Bei Förderung von schwachen Säuren oder Seewasser nimmt man Bronzeguß oder Gußeisen mit eingesetzter Bronzebüchse. Ebenso bei Feuerspritzen und ähnlichen Pumpen mit Scheibenkolben, welche nur selten benutzt werden, so daß ein Rosten der Lauffläche zu befürchten ist.

Für Säuren und alkalische Flüssigkeiten wurde als Pumpenmaterial früher Porzellan und Hartblei verwendet. Durch Bruch des spröden Porzellans entstehen aber leicht Unglücksfälle. Hartblei verwendet man nur noch zur Förderung von verdünnter Schwefelsäure, während für die übrigen Säuren die neuen Kruppschen Legierungen, Thermisilid, V 2 A, V 4 A und V 6 A zur Verwendung kommen. Amag-Hilpert-Nürnberg, Gebr. Sulzer, Klein, Schanzlin & Becker und andere Firmen führen Kolben- und Kreiselpumpen sowie die dazu notwendigen Armaturen aus diesen säurebeständigen Werkstoffen in verschiedenen Spezialkonstruktionen aus.

Thermisilid ist ein hochsäurebeständiger Eisensiliziumguß mit 18% Siliziumgehalt. Durch höheren Siliziumgehalt wird die Säurebeständigkeit weiter erhöht, zugleich aber die Härte und Sprödigkeit gesteigert. Die Härte von Thermisilid ist so groß, daß eine Bearbeitung nur durch Schleifen möglich ist. Für die Befestigungsschrauben müssen daher Schlitze eingegossen werden, oder man verwendet zur Befestigung der Deckel einen Bügel mit Druckschraube. Thermisilid ist widerstandsfähig gegen Schwefel- und Salpetersäure sowie gegen die meisten anorganischen und organischen Säuren. Kruppscher Chromnickelstahl V2A ist rostsicher, korrosionsfest und beständig gegen Salpetersäure, Ammoniak, Wasserstoffsuperoxyd und viele andere Flüssigkeiten der chemischen Industrie, auch bei höheren Temperaturen. Er findet besonders in letzter Zeit ausgedehnte Anwendung für Säurepumpen, nachdem es gelungen ist, auch größere Gußstücke einwandfrei in V 2 A herzustellen. In besonders schwierigen Fällen kann man sich auch durch Zusammenschweißen mehrerer Teile helfen. Die VA-Stähle gelten als säure- bzw. laugenbeständig, wenn eine Gewichtsabnahme von weniger als 0,1 g für 1 m^2 Oberfläche und 1 Stunde Angriffsdauer vorliegt. Dies trifft für die VA-Stähle und auch für Thermisilid zu. V 2 A ist aber weniger spröde, zuverlässiger und dichter als Thermisilid. Kruppscher V 4 A-Stahl ist beständig gegen schweflige Säure, Sulfitkocherlauge, wie sie in der Zellstoffindustrie in Frage kommt, und gegen Essigsäure. Kruppscher V 6 A-Stahl ist beständig gegen Ammoniumchlorid und verdünnte Schwefelsäurelösungen.

V 4 A und V 6 A sind auch gießbar, jedoch muß mit größerem Ausschuß gerechnet werden, wodurch die Fabrikation verteuert wird. Die V-Stähle enthalten neben Nickel und Chrom auch Zusätze von Molybdän bzw. Kupfer, wodurch die Korrosionsfestigkeit, besonders bei V 4 A erhöht wird. Sie können trotz ihrer Härte und Zähigkeit gedreht und gebohrt werden. Die Bearbeitung erfordert aber großen Zeitaufwand. Der Preis der V-Legierungen ist erheblich höher als der des Thermisilids. Nickel-Gußeisenlegierungen in verschiedenen Zusammensetzungen zeichnen sich durch große Dichte und gute Bearbeitbarkeit aus. Die Festigkeit des Gußeisens wird durch Nickelzusatz sehr erhöht. Die Zähigkeit bleibt aber erheblich hinter der des Stahlgusses zurück. Nickel-Gußeisen ist besonders laugenbeständig, aber weniger säurebeständig. Nebenher verwendet man auch Steingut von sehr hoher Druckfestigkeit in Eisenmäntel eingepanzert, oder Gußeisen mit einer Auskleidung von Hartgummi, Blei oder reinem Bankazinn für Säurepumpen.

Zur Verbilligung werden nur die Teile der Pumpe, welche unmittelbar mit der Säure in Berührung kommen, aus dem wertvollen säurebeständigen Werkstoff hergestellt (s. Kap. II, 6m und Abb. 220 und 221).

Wandstärke: Mit Rücksicht auf Herstellung des Gusses wählt man für gußeiserne Pumpenzylinder:

$$s = \frac{D}{50} + 10\text{ mm, wenn stehend gegossen,}$$

$$s = \frac{D}{40} + 12\text{ mm, wenn liegend gegossen,}$$

wo D der größte Durchmesser des Zylinders ist.

Entsprechend kann man für Stahlguß annehmen:

$$s = \frac{D}{70} + 14\text{ mm, wenn stehend gegossen,}$$

$$s = \frac{D}{60} + 16\text{ mm, wenn liegend gegossen.}$$

Mit Rücksicht auf den inneren Überdruck p_i in kg/cm² ist für alle zylindrischen Teile der Pumpe nach Bach zu setzen:

$$r_a = r_i \sqrt{\frac{\sigma_{zul} + 0{,}4\,p_i}{\sigma_{zul} - 1{,}3\,p_i}} + 3 \text{ bis } 5\text{ mm}.$$

Wandstärke $s = r_a - r_i$. σ_{zul} für Gußeisen $\leqq 150$ kg/cm², da meistens eine wechselnde, oft stoßartige Belastung vorliegt. Ausnahmsweise σ_{zul} bis 250 kg/cm² bei besonders günstigen Verhältnissen und langsam laufenden Pumpen.

Bei sehr rasch laufenden Pumpen (Expreßpumpen) $\sigma_{zul} \leqq 100$ kg/cm²; σ_{zul} für Stahlguß entsprechend 350 bzw. 550 bzw. 220 kg/cm².

Nach Weisbach: Wandstärke $s = 0{,}00238\,p_i \cdot D + 9$ mm für Gußeisen. Für Stahlguß kann man annehmen: $s = 0{,}0017\,p_i\,D + 9$ mm.

Bei kleiner Wandstärke s im Verhältnis zum Zylinderdurchmesser kann man bei Überschlagsrechnungen annehmen: $s = r_i \frac{p_i}{\sigma_{zul}}$.

Von den oben errechneten Wandstärken nimmt man dann zweckmäßig den größten Wert.

Bei Zylindern mit ganz ausgebohrter Lauffläche (für Scheibenkolben) wird noch ein Zuschlag von 3 bis 6 mm für mehrmaliges Nachbohren gegeben.

Beispiel: Der größte Zylinderdurchmesser sei $D = 350$ mm; $p_i = 20$ kg/cm². Material: Stahlguß. $n = 70$ Doppelhübe in der Minute (normale Geschwindigkeit); daher werde $\sigma_{zul} = 350$ kg/cm² angenommen. Liegende Pumpe.

1. $s = \frac{D}{60} + 16\text{ mm} = \frac{350}{60} + 16 = \sim 6 + 16 = 22\text{ mm}.$

2. $r_a = r_i \sqrt{\frac{\sigma_{zul} + 0{,}4\,p_i}{\sigma_{zul} - 1{,}3\,p_i}} + 3 \text{ bis } 5\text{ mm} = 175 \sqrt{\frac{350 + 0{,}4 \cdot 20}{350 - 1{,}3 \cdot 20}} + 5$

$$= 175 \sqrt{\frac{358}{324}} + 5 = 175 \cdot 1{,}05 + 5 = \sim 184 + 5 = \sim 189.$$

$$s = r_a - r_i = 189 - 175 = 14\text{ mm}.$$

3. $s = 0{,}0017 \cdot p_i \cdot D + 9 = 0{,}0017 \cdot 20 \cdot 350 + 9 = 11{,}9 + 9 = \sim 21\text{ mm}.$

4. $s = r_i \frac{p_i}{\sigma_{zul}} = 175 \frac{20}{350} = 10\text{ mm}.$

Mit Rücksicht auf die Herstellung des Gusses ist die Wandstärke also mindestens 22 mm stark auszuführen. Bei der Stahlgießerei ist dann noch unter Einsendung der Zeichnung anzufragen, ob sie den Abguß mit dieser geringen Wandstärke übernehmen will.

Durchbrechungen des Zylinders (Stutzen) bewirken eine Schwächung desselben, und zwar um so mehr, je größer die Stutzen sind. Hierfür ist eine besondere Festigkeitsberechnung erforderlich. Für nicht zu hohe Drücke genügt eine starke Ausrundung unter gleichzeitiger Verstärkung der Wandung (Abb. 39). Bei hohen Drücken wird der gefährliche Querschnitt durch zwei schmiedeeiserne Anker verstärkt, indem an den Zylinder entsprechende Augen angegossen werden (Abb. 40). Die Ankerschrauben werden vor dem festen Anziehen allenfalls etwas erwärmt, damit sie eine starke entgegengesetzte Spannung erhalten.

Nach Abb. 39 ist: $a \cdot b \cdot p_i = f \cdot \sigma_{zul}$, also $f = \dfrac{a \cdot b \cdot p_i}{\sigma_{zul}}$.

Nach Abb. 40 ist: $a \cdot b \cdot p_i = f \cdot \sigma_{zul} + f_1 \cdot \sigma_{1\,zul}$.

σ_{zul} für den Gußkörperquerschnitt f (s. Abb. 39) wie früher angegeben.

$\sigma_{1\,zul}$ für den Bolzenkernquerschnitt f_1 (s. Abb. 40) = 500 bis 600 kg/cm².

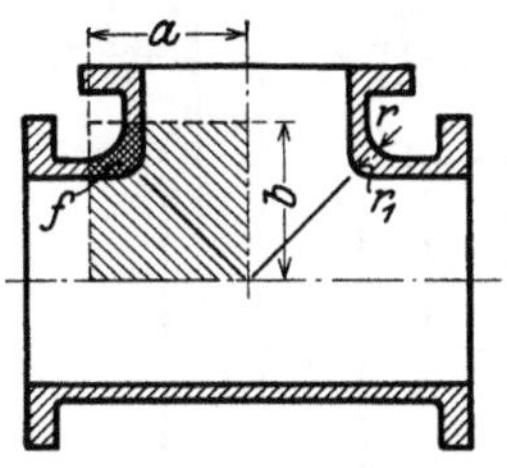

Abb. 39. Stutzenanschluß, starke Ausrundung.

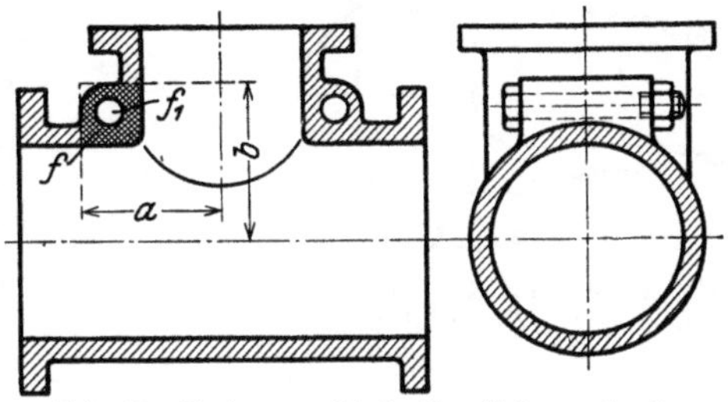

Abb. 40. Stutzenanschluß, Verstärkung durch Ankerschrauben.

Beispiel: Der Pumpenzylinder mit dem größten Durchmesser von 350 mm werde von einem Stutzen mit 275 mm Durchmesser durchbrochen. $p_i = 20$ kg/cm². Material: Stahlguß.

Bei einem äußeren Abrundungshalbmesser von $r = 40$ mm und einem inneren Halbmesser von $r_1 = 25$ mm wird nach Abb. 39: $a \sim 20$ cm; $b \sim 23{,}5$ cm; $f \sim 23$ cm².

a, b und f sind aus einer genauen Zeichnung durch Messen bestimmt. Dann wird $\sigma = \dfrac{a \cdot b \cdot p_i}{f} = \dfrac{20 \cdot 23{,}5 \cdot 20}{23} = \sim 410$ kg/cm².

Die Beanspruchung wird also trotz starker Abrundung und Verstärkung noch zu hoch, so daß das Einziehen von zwei schmiedeeisernen Ankern erforderlich ist.

Bei einer Ankerstärke von $1^1/_2''$ erhält man die Querschnitte $f = \sim 33$ cm² und $f_1 = 8{,}4$ cm². Es wird $a = 21$ cm; $b = 24$ cm.

$\sigma_{1\,zul}$ für den Bolzen werde zu 500 kg/cm² angenommen. Dann entfällt auf den Gußquerschnitt eine Zugbeanspruchung:

$$\sigma_{zul} = \frac{a \cdot b \cdot p_i - f_1\,\sigma_{1\,zul}}{f} = \frac{21 \cdot 24 \cdot 20 - 8{,}4 \cdot 500}{33} = \sim 180\ \text{kg/cm}^2.$$

Ebene Deckel sind nach Hütte, Bd. 1 zu berechnen.

Den Pumpenkörper formt man möglichst überall zylindrisch oder kugelförmig, besonders bei hohen Drücken. Er muß so konstruiert werden, daß sich in demselben kein Luftsack (s. S. 3 und 34) bilden kann. Das Druckventil ist also an der höchsten Stelle des Pumpenzylinders anzuordnen, so daß die durch das Saugventil eintretende Luft gleich beim nächsten Druckhube durch das Druckventil wieder aus dem Zylinder entfernt wird. Die Wandungen müssen also nach dem Druckventil zu ansteigen, wie Abb. 41 zeigt.

Das Wasser soll in der Pumpe möglichst auf einem geraden Wege vom Saugventil zum Druckventil fließen. Richtungsänderungen wirken — besonders bei hohen Geschwindigkeiten — störend. Die Ventile müssen gut zugänglich sein.

Richtige und fehlerhafte Ausführungen siehe Abb. 41 bis 44.

An den Pumpenkörpern müssen die für das Anbringen der Armaturen nötigen Warzen bzw. Butzen angegossen werden. Für größere Pumpen sind erforderlich:

Je ein Umlaufventil zur Verbindung des Druckrohres mit dem Pumpenraum und des Pumpenraumes mit dem Saugrohr siehe Abb. 45 und 46. Durch das untere Ventil kann die Pumpe nach der Saugleitung hin entleert werden, falls kein Fußventil vorhanden ist. Durch ein an der höchsten Stelle des Pumpenraumes angebrachtes Lüftungsventil (Abb. 47) kann Luft zugelassen werden. Durch das

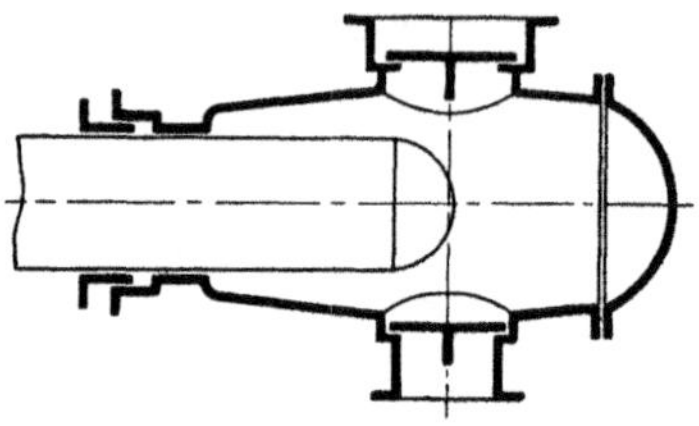

Abb. 41. Richtige Ausführung. Es kann kein Luftsack entstehen. Gute Wasserführung.

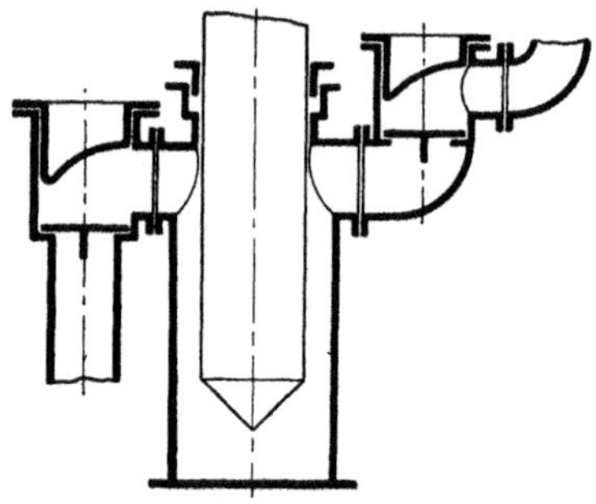

Abb. 42. Richtige Ausführung. Es kann kein Luftsack entstehen.

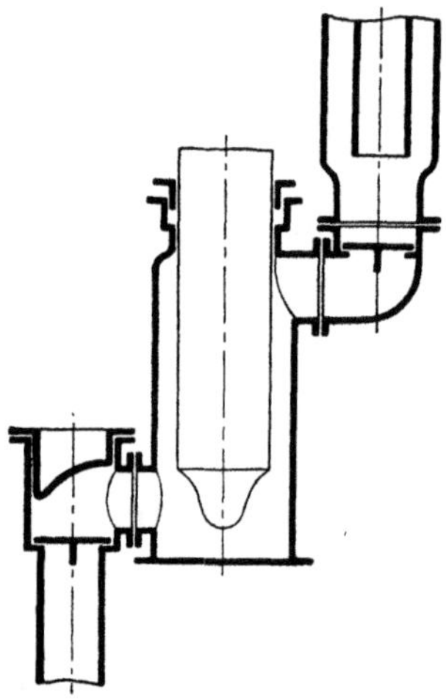

Abb. 43. Richtige Ausführung. Es kann kein Luftsack entstehen. Gute Wasserführung.

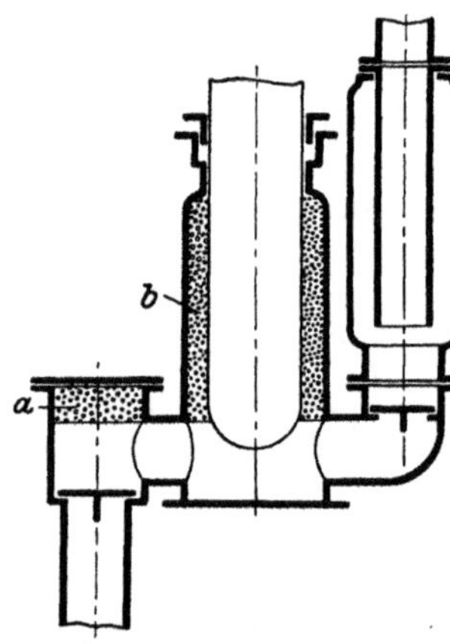

Abb. 44. Fehlerhafte Ausführung. Bei *a* und *b* bilden sich Luftsäcke.

obere Umlaufventil (Abb. 45) kann die Pumpe nach Öffnung des Luftventils von der Druckleitung aus wieder gefüllt werden. Bei vorhandenem Fußventil kann durch Öffnen beider Umlaufventile Pumpe und Saugrohr angefüllt werden. Bei kleinen Pumpen kann durch ein genügend großes Umlaufventil eine Verringerung der Liefermenge bis zur völligen Ausschaltung der Pumpe erzielt werden.

Ferner ist ein Schnüffelventil erforderlich, welches meistens in der Horizontalebene des Pumpenkörpers angeordnet wird (Abb. 48). Durch das kleine Rückschlagventil kann während des Saughubes jedesmal etwas Luft angesaugt werden, welche als Ersatz der verbrauchten Luft im Druckwindkessel dient. Natürlich wird der Lieferungsgrad dadurch etwas verringert. Bei hohen Drücken wird so viel Luft vom Wasser aufgesaugt, daß man mit einem Schnüffelventil nicht mehr auskommt, außerdem ist bei hohen Drücken die angesaugte Luft schädlicher als bei niedrigen Drücken. Die Luft im Druckwindkessel muß dann durch einen kleinen Kompressor ständig aufgefüllt werden.

Die Verwendung von Umlaufventilen und Schnüffelventilen ist jedoch bei bestimmten Pumpenarten (z. B. Kesselspeisepumpen) nicht zu empfehlen. Da die Umlaufventile auf die Dauer bei höheren Drücken niemals zuverlässig schließen, so besteht die Gefahr, daß mehr oder weniger

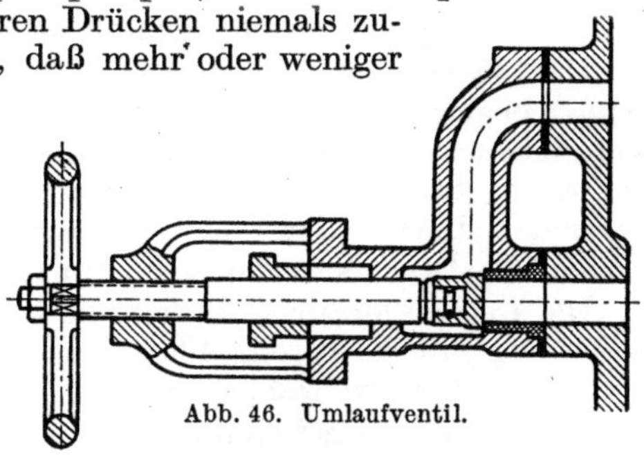

Abb. 46. Umlaufventil.

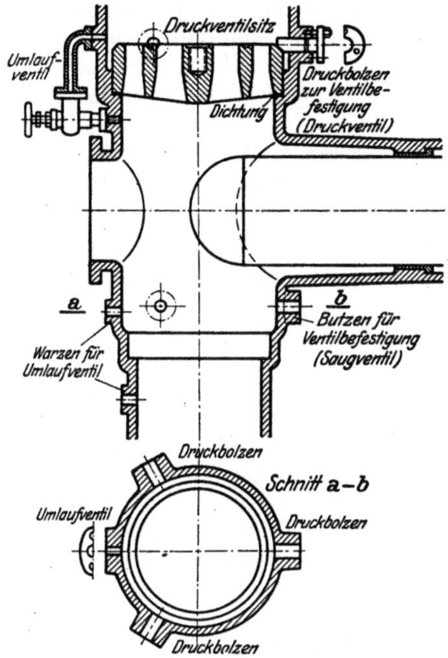

Abb. 45. Anordnung der Umlaufventile.

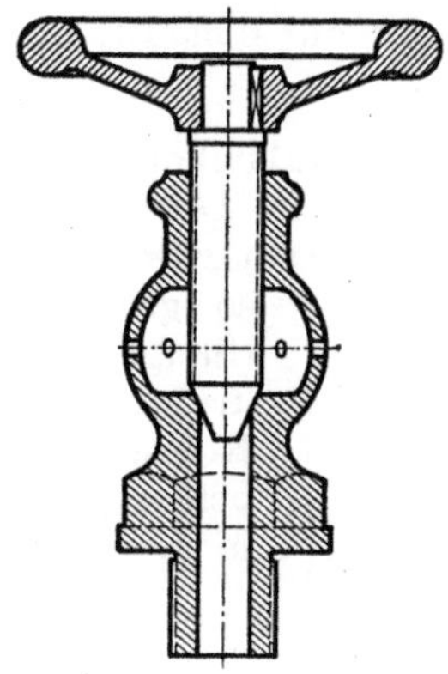

Abb. 47. Luftventil.

große Wassermengen unbeobachtet aus der Druckleitung in die Saugleitung oder den Pumpenraum zurückströmen und nicht in den Kessel gespeist werden. In diesem Fall ist ein Entwässerventil zu verwenden, bei dem die Wasserrückführung in den Speisewasserbehälter sichtbar ist.

Auch das Schnüffelventil ist besonders bei entgastem Speisewasser zu vermeiden, da der Zutritt von Sauerstoff starke Kesselanfressungen hervorruft. Das Schnüffelventil wird nicht gebraucht, wenn der Saugwindkessel entsprechend ausgebildet ist und statt eines gewöhnlichen Druckwindkessels ein Schwimmer-Stoßdämpfer (S. 43) verwendet wird.

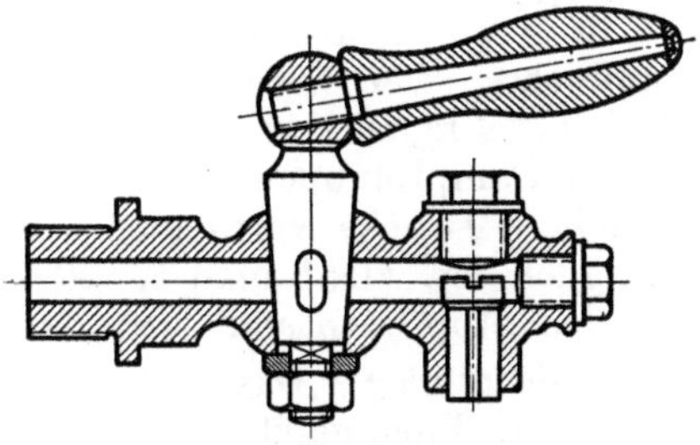

Abb. 48. Schnüffelventil.

Der Indikatorstutzen (bei doppelt wirkenden Pumpen auf jeder Seite ein Stutzen) muß so angebracht werden, daß ein einfacher Antrieb des Indikators möglich ist. Es darf sich unter dem Indikator kein Luftsack bilden. Bei waagerechter Anordnung ist dies nicht möglich.

Schließlich sind noch die Butzen für die von außen zugängliche Befestigung der Ventile anzugießen. In Abb. 87 und 99 geschieht dies durch Druckbolzen, welche durch den Flanschdeckel angepreßt werden. Zur Dichtung dienen einige Lederscheiben. Der Bolzen hat außen ein Gewindeloch, damit man ihn durch eine Händelschraube herausziehen kann (s. Abb. 87).

b) Ventilgehäuse (Ventilkasten).

Das Material ist dasselbe wie beim Pumpenkörper. Die Festigkeitsberechnung erfolgt ebenso. Maßgebend ist der größte Durchmesser des Ventilgehäuses. Der Ventilkasten wird an den Pumpenkörper angeschraubt. Vielfach besteht er auch aus einem Stück mit dem Pumpenzylinder. Ein Luftsack kann hier besonders unter dem Deckel über dem Saugventil entstehen (Abb. 44). Er wird durch Einziehen des Deckels vermieden (Abb. 42).

Die Deckelschrauben dürfen mit Rücksicht auf die wechselnde, oft stoßartige Belastung mit höchstens 400 kg/cm² auf Zug beansprucht werden. Bei raschlaufenden Pumpen wählt man entsprechend geringere Beanspruchung.

Die Schraubenentfernung l hängt von dem inneren Druck p_i ab. Man nimmt bei

$p_i =$	3 bis 5 kg/cm²	6 bis 10 kg/cm²	10 bis 12 kg/cm²	15 bis 20 kg/cm²	20 bis 25 kg/cm²
$l =$	$\sim 8\,d$	$\sim 7\,d$	$\sim 6\,d$	$\sim 5\,d$	$\sim 4\,d$

wo d der Schraubenbolzendurchmesser ist.

Bei sehr hohen Drücken muß die Dichtung in einem Falz liegen, damit sie nicht herausgepreßt wird (Abb. 49). Die Flanschenstärke b muß 1,3- bis 1,5mal so groß wie die Wandstärke s sein. Bei Rohranschlüssen (Saugrohr, Druckrohr) sind Flanschdurchmesser und Lochkreisdurchmesser nach der Normalrohrtabelle für gußeiserne Rohre auszuführen[1]. Für die Armaturen und die Ventilbefestigung kommt hier das unter Pumpenzylinder Gesagte in Betracht.

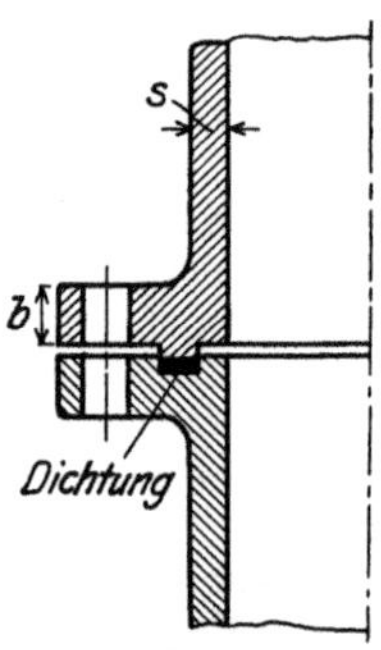

Abb. 49. Flanschverbindung.

c) Kolben.

Man verwendet Scheibenkolben und Tauchkolben (Plunger-, Trunk-, Mönchskolben). Die Dichtung (Liderung) liegt bei den Scheibenkolben in dem Kolben selbst, so daß die ganze Lauffläche des Zylinders ausgedreht werden muß. Der lange Tauchkolben dagegen bewegt sich frei in dem Zylinder und berührt denselben nur in der zur Abdichtung dienenden Stopfbüchse. Der Scheibenkolben kommt gewöhnlich nur für niedrigere Drücke von 1 bis 4 kg/cm² in Frage. Nur bei besonders gedrängt gebauten Pumpen und bei Dampfpumpen (schwungradlose Pumpen) wird er ausnahmsweise auch für höhere Drücke verwendet. Da die Dichtung während des Betriebes nicht zugänglich ist, zieht man für höhere Drücke den Tauchkolben mit der außenliegenden Stopfbüchsendichtung vor.

Scheibenkolben. Das Material ist gewöhnlich Gußeisen. Bei Förderung von chemischen Flüssigkeiten und Seewasser wird ein Bronzeüberzug verwendet. Als Liderungsmaterial dient Hanf, Leder, Metall, vielfach auch Kunstharzpreßstoff, Hartgummi, seltener Holz und Leinewand.

Die Hanfdichtung läßt kaltes und warmes Wasser zu. In neuerer Zeit wird sie mehr und mehr durch die Leder- und Metalldichtung verdrängt. Die eingelegten quadratischen Hanfseilringe werden durch den Deckel angezogen, ähnlich wie bei einer gewöhnlichen Stopfbüchse (Abb. 50). Nach B a c h nimmt man

[1] Siehe Hütte, Bd. 1.

als Stärke s mm $\sim \sqrt{D}$ mm; Höhe der Packung $h \sim 4\,s$. Bei stehender Anordnung muß der Kolben unten geschlossen sein (doppelwandig), wie in Abb. 50 gestrichelt angedeutet, da die Höhlung sonst einen Luftsack bilden würde. Oder die Höhlung muß nach oben gerichtet sein; dann aber besteht die Gefahr des Durchrostens bei längerem Stillstand.

Die Lederdichtung kann nur für kaltes, nicht saures Wasser (unter 30° C) bei kleinen Kolbengeschwindigkeiten verwendet werden. Sie ist ebenso wie die

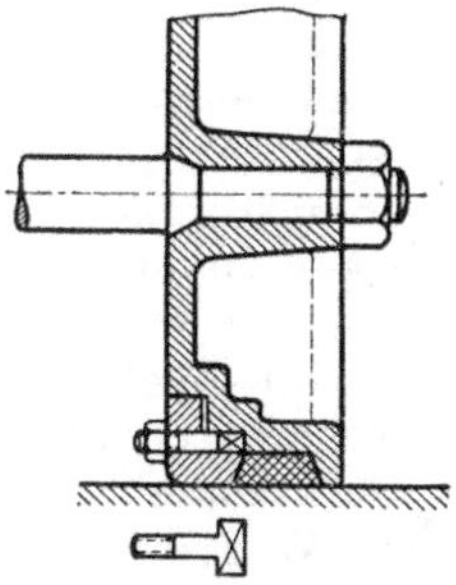

Abb. 50. Scheibenkolben mit Hanfdichtung.

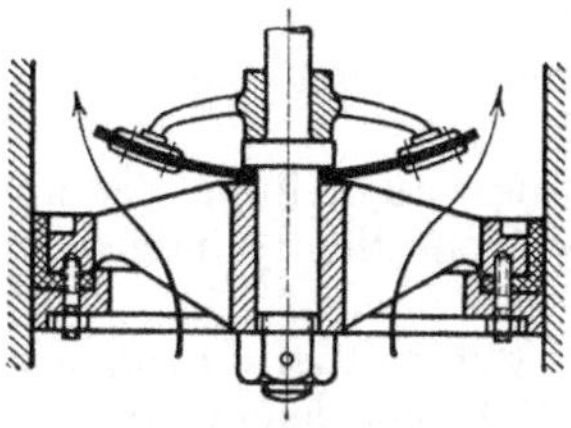

Abb. 51. Kolben für eine Hubpumpe, Leder- oder Gummiklappe.

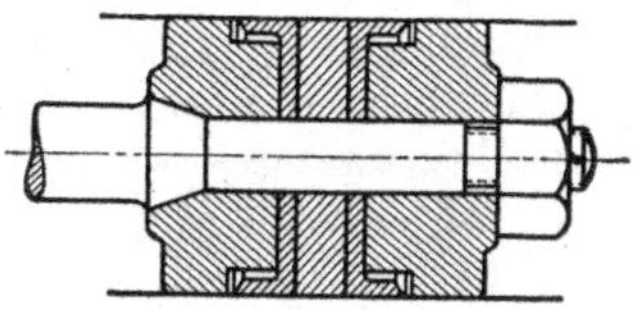

Abb. 52. Scheibenkolben mit Lederstulpdichtung.

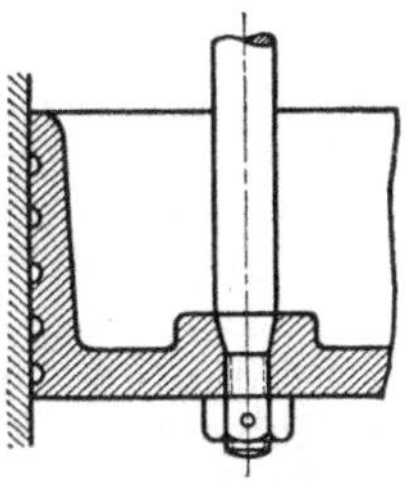

Abb. 53. Eingeschliffener Kolben mit Labyrinthrillen.

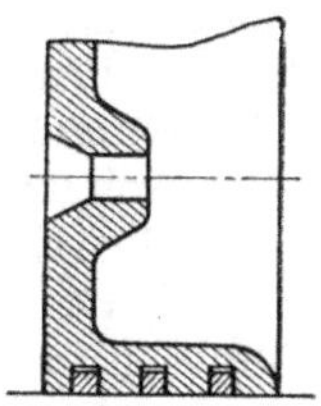

Abb. 54. Kolben mit selbstspannenden Ringen.

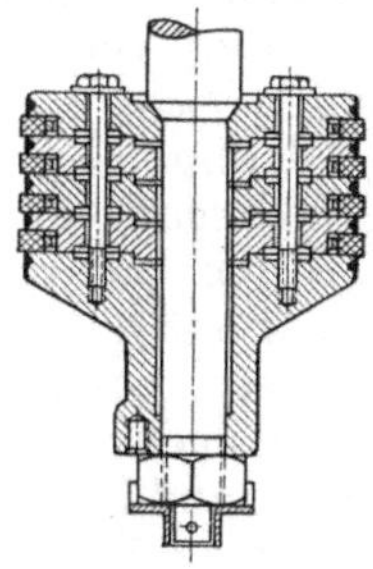

Abb. 55. Scheibenkolben mit Schweißbronzemantel und Ringen aus Kunstharzpreßstoff.

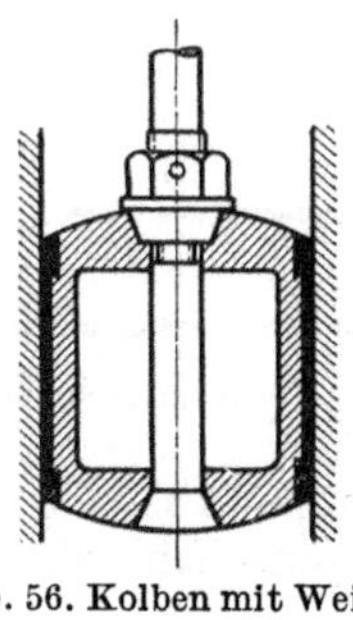

Abb. 56. Kolben mit Weißmetallmantel.

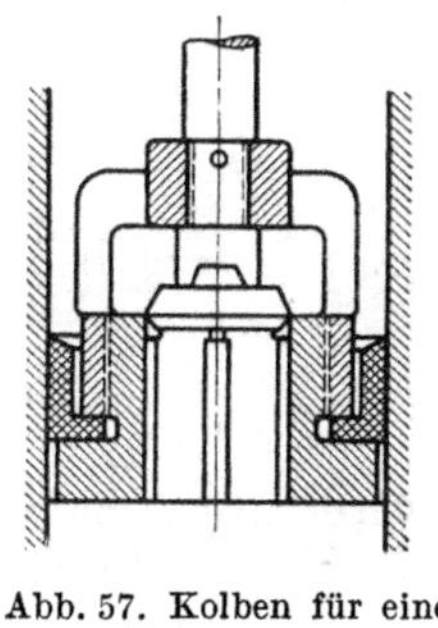

Abb. 57. Kolben für eine Hubpumpe.

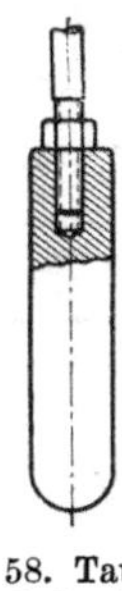

Abb. 58. Tauchkolben für hohe Drücke.

Hanfdichtung auch für unreines Wasser brauchbar. Meistens findet man die in Abb. 51, 52 und 57 angegebene Stulpendichtung. Bei Hubpumpen, wo der Druck nur auf der oberen Seite des Kolbens wirkt, genügt eine Manschette (Abb. 51 und 57). Bei Druckpumpen dagegen müssen zwei Stulpen wie in Abb. 52 angeordnet werden. Die Stulpen sind selbstdichtend und daher besonders für höhere Drücke geeignet.

Für die Metalldichtung kommt nur ganz reines Wasser in Frage. Der Kolben kann dicht eingeschliffen werden und erhält am Umfange nur einige kleine eingedrehte Labyrinthrillen, welche gleichzeitig zum Festhalten des Schmiermaterials dienen (Abb. 53). Länge des Kolbens $\sim$ 0,8 D bis D. Neuerdings wird die Metalldichtung vielfach mit selbstspannenden Kolbenringen wie beim Dampf- und Motorkolben ausgeführt (Abb. 54). Für die Ringe nimmt man dann anstatt Gußeisen auch wohl Rotguß oder Phosphorbronze. Bei chemischen Flüssigkeiten muß der Kolbenkörper einen säurebeständigen Überzug erhalten.

Einen Scheibenkolben neuerer Art für Kesselspeisepumpen zeigt Abb. 55, der aus Guß oder Stahlguß gefertigte Kolben ist meidstoffsparsam mit einem Schweißbronzemantel überzogen. Die Kolbenringe aus Kunstharzpreßstoff liegen in Einzelkammern: sie dichten auch bei höchsten Drücken zuverlässig ab (s. Kennlinie η in Abb. 127).

Für ganz reines Wasser können auch hohe Scheibenkolben mit Weißmetallmantel verwendet werden, wodurch die Zylinderlauffläche sehr geschont wird (Abb. 56).

Die Holzliderung schont bei guter Ausführung und reinem Wasser ebenfalls sehr die Zylinderwandung. Sie läßt sich leicht ersetzen und ist auch für warmes Wasser geeignet.

Hartgummiringe sind begrenzt für niedere Drücke bei nicht zu hohen Wassertemperaturen verwendbar, Leinwandstreifen werden selten als Dichtung verwendet.

Für Hubpumpen, wo das beim Aufgang des Kolbens angesaugte Wasser beim Niedergang des Kolbens durch denselben hindurchtritt, muß der Kolben durchbrochen und mit einer Leder- oder Gummiklappe (Abb. 51) oder mit einem Ventil (Abb. 57) versehen sein. Der Durchgangsquerschnitt muß so groß wie möglich sein, besonders bei schnellaufenden Pumpen.

Tauchkolben. Als Material dient meistens Gußeisen, selbst für große Abmessungen und höhere Drücke. Die hohle Form des gußeisernen Kolbens bewirkt bei liegenden Pumpen durch den Auftrieb eine vorteilhafte Entlastung der Führungsbüchsen.

Für kleine Kolben und besonders für sehr hohe Drücke wird Schmiedeeisen oder Stahl verwendet (Abb. 58). Bei Förderung von chemischen Flüssigkeiten oder Seewasser wird der Kolben mit einer Bronzebüchse oder mit einem nahtlos gezogenen Kupferrohr überzogen.

Abb. 59. Kolben einer doppelt wirkenden Pumpe.

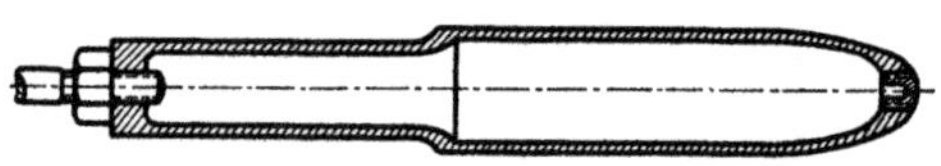

Abb. 60. Kolben einer Differentialpumpe.

Das Ende des Kolbens wird zweckmäßig kugelförmig (Abb. 59), parabolisch (Abb. 60) und bei raschlaufenden Pumpen vielfach ganz schlank konisch geformt (Abb. 61).

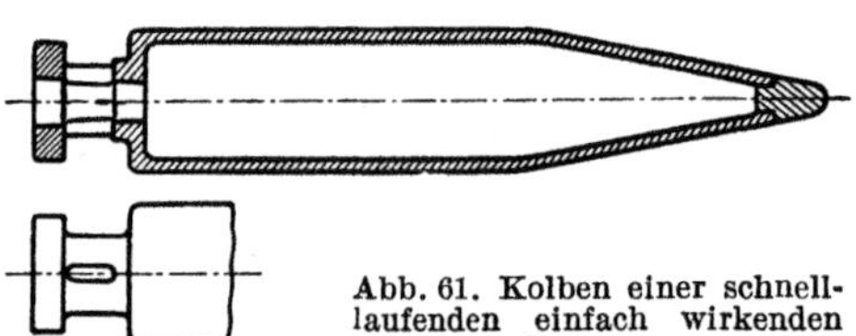

Abb. 61. Kolben einer schnelllaufenden einfach wirkenden Pumpe.

Der hohle Kolben wird auf äußeren Druck berechnet. Nach Hütte, Bd. 1 ist:

$$r_a = r_i \sqrt{\frac{\sigma_{d\,\text{zul}}}{\sigma_{d\,\text{zul}} - 1{,}7\,p_a}}\,,$$

wo r_a der äußere und r_i der innere Kolbenhalbmesser, p_a der Flüssigkeitsdruck in der Pumpe ist. Die zulässige Druckbeanspruchung für Gußeisen oder Bronze ist $\sigma_{d\,\text{zul}} = 600\ \text{kg/cm}^2$.

Wandstärke $s = r_a - r_i + 3$ bis 5 mm Zuschlag für Kernverlegen und Nachdrehen. Für geringe Wandstärken kann man annehmen $s = r_a \cdot \frac{p_a}{\sigma_{d\,zul}} + 3$ bis 5 mm Zuschlag für Kernverlegen und Nachdrehen.

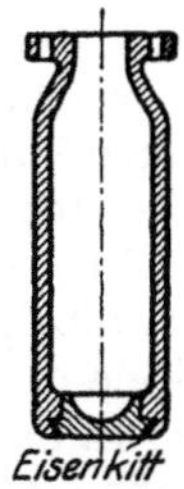

Abb. 62.

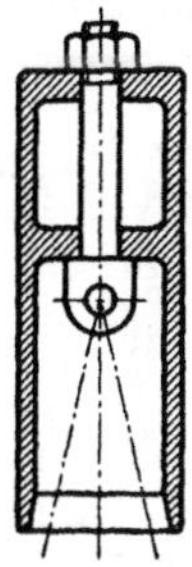

Abb. 63.

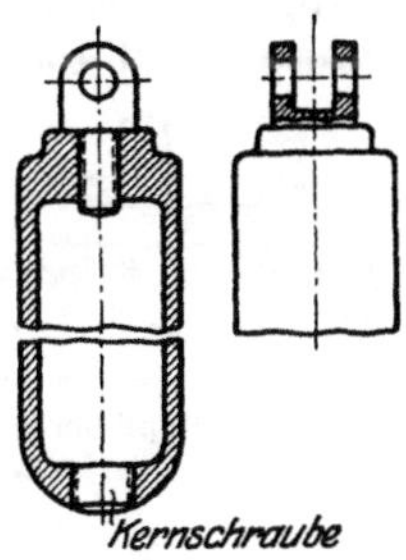

Abb. 64.

Verschiedene Formen des Tauchkolbens und der Kolbenstangenbefestigung siehe Abb. 58 bis 65. Abb. 58: Massiver Stahlkolben für sehr hohe Drücke (Preßpumpen). Abb. 59 bis 61: Kolben für größere doppelt wirkende Differentialpumpen und raschlaufende einfach wirkende Pumpen. Abb. 62: Hohlkolben mit großen Kernöffnungen und Verschluß des Bodens durch einen Kittdeckel. Bei Abb. 63 tritt nicht so leicht ein Ecken des Kolbens ein wie bei Abb. 64. Abb. 65: Kolben von Voit-München. Ein nahtlos gezogenes Bronze- oder Messingrohr wird auf die beiden gußeisernen Deckel aufgepreßt oder warm aufgezogen und dann auf Maß gedreht.

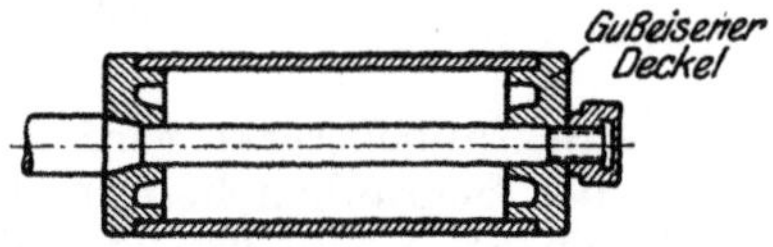

Abb. 65. Kolben von Voit-München.

Die **Kolbenstange** wird aus Stahl hergestellt und am zuverlässigsten mit einem Konus in den Kolben eingesetzt. Hierdurch wird zugleich eine sichere Abdichtung erzielt (Abb. 59, 61 und 65). Die Befestigungsmutter (oft konische Bronzemutter) muß gegen Lösen gut gesichert werden.

Die Kolbenstange wird auf Zug und Knickung beansprucht. Bei liegenden Pumpen tritt noch eine Biegungsbeanspruchung hinzu. Man berechnet die Kolbenstange auf Knickung mit 15- bis 22facher Sicherheit und auf Zug mit 15facher Sicherheit.

Beispiel: Die Kolbenstange im Beispiel auf S. 29 soll nachgerechnet werden.

Es sei der Strömungswiderstand in den Rohrleitungen $H_{wr} = 6$ m WS ermittelt (s. S. 13), dann ist die manometrische Förderhöhe $H_{man} = 80 + 6 = 86$ m. Der Strömungswiderstand in der Pumpe (einschließlich Öffnungswiderstand der Ventile) und die gesamte Stopfbüchsenreibung sollen zusammen 3 m WS betragen. Mit diesen Werten erhält man die Kolbenstangenkraft $P = (86 + 3)\,1000 \cdot 0{,}0346 = 3080$ kg. Nach Euler ist $\mathfrak{S}\,P = \frac{\pi^2 E J}{s_K^2}$. Es sei die Knicklänge $s_K \approx 2s$, also $s_K \approx 2 \cdot 550 \approx 1100$ mm, das Elastizitätsmaß $E = 2\,200\,000$ kg/cm². Das Trägheitsmoment $J = \frac{\pi d^4}{64} = 44{,}92$ cm⁴. Mit diesen Werten ist der Sicherheitsgrad

$$\mathfrak{S} = \frac{\pi^2 E J}{P s_K^2} = \frac{\pi^2 \cdot 2\,200\,000 \cdot 44{,}92}{3080 \cdot 110^2} = 26\,.$$

Ferner ist die Zugspannung $\sigma = \frac{3080}{23{,}8} = 129$ kg/cm² und damit $\mathfrak{S} = \frac{\sigma_B}{\sigma} = \frac{4000}{129} = 31$. Der Durchmesser $d = 55$ mm ist gut bemessen, da beide Sicherheitsgrade oberhalb der zulässigen Werte liegen.

d) Stopfbüchsen.

Die Stopfbüchsen dienen zur Abdichtung der hin- und hergehenden Kolbenstangen bzw. der Tauchkolben. Sie sollen das Austreten des Wassers aus der Pumpe und das Eindringen von Luft in dieselbe verhindern. Man verwendet je nach den vorliegenden Verhältnissen gewöhnliche weiche Packung, Ledermanschetten- oder Metallpackung.

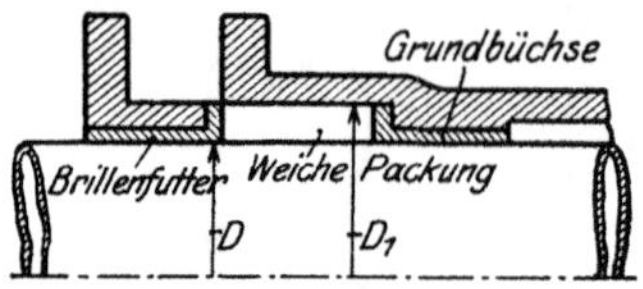

Abb. 66. Stopfbüchse mit weicher Packung.

Die Stopfbüchse mit weicher Packung (in Talg getränkte, quadratisch geflochtene Hanf- oder Baumwollzöpfe) wird ebenso wie eine Dampfmaschinenstopfbüchse ausgeführt (Abb. 66). Bei großen Plungerdurchmessern und höheren Drücken kommt man mit 2 oder 3 Schrauben nicht mehr aus und muß dann 4, 6 oder mehr Stopfbüchsenschrauben annehmen. Die Schrauben dürfen mit Rücksicht auf das häufige und oft ungleichmäßige Anziehen nur schwach belastet werden ($\sigma_{zul} \leq 300$ kg/cm²). Um sicher zu gehen, rechnet man mit dem 3fachen Flüssigkeitsdruck p_i auf den Ringquerschnitt des Packungsraumes. Dann ist nach Abb. 66:

$$\left(\frac{\pi D_1^2}{4} - \frac{\pi D^2}{4}\right) 3\, p_i = i\,\frac{\pi \delta^2}{4}\,\sigma_{zul}\,.$$

Die Schraubenstärke wird der Größe der Pumpe angepaßt und dann die Anzahl i der Schrauben berechnet.

Beispiel: Es sei der Tauchkolbendurchmesser $D = 200$ mm. $D_1 = 250$ mm. Es sind $1^1/_4''$-Schrauben anzunehmen, $p_i = 20$ kg/cm². Kernquerschnitt der $1^1/_4''$-Schraube: $\frac{\pi\delta^2}{4} = 5{,}77$ cm².

$$i = \frac{\frac{\pi D_1^2}{4} - \frac{\pi D^2}{4}}{\frac{\pi \delta^2}{4}\,\sigma_{zul}} \cdot 3\, p_i = \frac{(491 - 314)\cdot 3 \cdot 20}{5{,}77 \cdot 300} = 6{,}1 \sim 6 \text{ Schrauben.}$$

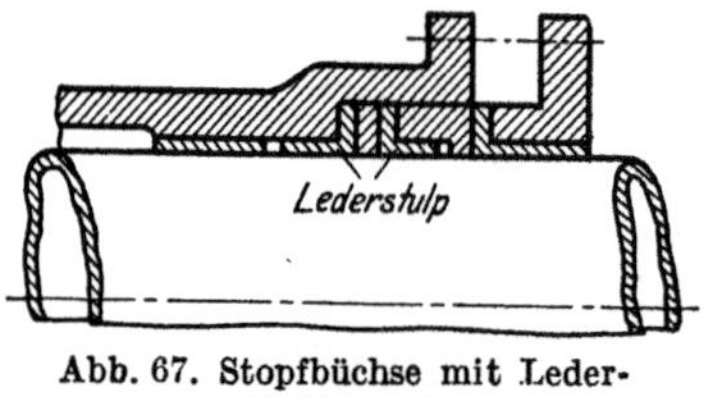

Abb. 67. Stopfbüchse mit Ledermanschettenpackung.

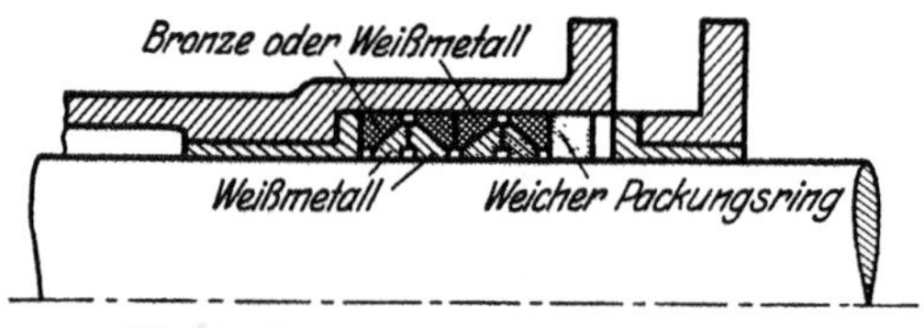

Abb. 68. Stopfbüchse mit Metallpackung.

Die Stopfbüchse mit Lederstulpdichtung eignet sich besonders für hohen Druck, aber nur für kaltes nicht saures Wasser (Abb. 67). Die innere Manschette verhindert das Heraustreten des Wassers, die äußere ein Eintreten von Luft in den Pumpenraum.

Die Metallpackung tritt bei hohen Drücken ebenfalls an die Stelle der weichen Packung. Sie verlangt vollkommen reines, besonders sandfreies Wasser. Dagegen verträgt sie warmes und auch saures Wasser (Grubenwasser). Es kann die einfache, in Abb. 68 angegebene Metalldichtung, wie sie bei Dampfmaschinen üblich ist, verwendet werden. Die labyrinthartigen Eindrehungen erhöhen die Wirkung dieser Metallpackung. Für schnellaufende Pumpen werden von den einzelnen Firmen besondere Formen der Metallpackung ausgeführt, welche in den Kolbenpumpen von Berg beschrieben sind.

Für schwer zugängliche Stopfbüchsen, die also schlecht überwacht werden können, verwendet man mehr und mehr Metallringe nach Abb. 69. Jeder Dichtring ist mehrteilig und wird durch eine Schlauchfeder zusammengehalten und satt auf die Kolbenstange oder Welle gedrückt. Meist liegen 2 Ringe in einer Kammer und mehrere Kammern nebeneinander. Der Werkstoff des Dichtrings muß auf die Laufeigenschaften der Kolbenstange oder Welle abgestimmt sein.

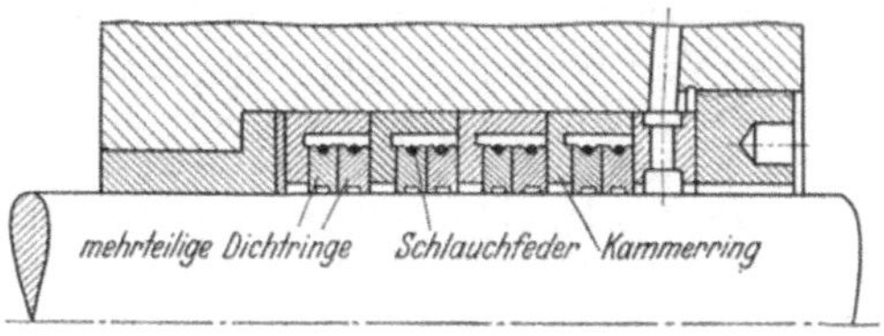

Abb. 69. Selbstdichtende Metallring-Stopfbüchse.

Um das Eintreten von Luft in den Pumpenraum und die Verunreinigung des Maschinenraumes durch abtropfendes Wasser zu vermeiden, werden die Stopfbüchsen vielfach unter Wasserabschluß gelegt, wie Abb. 8 und 13 zeigen. Die beiden mittleren Stopfbüchsen bei doppelt wirkenden und Differentialpumpen werden aus diesem Grunde auch wohl durch eine einzige innere Stopfbüchse ersetzt (Abbildung 70). Es entstehen dadurch geringere Reibungsverluste, und die Baulänge der Pumpe wird kleiner, aber die Stopfbüchse ist bei dieser Ausführung während des Betriebes nicht zu beaufsichtigen und nicht nachstellbar. Abb. 71 zeigt eine einfache Innenstopfbüchse, wie sie die Firma Schäffer & Budenberg bei ihrer Simplex-Dampfpumpe (Voit-Pumpe) ausführt. Durch die nach innen geführte Druckspindel mit aufgesetztem Schlüssel kann die Innenstopfbüchse der doppelt wirkenden Pumpe während des Betriebes nachgezogen werden. Durch den Druck an dem Schlüssel erkennt man, ob sie genügend fest angezogen ist. Die innere Stopfbüchse läßt sich durch eine lange glatte Büchse, in welche der Kolben eingeschliffen wird, ersetzen. Durch die unvermeidliche Abnutzung tritt aber mit der Zeit ein Lieferungsverlust ein, welcher um so größer wird, je höher der Druck ist.

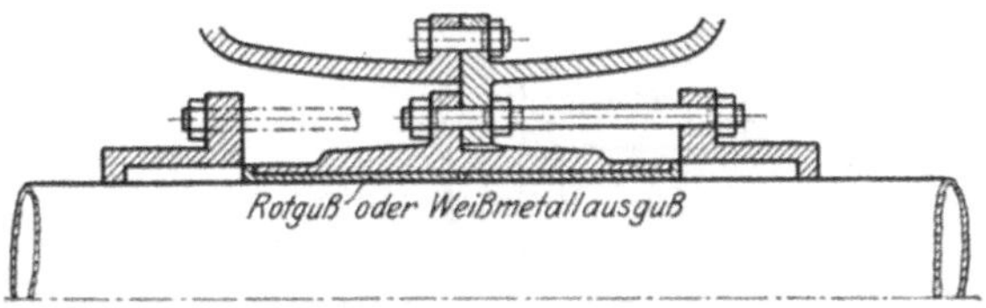

Abb. 70. Innere Stopfbüchse.

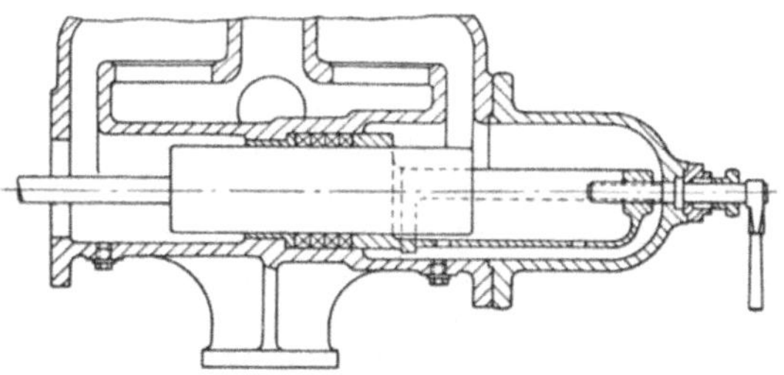

Abb. 71. Von außen nachziehbare Innenstopfbüchse.

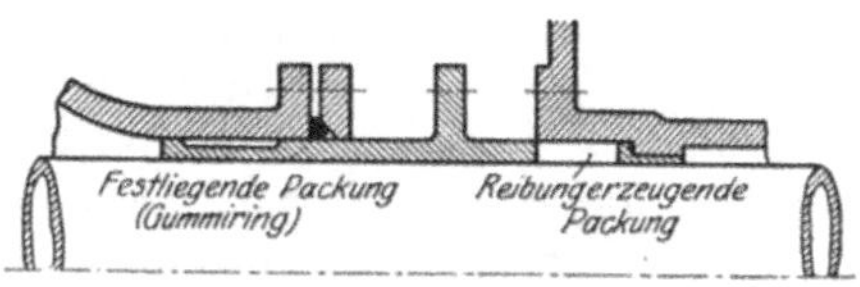

Abb. 72. Una-Stopfbüchse.

Die doppelte Stopfbüchse in der Mitte wird auch vermieden durch eine sogenannte Una-Stopfbüchse, wie sie Abb. 72 zeigt. Die normale Stopfbüchse rechts ist nach der linken Seite verlängert und wird hier durch eine festliegende Packung abgedichtet. Vor dem Nachziehen der rechten Stopfbüchse muß also die linke Packung etwas gelockert werden.

e) Windkessel.

Die Windkessel müssen so nahe wie irgend möglich an die Pumpe herangelegt werden (s. Windkesselberechnung S. 16). Der Luftinhalt des Windkessels muß mindestens gleich dem 6- bis 8fachen Hubvolumen der Pumpe sein. Je größer die Windkessel sind oder je stärker das Dämpfpolster vorgespannt ist, desto ruhiger wird der Gang der Pumpe, besonders bei hohen Geschwindigkeiten. Bei Druckwindkesseln, die als Stoßdämpfer ausgebildet sind, genügt erfahrungsgemäß bei mittleren Förderdrücken schon das 2fache Hubvolumen, bei höheren Förderdrücken ist zuverlässig mit dem 3- bis 4fachen Hubvolumen auszukommen.

Saugwindkessel. Das Material ist meistens Gußeisen. Gewöhnlich wird der Saugwindkessel mit dem Pumpenkörper oder mit dem Unterbau, welcher den Pumpenkörper trägt, zusammengegossen. Doppelt wirkende Pumpen haben dann für beide Seiten einen gemeinsamen Saugwindkessel (s. Abb. 8, 11, 12, 73). Der Luftraum des Windkessels wird bei größeren Pumpen gewöhnlich dadurch geschaffen, daß ein Hängerohr (Tauchrohr, Saugtrichter) in den Windkessel hineinragt. Aus dem Wasser scheidet sich durch das Saugen ständig etwas Luft ab, wodurch der Wasserspiegel im Saugwindkessel allmählich sinkt. Damit die überschüssige Luft nicht stoßweise plötzlich in das Tauchrohr tritt und den Gang der Pumpe stört, werden in das untere Ende des Trichters einige kleine Löcher gebohrt, durch welche die Luft in kleinen Mengen bei jedem Saughube in das Hängerohr übertreten kann. Nach Berg soll der Querschnitt dieser 4 bis 8 in einer Ebene liegenden Löcher etwa 1% des Rohrquerschnittes betragen. Etwas tiefer wird dann zweckmäßig eine weitere Reihe Löcher gebohrt, um sicher zu gehen, daß kein plötzlicher Luftübertritt am unteren Rande des Rohres stattfindet (s. Abb. 73). Dieselbe Wirkung wird durch zwei oder mehrere keilförmige Schlitze am unteren Ende des Trichterrohres erreicht (Abb. 74). Für eine gleichmäßige Verteilung des Wassers nach den beiden Hängerohren ist bei doppelt wirkenden Pumpen die seitliche Einmündung des Saugstutzens in der Mitte des Windkessels, wie sie Abb. 73 zeigt, am günstigsten. Der höchste Punkt des Saugrohranschlußstutzens muß etwas unter der untersten Kante des Saugtrichters liegen, damit die Saugwassersäule nicht abreißen kann. Der Anschluß an das Saugrohr muß mit einem möglichst schlanken Krümmer erfolgen, um geringe Widerstände zu erhalten.

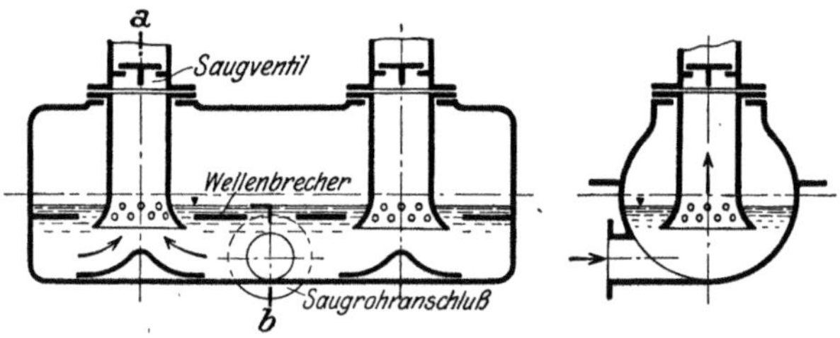

Abb. 73. Saugwindkessel einer doppelt wirkenden Pumpe.

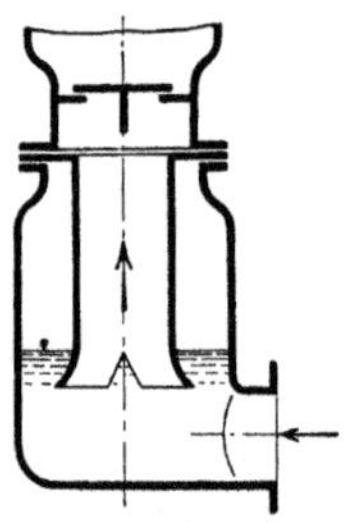
Abb. 74. Saugwindkessel einer einfach wirkenden oder einer Differentialpumpe.

Für eine gute Wirkung des Windkessels ist es erforderlich, daß das eintretende Wasser in seiner Richtung abgelenkt wird, bevor es in das Hängerohr tritt. In Abb. 73 und 74 ist dies der Fall. Die in Abb. 73 eingezeichneten waagerechten Rippen (Prallplatten, Wellenbrecher) dienen zur Beruhigung der Wasseroberfläche im Windkessel und unterstützen die Wirkung der kleinen Löcher im Saugtrichter. Die in Abb. 73 auf dem Boden des Windkessels angegebenen Buckelplatten läßt man neuerdings fort. An den Saugwindkessel sind die Warzen für folgende Armaturen anzugießen: Eine obere und untere Warze für einen

Wasserstandsanzeiger. Eine Warze für ein Vakuummeter. Eine Warze für einen Entlüftungshahn.

Druckwindkessel. Das Material ist für niedrigen und mittleren Druck Gußeisen; für sehr hohe Drücke Stahlguß oder Schmiedeeisen bzw. Stahl. Die genieteten oder geschweißten Windkessel aus Stahlblech sind bei hohen Drücken zuverlässiger und weniger gefährlich als gußeiserne oder Stahlgußkessel.

Die Berechnung der Wandstärke erfolgt ebenso wie die des Pumpenzylinders (s. S. 32). Mit Rücksicht auf die wechselnde, oft stoßweise Belastung wählt man die Zugbeanspruchung:

$$\sigma_{zul} = 150 \text{ bis } 200 \text{ kg/cm}^2 \text{ für Gußeisen,}$$
$$\sigma_{zul} = 350 \text{ bis } 500 \text{ kg/cm}^2 \text{ für Stahlguß,}$$
$$\sigma_{zul} = 600 \text{ bis } 700 \text{ kg/cm}^2 \text{ für Flußeisen.}$$

Ein Richtungswechsel des abzuführenden Druckwassers ist auch hier vorteilhaft (s. Abb. 8, 11, 13). Die Anordnung Abb. 77 ist daher günstiger als Abb. 75. Auch liegt in Abb. 75 bei hohen Drücken die Gefahr vor, daß oben an der Dichtungsstelle Luft entweicht. Wenn das Hängerohr unten geschlossen ist, wie Abb. 76 zeigt, dann wird bei der Anordnung nach Abb. 75 ein Richtungswechsel des Wassers erzielt. Bei doppelt wirkenden Pumpen verbindet man zweckmäßig die Lufträume der beiden Druckwindkessel durch ein dünnes Rohr, um durch den Luftausgleich die Wirkung des Windkessels zu erhöhen (s. Abb. 8).

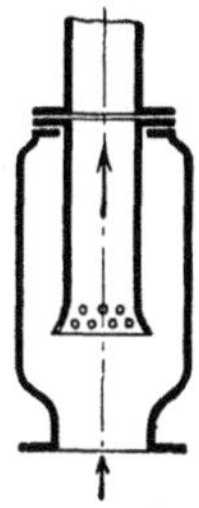

Abb. 75.

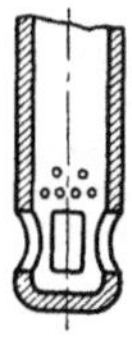

Abb. 76.

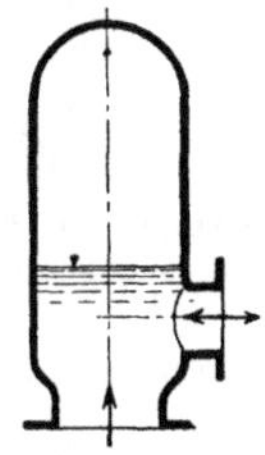

Abb. 77.

Oft ist es aus konstruktiven Rücksichten nicht möglich, die Windkessel in der erforderlichen Größe unterzubringen. In diesem Falle ordnet man kleinere Windkessel (Windhauben) über den Druckventilen an und setzt neben die Pumpe einen großen Windkessel. Es können auch zwei oder mehrere Pumpen mit Windhauben einen gemeinsamen Hauptdruckwindkessel erhalten. Bei großen Pumpenanlagen werden dann auch zwei oder mehrere Pumpen an einen gemeinsamen Hauptsaugwindkessel angeschlossen. Einen gemeinsamen Druckwindkessel für die beiden Seiten einer doppelt wirkenden Pumpe, wie er besonders zweckmäßig für große schnellaufende Pumpen ist, zeigt Abb. 78. Auch hier liegt die Möglichkeit vor, daß Luft an der Einsatzstelle des Tauchrohres bei unvollkommener Dichtung entweichen kann.

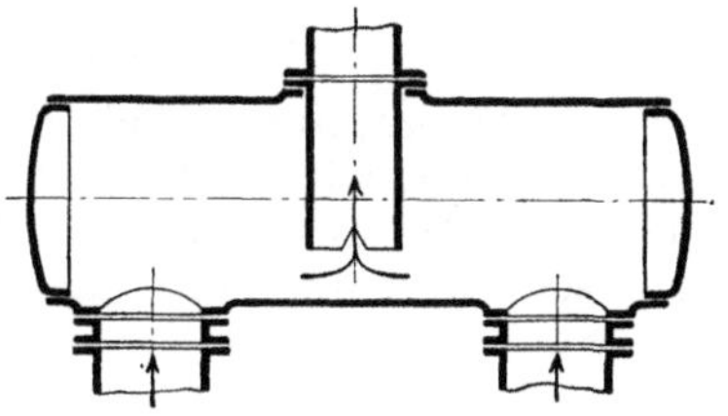

Abb. 78. Gemeinsamer Druckwindkessel.

Für die Anbringung der Armaturen sind an dem Druckwindkessel die erforderlichen Warzen vorzusehen, und zwar: Eine obere und eine untere Warze für den Wasserstandsanzeiger. Ferner je eine Warze für das Manometer, für ein Entlüftungsventil und bei hohen Drücken für den Anschluß der Druckluftleitung zum Ersatz der verbrauchten Luft.

Luftverzehrloser Druckwindkessel: Schwimmer-Stoßdämpfer.

(D.R.P. Knorr-Bremse A.G. Berlin.)

Der Schwimmer-Stoßdämpfer ist ein Druckwindkessel, der das sonst unvermeidliche Aufschlucken des Dämpfpolsters (Luft bzw. Druckluft oder Stickstoff) verhindert. In diesem Windkessel, Abb. 79, der kleiner als die übliche Ausführung ist, liegt zwischen Druckluft und Wasser ein Schwimmkolben, der sich während des Pumpenbetriebs in halber Höhe des Gehäuses bewegt. Luft und Wasser berühren sich nur in einem kleinen Spalt rings um den Schwimmkolben. Durch Prallrippen an der Mantelfläche des Schwimmkolbens wird jede Spritzwirkung, die den Luftverzehr besonders begünstigt, vermieden. Das in den Ringkammern befindliche Wasser ist luftgesättigt und nimmt daher keine weitere Luft auf. Dadurch bleibt das spannkräftige Druckluftpolster erhalten. Die gute Dämpfung der Wasserstöße

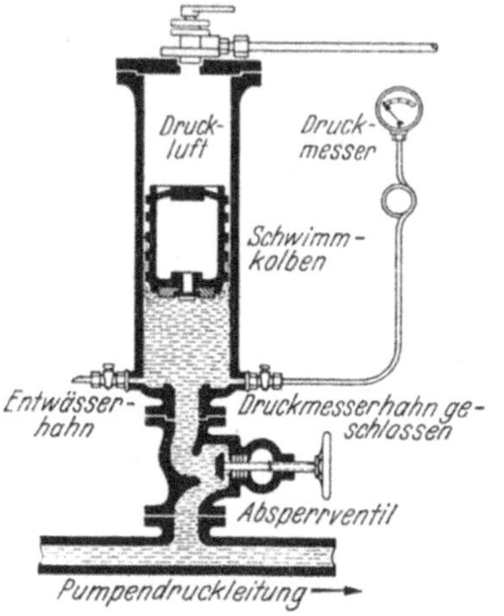

Abb. 79. Schwimmer-Stoßdämpfer.

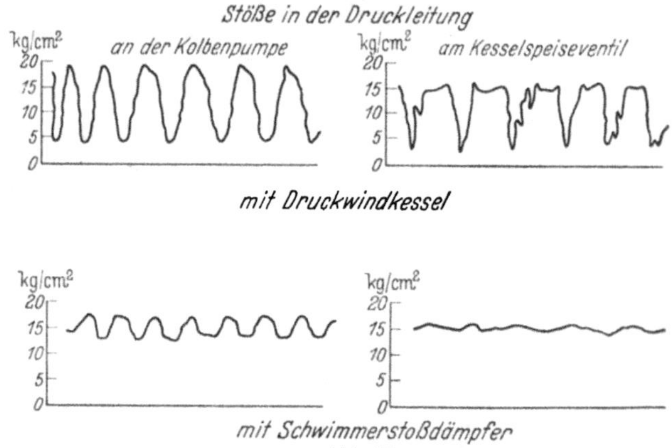

Abb. 80.

zeigt Abb. 80. Das luftfreie Druckwasser ist besonders bei der Kesselspeisung vorteilhaft. Das Anfressen der Kesselwände wird vermieden. Bei gedämpfter Druckleitung kann die Pumpe schneller laufen. Die Förderleistung wird also größer. Der nachträgliche Anbau eines Schwimmerstoßdämpfers macht keine Schwierigkeiten.

f) Saugkorb (Saugkopf, Seiher) und Fußventil.

Der Saugkorb am Ende des Saugrohres soll die etwa im Wasser vorhandenen Unreinigkeiten fernhalten. Zu diesem Zweck wird er nach unten stark erweitert und siebartig durchlöchert (Abb. 81). Der Gesamtquerschnitt sämtlicher Löcher (Schlitze, Draht-

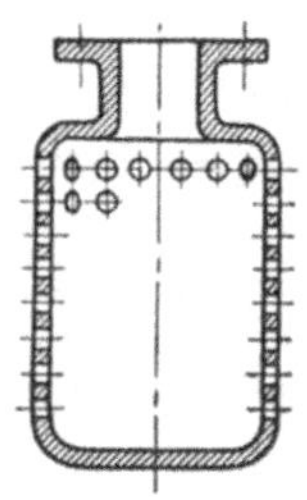

Abb. 81. Saugkorb.

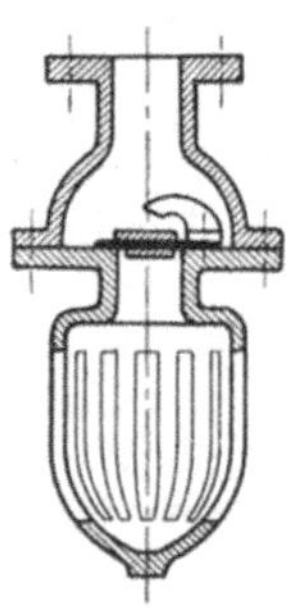

Abb. 82. Saugkorb mit Lederklappe.

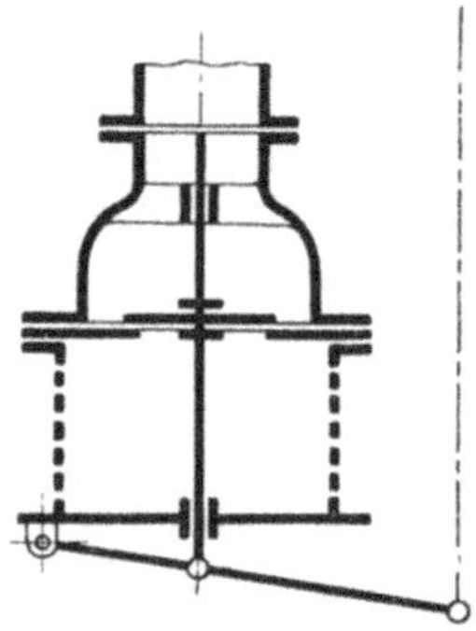

Abb. 83. Saugkorb mit Fußventil.

geflechtmaschen) muß mindestens 3- bis 4mal so groß wie der Saugrohrquerschnitt sein, damit möglichst geringe Widerstände beim Saugen entstehen und der Saugkorb auch noch nach teilweiser Verstopfung weiterarbeiten kann. Die Öffnungen werden am besten seitlich angebracht (Abb. 81 bis 83), damit durch das Saugen kein Schlamm oder Sand vom Grunde des Brunnens aufgewirbelt wird.

Wenn der Saugkorb mit Fußventil versehen ist, kann die Saugwassersäule bei längerem Stillstehen und beim Öffnen der Pumpe nicht ablaufen, und die Pumpe springt beim Anlassen sofort mit Wasser an. Außerdem kann die etwa entleerte Saugleitung durch die Umlaufventile wieder angefüllt werden. Bei Vorhandensein eines Fußventils muß die Saugleitung und der Saugwindkessel für den vollen Druck berechnet werden. Das Fußventil muß einen möglichst großen Querschnitt erhalten und muß sehr leicht sein, damit der Widerstand beim Saugen klein wird. Der Saugkorb mit Fußventil kann mit einer Lederklappe (Abb. 82), mit einer Gummiklappe oder mit einem Metallventil (Teller-, Kegel- oder Kugelventil) ausgerüstet werden. Das in Abb. 83 gezeichnete Fußventil kann von oben durch Anziehen der Zugstange gelüftet werden, wenn das Saugrohr entleert werden soll. Saugkorb und Fußventil müssen zwecks Reinigung gut zugänglich sein.

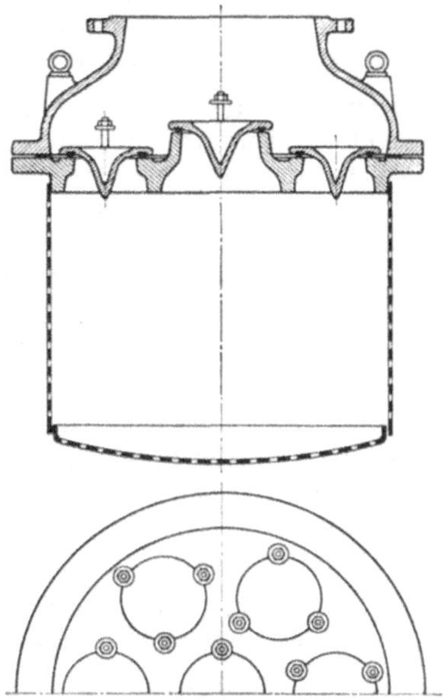

Abb. 84. Saugkorb mit Gruppenventil.

Für große Saugrohrdurchmesser von 400 bis 1000 mm baut die Firma Bopp & Reuther-Mannheim das Fußventil in Gruppenanordnung wie Abb. 84 zeigt. Die Führung und die Hubbegrenzung der einzelnen Ventile erfolgt in einfacher Weise durch drei Schraubenbolzen. Die untere Formgebung des Ventilkörpers gibt dem Wasser eine gute Führung. Der eingelassene Gummiring bewirkt einen sanften Ventilschluß. Der schmiedeeiserne Seiher ist gegen Rosten verzinkt.

g) Ventile.

Als Material verwendete man seither meistens Rotguß oder Phosphorbronze, vor allem für den Ventilkörper, weil derselbe möglichst leicht werden muß. Bei der Werkstoffumstellung sind für Ventile Ge 22—91 oder St, nach DIN 1611 vorgesehen. Bei größeren Abmessungen kann der Ventilsitz aus Sparsamkeitsgründen auch aus Gußeisen oder für sehr hohe Drücke aus Stahlguß hergestellt werden. Dann werden meistens besondere Bronzeringe als Dichtungsfläche auf den Sitz geschraubt, wie Abb. 85 zeigt. Die metallische Sitzfläche des Ventiltellers ist nur für vollkommen reines Wasser anwendbar. Bei Förderung von unreinen, sandigen und schlammigen Flüssigkeiten muß der Ventilteller eine weiche Dichtungsfläche (Leder, Gummi, Holz) erhalten, wodurch gleichzeitig ein weiches Aufsetzen des Ventils beim Schluß erreicht wird. Bei hohen Drücken reicht die weiche Dichtung nicht mehr aus. Es kann dann bei unreinem Wasser eine Lederdichtung

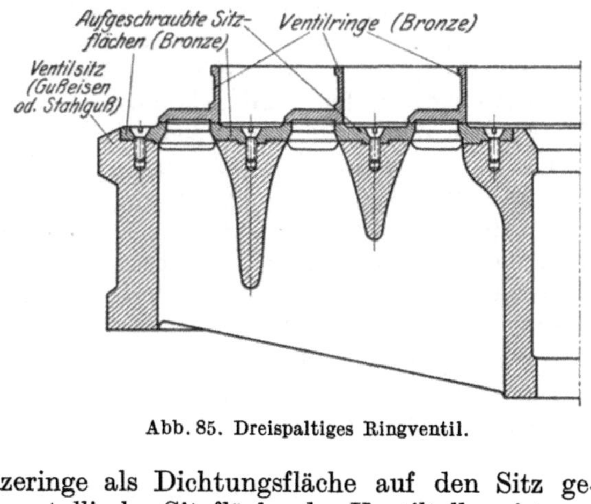

Abb. 85. Dreispaltiges Ringventil.

in Verbindung mit der metallischen Dichtung ausgeführt werden, wie Abb. 96 zeigt. Der Lederring bewirkt eine sichere Dichtung selbst bei stark verunreinigtem Wasser. Kurz nach der Abdichtung durch das Leder erfolgt dann die Aufnahme des Druckes durch die metallische Fläche. Diese Ventile werden nach dem Erfinder Fernisventile genannt. Wegen der Anwendung von Leder kommt aber nur kaltes Wasser in Frage.

Heute werden fast nur noch einspaltige oder mehrspaltige Ringventile angewendet. Anstatt der großen mehrspaltigen Ringventile werden bei großen Pumpenabmessungen auch Gruppenventile verwendet, d. h. eine große Anzahl kleiner, leichter, einspaltiger Ringventile wird gruppenartig auf einer gemeinsamen Ventilplatte angeordnet (s. Abb. 99); hierdurch ist eine billige Reihenfabrikation möglich. Die Betriebserfahrungen zeigen jedoch, daß das Gruppenventil meist unruhig arbeitet, da die einzelnen Ventile verschiedenen Strömungsverhältnissen ausgesetzt sind und daher Ventilbrüche keine Seltenheit sind.

Die Etagenventile sind außer dem Körtingschen Gummiringventil (Abb. 100) und dem Kinghornventil (Abb. 102) wohl als veraltet zu bezeichnen. Sie sind durch die Ringventile und die Gruppenventile fast vollkommen verdrängt worden. In neuerer Zeit kommt das Lippenventil vereinzelt in Aufnahme (s. Abb. 101). Es zeichnet sich ebenso wie das Körtingsche Gummiringventil durch fast geräuschloses Arbeiten aus.

Gewöhnliche, nicht ringförmige Ventile, werden heute nur noch für kleine, einfache und langsamlaufende Pumpen verwendet.

Die Dichtungsfläche der Ventile kann kegelförmig (Kegelventile), eben (Tellerventile) oder kugelförmig (Kugelventile) sein. Die Kegelventile sind schwerer herzustellen und aufzuschleifen als die Tellerventile. Der Durchgangswiderstand ist bei den Kegelventilen etwas geringer, weil die Wasserführung günstiger als bei den Tellerventilen ist. Die Tellerventile arbeiten stoßfreier als die Kegelventile. Kugelventile werden noch vielfach für kleinere Pumpen zur Förderung von dicken Flüssigkeiten (Sirup, dickes Öl, Teer, Maische, Jauche) verwendet. Kleinere Kugeln werden voll aus Bronze oder Stahl, größere in Bronzehohlguß oder aus Hartgummi hergestellt. Die Kugelventile halten nicht völlig dicht, da sie nicht eingeschliffen werden können. Der Winkel α (s. Abb. 103) muß kleiner als 45° sein, damit die Kugel sich nicht festklemmt.

Die Pumpenventile arbeiten selbsttätig. Der Schluß des Ventils wird durch eine Metallfeder (s. Abb. 92, 93 und 94) oder durch eine Gummirohrfeder (s. Abb. 95, 96 und 97) bewirkt. Der Ventilteller muß so leicht wie irgend möglich konstruiert werden (s. S. 21). Jedoch darf der Teller nicht so leicht gebaut sein, daß er sich bei der Bearbeitung verziehen kann. Reine Gewichtsbelastung (d. h. schwere Ventilteller ohne Federbelastung) findet man nur noch bei kleinen langsamlaufenden Pumpen und Handpumpen.

Die Dichtungsfläche soll zur Erreichung eines möglichst kleinen Öffnungsdruckes möglichst klein sein. Für die Größe der Sitzbreite gibt Bach an:

$$\text{bei aufgeschliffenen Metallventilen } b = 0{,}8\sqrt{d_1},$$

$$\text{bei Lederdichtung} \;\ldots\ldots\ldots\; b = 1{,}25\sqrt{d_1},$$

wo d_1 der lichte Durchmesser des Ventilsitzes in mm ist.

Bei reinen Flüssigkeiten und ruhig arbeitenden Ventilen kann b kleiner genommen werden.

Bei hohen Drücken ist dann noch nachzurechnen, ob der Flächendruck p auf die Sitzfläche nicht zu hoch wird. Nach Hütte dürfen folgende Werte nicht überschritten werden:

$p = 200$ kg/cm² für Phosphorbronze,
$p = 150$ kg/cm² für Rotguß,
$p = 80$ kg/cm² für Gußeisen,
$p = 50$ kg/cm² für Leder.

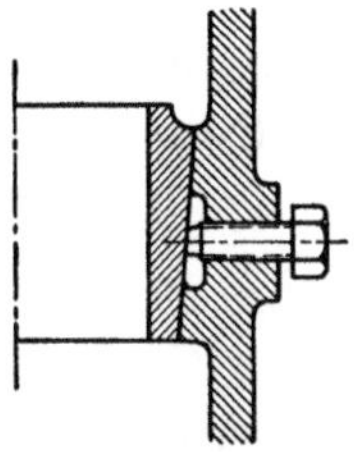

Abb. 86. Ventilsitzbefestigung.

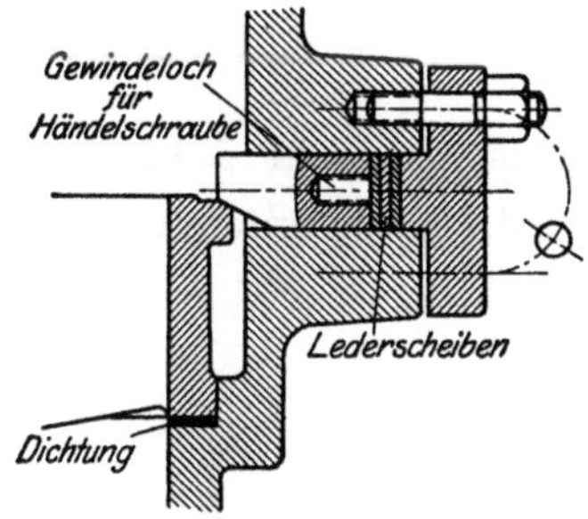

Abb. 87. Ventilsitzbefestigung.

Der Ventilsitz wird meistens als besonderer Körper in den Ventilkasten eingesetzt. Selten besteht er mit dem Ventilgehäuse oder dem Pumpenzylinder aus einem Stück. Die Sitze der kleinen Ventile (auch der kleinen Gruppenventile) werden am sichersten eingeschraubt (Abb. 92 und 102) oder auch wohl schwach konisch eingepreßt (Abb. 86, 90 und 91). Eine Sicherung durch eine von außen anzuziehende Kopfschraube, wie in Abb. 86 angegeben, kann bei zu starkem Anziehen der Schraube leicht ein Verziehen des Sitzes herbeiführen. Größere Ringventile und die Ventilplatten der Gruppenventile werden durch drei bis vier Druckbolzen (s. Abb. 87 und 99) oder durch drei bis vier Druckschrauben (s. Abb. 89), welche von außen zugänglich sind, befestigt. Für kleinere und mittelgroße Ventile zeigt die Abb. 88 eine billige und einfache Ventilsitzbefestigung. Die Einsatzflächen am Sitz und am Ventilgehäuse können hier unbearbeitet bleiben.

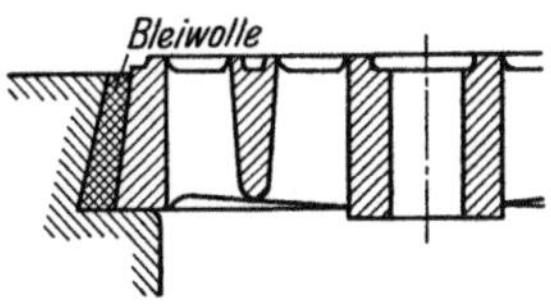

Abb. 88. Ventilsitzbefestigung.

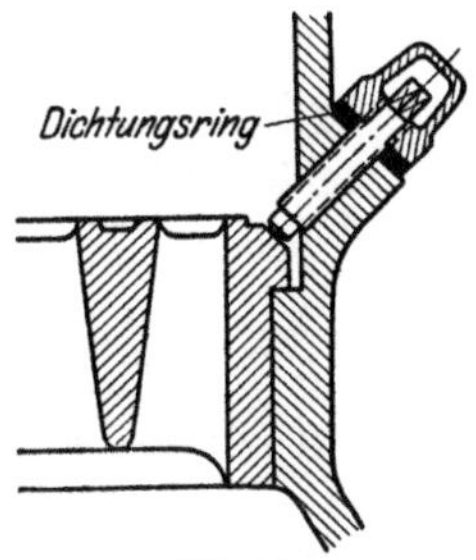

Abb. 89. Ventilsitzbefestigung.

An ein gut konstruiertes Ventil werden folgende Forderungen gestellt: Bei genügender Festigkeit muß der Ventilteller des federbelasteten Ventils möglichst leicht sein, und zwar um so leichter, je höher die Hubzahl ist.

In geschlossenem Zustande muß das Ventil vollkommen dicht halten.

Die Führung des Ventils muß möglichst lang sein, damit es sich nicht eckt.

Der Durchgangswiderstand des Ventils muß klein sein. Die Federbelastung darf nicht unnötig groß sein.

Das Ventil muß einen möglichst sanften, geräuschlosen Schluß haben.

Eine stärkere Durchbiegung des Ventilsitzes durch den Wasserdruck, welche die Dichtung des Ventils beeinträchtigen kann, muß vermieden werden.

Bei einer Anzahl i durchlaufender radialer Rippen des Ventilsitzes geben die beiden schraffierten Sektoren (Abb. 90) die Belastungsfläche einer Rippe an, so daß die Belastung der Rippe $P = \frac{\pi d_1^2}{4 i} \cdot p_i$ wird, wo p_i der Flüssigkeitsdruck ist. Das größte Moment wird ohne Berücksichtigung der günstig wirkenden Nabe:

$$M = P \frac{l}{12} \cdot \qquad \text{Also } P \frac{l}{12} = \frac{s \cdot h^2}{6} \sigma'_{\text{zul}} \cdot$$

Man kann mit genügender Sicherheit annehmen:

$$\sigma'_{zul} = 150 \text{ kg/cm}^2 \text{ für Gußeisen,}$$
$$\sigma'_{zul} = 250 \text{ kg/cm}^2 \text{ für Rotguß und Phosphorbronze,}$$
$$\sigma'_{zul} = 300 \text{ kg/cm}^2 \text{ für Stahlguß.}$$

$\frac{s}{h}$ ist ungefähr $\frac{1}{7}$ bis $\frac{1}{8}$ anzunehmen, damit die Konstruktion nicht zu weich wird. Nach unten werden die Rippen zweckmäßig zugeschärft[1].

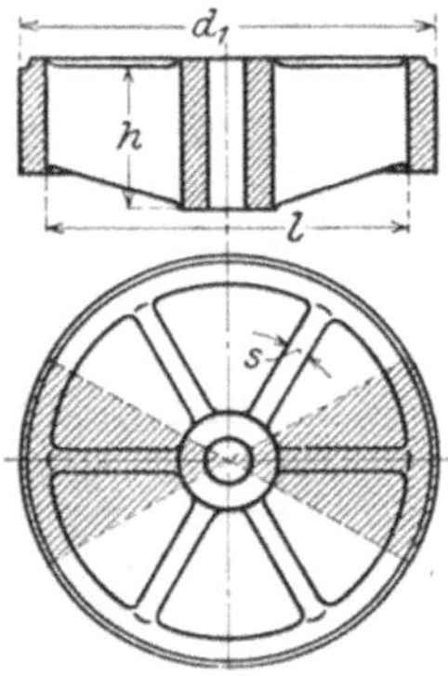

Abb. 90. Ventilsitz.

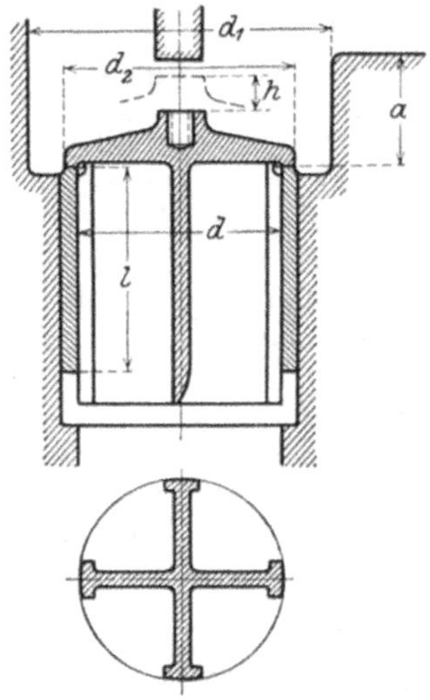

Abb. 91. Einfaches Hubventil.

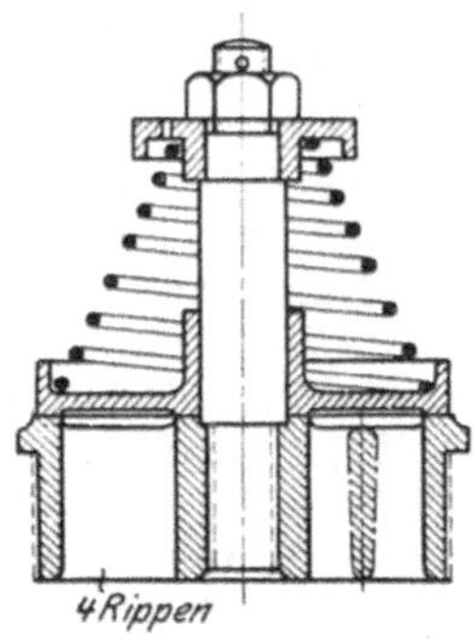

Abb. 92. Ventil mit Federbelastung.

Die Ventilspindel besteht meistens aus Delta- oder Duranametall. Bei kleinen Ventilen wird sie in den Sitz eingeschraubt (Abb. 92, 94 und 102). Bei größeren

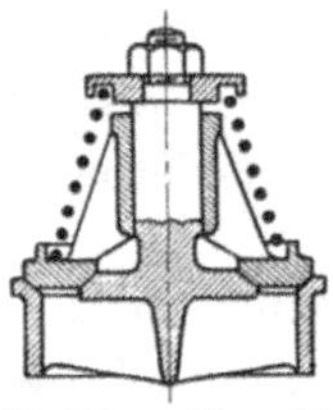
Abb. 93. Einspaltiges Ringventil.

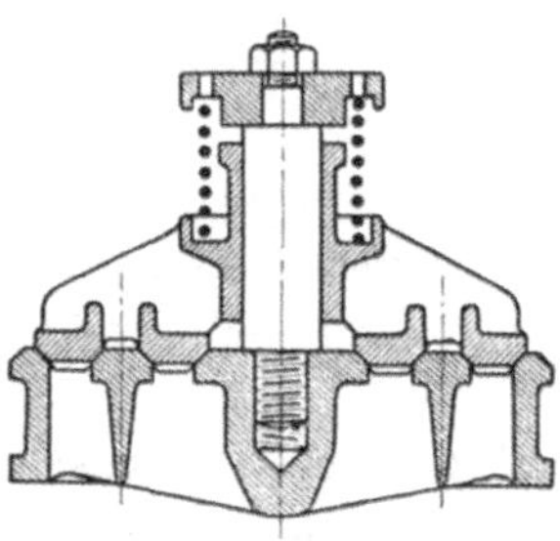
Abb. 94. Zweispaltiges Ringventil.

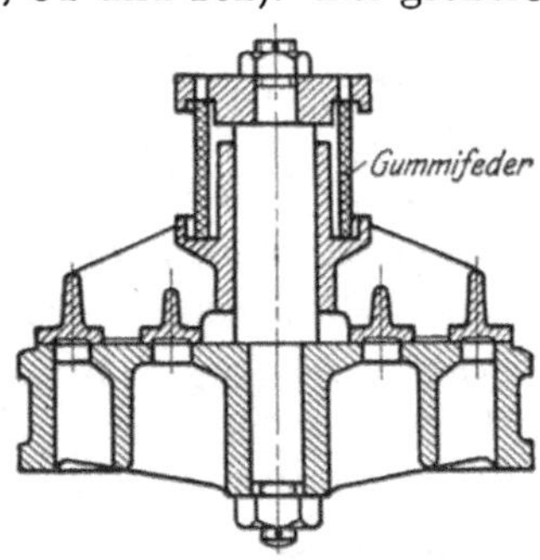

Abb. 95. Zweispaltiges Ringventil.

Ventilen erfolgt die Befestigung gewöhnlich ebenso wie bei den Kolbenstangen durch Konus und Mutter oder Bund und Mutter (s. Abb. 96). Der Konus dichtet sicherer ab als der Bund.

Abb. 91 zeigt ein einfaches Tellerventil ohne Federbelastung mit unterer Rippenführung. Die Länge l der Führung muß ungefähr gleich d gemacht werden,

[1] Eine ausführliche Berechnung des Ventilsitzes findet man in dem Werk Dahme: Die Kolbenpumpe.

um ein Ecken des Ventils zu vermeiden. Je höher die Abflußöffnung (a) über dem Ventil liegt, desto kleiner kann l werden. Die Hubbegrenzung wird bei normalem Arbeiten nicht von dem Ventil berührt, sondern dient nur zur Sicherheit für außergewöhnliche Fälle. Das Ventil schwebt in der höchsten Stellung (h) auf dem Wasserstrom. Der Ringquerschnitt $\frac{\pi d_1^2}{4} - \frac{\pi d_2^2}{4}$ muß mindestens gleich $\frac{\pi d^2}{4}$ sein. In Abb. 92 ist ein einfaches Tellerventil mit Federbelastung gezeichnet. In Abb. 93 ein einspaltiges Ringventil mit kegelförmiger Dichtungsfläche.

In Abb. 94 ein zweispaltiges Ringventil mit kegelförmiger Dichtungsfläche.

Abb. 95 zeigt dasselbe zweispaltige Ringventil mit ebenen Dichtungsflächen. An Stelle der Metallfeder ist hier eine Gummirohrfeder eingebaut. Die Wirkung beider Federarten ist genau die gleiche. Nur rostet die Metallfeder leicht.

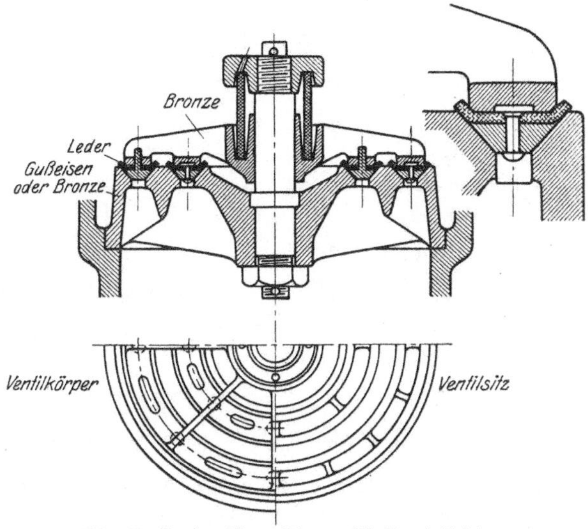

Abb. 96. Zweispaltiges Ringventil, Fernisdichtung.

Das zweispaltige Ringventil (Abb. 96) hat kegelförmige Metalldichtung in Verbindung mit Lederdichtung (Fernisventil). Die einzelnen Dichtungsringe sind hier frei beweglich und werden in acht länglichen Schlitzen des Ventilkörpers geführt. Die Lederringe sind durch acht Kupfernieten mit den Dichtungsringen verbunden. Das Ventil verträgt unreines, aber nur kaltes Wasser.

In dem dreispaltigen Ringventil (Abb. 97) sind die drei Ringe mit kegelförmigen Dichtungsflächen ebenfalls unabhängig von-

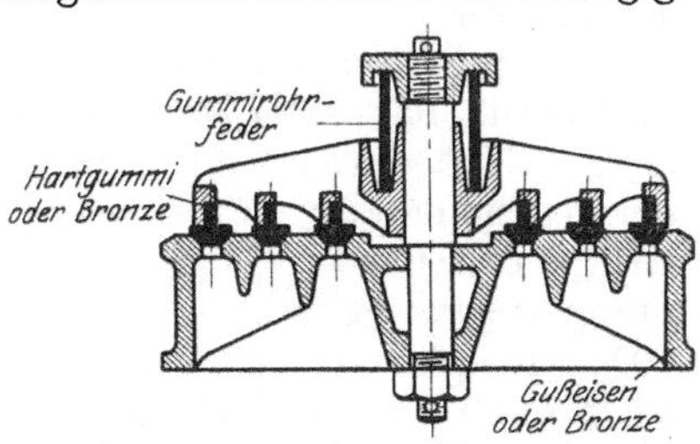

Abb. 97. Dreispaltiges Ringventil.

Abb. 98. Freischwingendes Lenkfederventil.

einander in dem Ventilkörper beweglich, so daß ein Fremdkörper, welcher sich zwischen die Dichtungsfläche eines Ringes setzt, nur bei diesem einen Ringe eine Störung hervorruft, während die anderen Ringe weiter selbständig abdichten.

Abb. 98 zeigt ein neues Lenkfederventil (DRP. Knorr-Bremse). Dieses freischwingende Ventil hat keine mechanische Führung, daher keine Reibungswiderstände; es ist besonders bei schlammhaltigen, zähen Flüssigkeiten verwendbar. Von Vorteil ist seine Unempfindlichkeit gegen Kesselsteinansatz bei Speisepumpen.

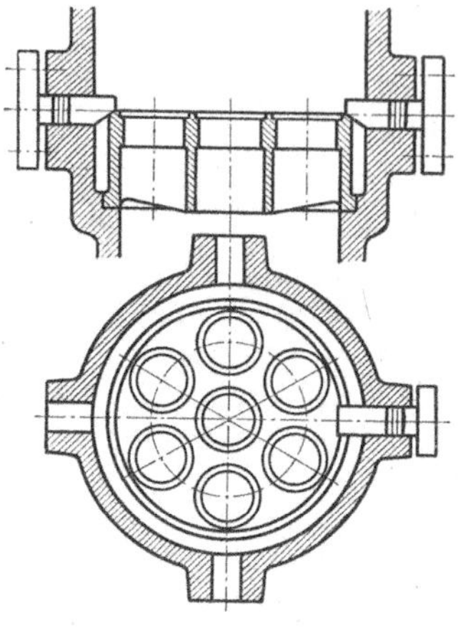

Abb. 99. **Gruppenventilsitz.**

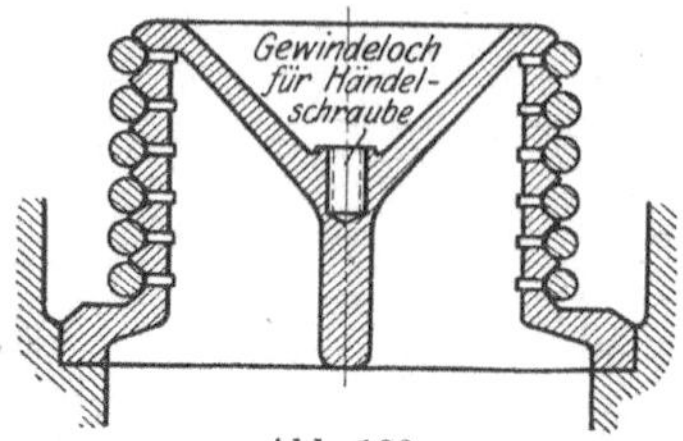

Abb. 100. Körtingsches Gummiringventil.

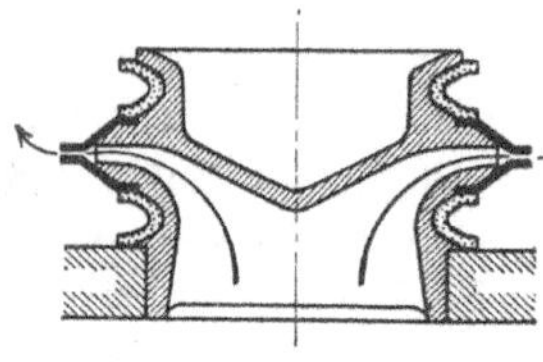

Abb. 101. Einspaltiges Lippenventil.

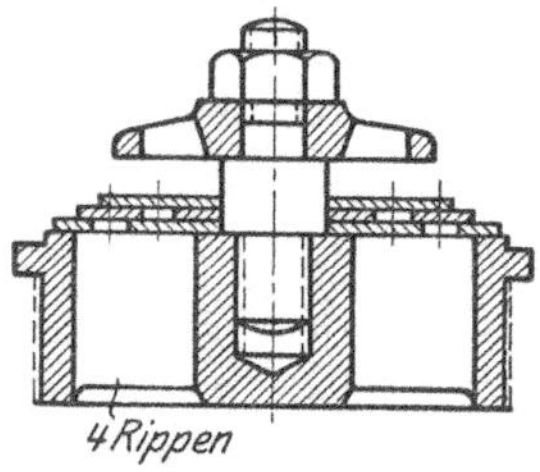

Abb. 102. Kinghornventil.

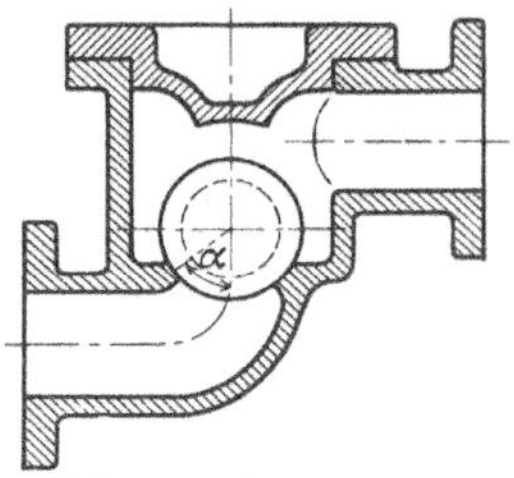

Abb. 103. Kugelventil.

In Abb. 99 ist die Sitzplatte für ein siebenfaches Gruppenventil gezeichnet. Die Ventile werden heute meistens als kleine einspaltige Ringventile, wie Abb. 93, mit kegelförmiger oder tellerförmiger Dichtungsfläche ausgeführt. Die Befestigung der Sitzplatte geschieht hier durch vier von außen zugängliche Druckbolzen.

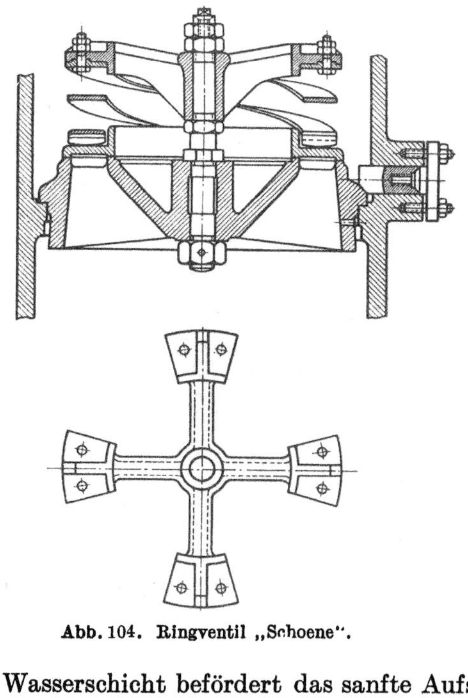

Abb. 104. Ringventil „Schoene".

Abb. 100 ist ein Körtingsches Gummiringventil. Die einzelnen Gummiringe dehnen sich aus und dichten durch ihre Elastizität. Das Ventil ist für hohe Hubzahlen geeignet und verträgt sandhaltiges Wasser.

Das Lippenventil (Abb. 101), ein neueres Ventil, hat zwei konische Metallringe, welche durch V-förmige Gummiringe gegeneinandergepreßt werden. Das Ventil arbeitet sehr ruhig, es wird auch mehrspaltig ausgeführt.

Das Kinghornventil (Abb. 102) hat drei dünne übereinanderliegende Metalldichtungsplatten von $1^1/_2$—2 mm Stärke. Die beiden unteren Platten haben gegeneinander versetzte Löcher, durch welche für das Wasser ein vergrößerter Durchgangsquerschnitt geschaffen wird. Die dünne zwischen den Platten verbleibende Wasserschicht befördert das sanfte Aufsetzen der Platten beim Schluß. Es wird als Gruppenventil häufig bei Kondensatorluftpumpen verwendet.

Abb. 103 zeigt ein einfaches Kugelventil.

Beim Ringventil „Patent Schoene" (Borsig, Berlin, Abb. 104) besteht der Ventilring und der Sitz aus Stahl. Der leichte Ventilring wird durch drei oder vier Blattfedern aus Bronze belastet und geführt. Die Federn sind mit dem einen Ende an einen Federhalter geschraubt und liegen mit dem anderen Ende auf dem Ventilring frei auf, hierbei umfassen die Federn mit einer Ausdrehung den Hals des Ventilringes. Im Betrieb dreht sich der Ventilring ständig, dadurch wird ein fortwährendes Einschleifen hervorgerufen und eine, auch bei unreinem Wasser, dauerhafte Dichtheit erzielt. Bei Schmutzwasser ist die große Spaltbreite sehr vorteilhaft.

h) Klappen.

Klappenventile sind im allgemeinen nur für niedrige Drücke verwendbar. Sie sind besonders für Kanalisationspumpen geeignet, wenn sie nur eine einzige große Öffnung haben und keine Stege im Sitz oder an der Klappe vorhanden sind,

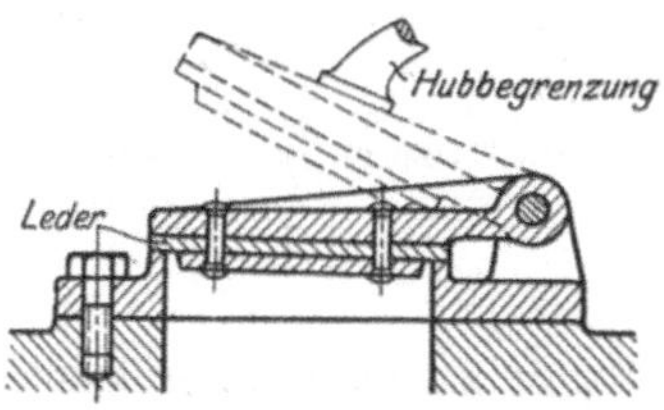

Abb. 105. Klappe mit Lederdichtung.

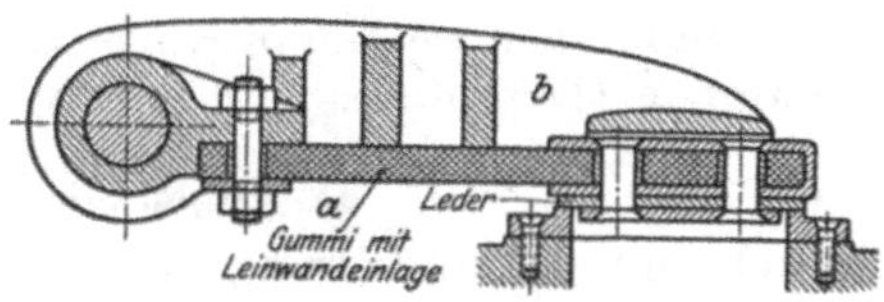

Abb. 106. Gesteuerte Klappe.

an welchen sich die Schmutzteile und Hadern des Kanalwassers festsetzen können. In diesem Falle muß die um ein Scharnier drehbare Klappe aus Eisen oder Bronze bestehen, damit sie sich nicht durchdrückt. An der Unterseite der Klappe ist dann die weiche Dichtung (Gummi oder Leder) befestigt (Abb. 105).

Ferner findet man häufig Klappen im Fußventil unten in der Saugleitung (s. Abb. 82). Eine ausgedehnte Anwendung finden die Klappen bei den Kondensatorluftpumpen.

Die Dichtung der Klappen ist gewöhnlich weich (Leder, Gummi oder Gummi mit Leinwandeinlage). Die Belastung ist dann meistens eine Gewichtsbelastung,

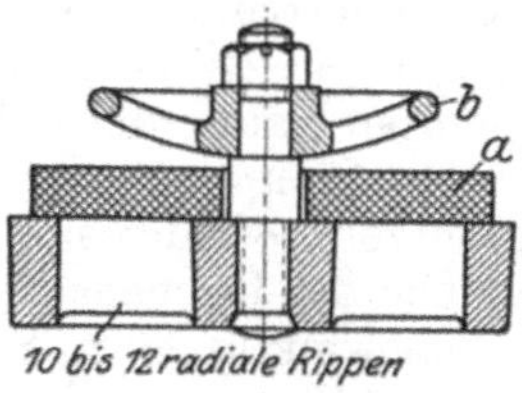

Abb. 107. Gummiklappe.

Abb. 108. Klappenventil „Gutermuth".

welche nur geringe Geschwindigkeiten zuläßt. Die weichen Dichtungen, besonders Leder, vertragen keine heißen Flüssigkeiten.

Abb. 106 zeigt eine rechteckige Klappe, wie sie Riedler für Kanalisationspumpen oft angewendet hat. Durch die weite Rückverlegung des Drehpunktes der Klappe entsteht an allen vier Seiten eine fast gleich große Durchflußöffnung. Die Klappe öffnet sich selbsttätig, indem sie durch die elastische Gummiplatte *a* geführt wird. Der Schluß erfolgt zwangläufig durch den von außen gesteuerten Hebel *b*, welcher die Klappe bis ganz dicht vor die Schlußstellung drückt. Ein Zwangsschluß wird heute kaum mehr ausgeführt.

In Abb. 107 ist ein Gummiklappenventil gezeichnet, wie es als Gruppenventil bei Kondensatorluftpumpen verwendet wird. Die Gummiplatte *a* legt sich nach der Öffnung muldenförmig an den Klappenfänger *b* an. Da Gummi warmes Wasser, besonders in Verbindung mit Fettsäuren, schlecht verträgt, sind diese Klappen vielfach durch das Kinghornventil (Abb. 102) verdrängt worden.

Von den Metallklappen hat sich die Gutermuthklappe vorzüglich bewährt. Sie ist außerordentlich leicht und hat eine gute Federung, so daß sie sich für hohe Geschwindigkeiten und auch für warme Flüssigkeiten eignet. Sie läßt höhere Drücke als die Klappe mit weicher Dichtung zu, besonders, wenn eine größere Anzahl kleiner Gutermuthklappen gruppenartig angeordnet wird.

Die Gutermuthklappe (Abb. 108) ist in der Sitzfläche verstärkt, damit sie sich nicht so leicht durchbiegt. Der dünnere Teil der Stahlplatte wird spiralförmig um eine Achse aufgewickelt, indem das Ende der Platte in einem Längsschlitz der Achse befestigt wird.

4. Ausführungsbeispiele.

Die Kolbenpumpen werden in Kurbelpumpen (mit Schwungrad) und schwungradlose Pumpen (Dampfpumpen) eingeteilt.

a) Allgemeine Beispiele.

Abb. 109 zeigt die Ausführung einer kleineren, billigen, stehenden Differentialhubpumpe, wie sie unter der Fabrikmarke „Juwel“ von der Pumpenfabrik Klein, Schanzlin & Becker-Frankenthal für eine stündliche Fördermenge von 1,2—3,8 m³ bei 42 m größter Förderhöhe und 210 bzw. 190 Umdr./Min. hergestellt wird. Der Stufenkolben hat bei der kleinsten Pumpe 65/45 mm ⌀ und 30 mm Hub, bei der größten ausgeführten Pumpe 95/65 mm ⌀ und 50 mm Hub. Diese Pumpe wird für industrielle Zwecke und für selbsttätig arbeitende Hauswasserversorgungen angewandt. Die Pumpe zeigt die konstruktive Ausführung der in Abb. 14 als Strichbild gezeichneten Differentialpumpe. Saug- und Druckwindkessel sind in den Pumpenkörper eingebaut. Der Saugstutzen befindet sich am Unterteil (*1*) gegenüber der Riemenscheibe. Am Oberteil (*2*) rechtwinklig zum Saugstutzen (s. auch Abb. 110) sind zwei sich gegenüberliegende Druckstutzen angebracht, von denen je nach Bedarf der eine oder der andere benutzt werden kann. Die Kurbelwelle (*3*) ist in einem einzigen langen Ringschmierlager (*4*) gelagert. Die Lenkstange (*5*) hat ein nachstellbares Kurbelzapfenlager mit Deckel. Der Ventilkolben (*6*) hat selbstspannende Kolbenringe oder bei Förderung von reinem kalten Wasser Ledermanschettendichtung. Der obere Teil (*7*) des Stufenkolbens ist, wie auch in der Abb. 14, als Plungerkolben ausgebildet und trägt den Lagerzapfen (*8*) für die Kreuzkopfführung der Schubstange. Das Saugventil (*9*) ist ein zweispaltiges, ebenes Metallringventil mit Federbelastung (*10*). Das Druckventil im durchbrochenen

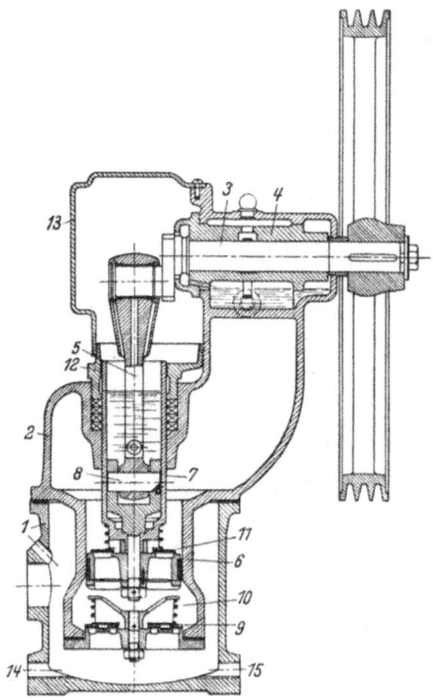

Abb. 109. Differentialhubpumpe.

Kolben ist ein einfaches Metallplattenventil (*11*), welches ebenfalls federbelastet ist. Bei Förderung von reinem kalten Wasser werden Gummiplattenventile bevorzugt (s. Abb. 107). Bei selbsttätig arbeitenden Hauswasserversorgungen haben sie den Vorteil, daß sie fast geräuschlos arbeiten. Durch Lösen der vier in Abb. 110 sichtbaren Schrauben kann der obere Teil der Pumpe (*2*) abgenommen werden, so daß das Saugventil (*9*) leicht zugänglich ist. Der Stufenkolben kann dann nach Abnahme des Saugventilsitzes nach unten herausgezogen werden. Der Plunger wird in der Stopfbüchse geführt. Die Stopfbuchsbrille (*12*) ist nach Abnahme der Kurbelschutzhaube (*13*) von außen nachzustellen. Unten links in Höhe des Bodens ist eine Warze (*14*) für die Entwässerungsschraube vorgesehen. Ebenso rechts (*15*) für das Schnüffelventil (s. auch S. 35 und Abb. 48). In Abb. 110 erfolgt der Antrieb durch einen Elektromotor mittels Keilriemen. Der Platzbedarf der Pumpenanlage ist sehr gering.

Abb. 110. Differentialhubpumpe.

Die Ausführung einer doppeltwirkenden Kolbenpumpe zeigt Abb. 111. Die Pumpenfabrik Weise & Monski, Halle/Saale, stellt die Pumpe in fünf Größen unter der Fabrikmarke „Prima" her ($Q = 17 \div 117 \frac{\text{l}}{\text{min}}$, $H = 60 \div 55$ m). Die verwendeten Kugellager sind deutlich sichtbar. Durch Spezialverzahnung der Zahnräder wird ein geräuschloser Lauf erzielt. Im vollkommen geschlossenen Kurbelgehäuse erfolgt die Schmierung aller Triebwerksteile selbsttätig über einen Ölverteiler, den Öllauf zeigen die Pfeile in der Abbildung. Ein auf der Kolbenstange sitzender Wasserschutzring verhindert das Eindringen von Wasser in das Kurbelgehäuse. Das Leckwasser der leicht zugänglichen Stopfbüchse wird nach außen abgeführt. Die reichlich bemessenen Ventile sind durch Handlochdeckel sehr gut zu erreichen. Der Kolben besitzt Ledermanschetten und läuft in einer Messingbüchse. Der Elektromotor ($n = 1420$/min) wird auf einer verstellbaren Wippe angebracht, die an dem Antriebssockel befestigt ist. Häufig wird diese Pumpe für selbsttätig arbeitende Wasserversorgungsanlagen verwendet. Ferner wird die Pumpe als Hochdruckmodell für $H = 120 \div 80$ m und $Q = 25 \div 83 \frac{\text{l}}{\text{min}}$ gebaut.

Abb. 111. Doppeltwirkende Kolbenpumpe.

b) Preßpumpen.

Durch Wasser oder sonstige Flüssigkeiten von hohem Druck werden Schmiedepressen, Kümpelpressen zum Formen von Kesselböden und Prägepressen angetrieben. Die Drücke in der Pumpe zur Erzeugung des Preßwassers sind in der Regel recht hoch, wodurch Schwierigkeiten bei der Abdichtung der bewegten Teile und hohe Beanspruchungen des Materials entstehen. Die Preßpumpen werden meistens als Kurbelpumpen in Einzylinder- oder Dreizylinderanordnung ausgeführt. Bei sehr hohen Drücken werden Pumpenzylinder und Ventilkasten durch Ausbohren aus dem Vollen eines S.M.-Stahlblockes hergestellt. Abb. 112

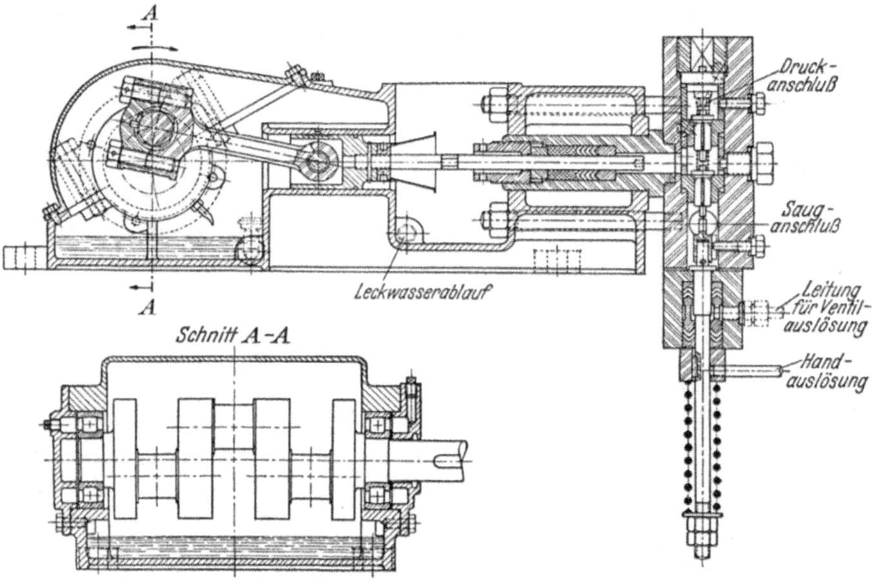

Abb. 112. Preßpumpe in Drillingsform.

und 113 zeigen eine solche Preßpumpe in Drillingsform der Pumpenfabrik Amag-Hilpert, Pegnitzhütte-Nürnberg. Es werden dort Pumpen für Pressungen von 25 bis zu 640 at ausgeführt. Bei Verwendung von Flüssigkeiten, welche Stahl angreifen, kommen entsprechende Sonderbaustoffe in Frage. Der Antrieb kann von einer Transmission durch Riemenübertragung oder durch Elektromotor unter Zwischenschaltung eines Keilriemenvorgeleges oder eines Rädervorgeleges (s. Abb. 113) erfolgen.

Das Kurbelgehäuse, Abb. 112, ist durch einen abnehmbaren Deckel geschlossen. Die gekröpfte Kurbelwelle ist in zwei Wälzlagern gelagert. Durch den Stift an der Kurbelwange erfolgt aus der Kurbelwanne eine Schleuderschmierung des Kurbelgetriebes. Die Einzylinderpumpen haben eine Stirnkurbel. Die Welle ist dann in einem einzigen langen Gleitlager gelagert. Die Plungerkolben sind aus Stahl gehärtet und geschliffen und laufen in Rotgußgrundbüchsen. Der Packungsraum mit dachförmiger Manschettendichtung ist mit Rücksicht auf den hohen Druck sehr hoch gehalten. Der von rechts in das Pumpengehäuse eingeschobene Pumpenzylinder wird gemeinsam mit dem Ventilkasten durch die Stiftschrauben an das Gehäuse angeschraubt. Durch den Dichtungsring erfolgt die Abdichtung. Das Druckventil und das Saugventil aus Hartbronze sind übereinander angeordnet, beide sind durch Federn belastet und beide können, ebenso wie die Ventilsitze, nach Lösen der Druckschraube und Herausnahme des Deckels mit der Hubbegrenzung nach oben herausgezogen werden. Nach Lösen der Verbindung zwischen Kreuzkopf und Pumpenkolben und der Verschlußschraube kann der Plunger nach rechts herausgezogen und die Packung zwecks Erneuerung durch ein Rundeisen herausgedrückt werden. An der Kurbelwanne ist ein Ölstandsanzeiger. Der Saug- und Druckanschluß ist in die Abbildung eingeschrieben. Die Preßpumpe ist mit selbsttätigen und mit Hand-Ventilauslösungen versehen. Durch die Leitung für Ventilauslösung (eingeschrieben) wird bei Erreichung des Höchstdruckes durch den Differentialkolben das Saugventil angehoben, wodurch die Pumpe so lange leer läuft, bis der Druck wieder sinkt und die Auslösefeder den Differentialkolben wieder nach unten zieht. Durch die Handauslösung mittels der Handgriffe können

Abb. 113. Drillingspreßpumpe mit elektrischem Antrieb.

im Bedarfsfalle einzelne Kolben oder es kann die ganze Pumpe stillgelegt werden. Windkessel sind wegen des hohen Druckes nicht angebracht, weil die Luft im Druckwindkessel bei der hohen Pressung sehr rasch verbraucht sein würde und ständig durch einen besonderen Kompressor ersetzt werden müßte. Wegen der verhältnismäßig kurzen Druckleitungen sind die Windkessel auch entbehrlich.

c) Schnellaufende Pumpen.

Diese wurden zuerst im Jahre 1898 nach den Konstruktionen von Professor Riedler gebaut, um die Pumpen ohne Übersetzung durch raschlaufende Dampfmaschinen oder Elektromotoren antreiben zu können. Das Saugventil war liegend angeordnet und wurde durch den Kolben in seiner Endstellung zwangläufig geschlossen. Heute ist man von dem gesteuerten Saugventil abgekommen und baut die Schnellpumpen mit kleinem Kolbenhub und sehr großen Ventilquerschnitten. Bei dem kleinen Hub bleiben selbst bei hohen Umdrehungszahlen die Beschleunigungen des Kolbens und des Wassers innerhalb der zulässigen Grenzen. Die großen Ventilquerschnitte lassen einen ganz geringen Ventilhub zu. Die Ventile müssen möglichst leicht werden, was am besten durch Gutermuthklappen (s. Abb. 108) in Gruppenanordnung erreicht wird. Je rascher die Pumpe läuft, um so mehr muß die Saughöhe verringert werden. Die Schnellpumpen laufen mit 150 bis 500 Umdrehungen in der Minute. Sehr vorteilhaft ist hier die einfach wirkende Pumpe in Drillingsanordnung wegen des günstigen Drehmomentes an der Kurbelwelle und der gleichmäßigen Wasserbewegung im Druckrohr. Abb. 114 und 115 zeigen eine einfach wirkende schnelllaufende Drillingspumpe von Ehrhardt & Sehmer-Saarbrücken im Längsschnitt und im Gesamtbild. Die großen Ventilquerschnitte im Verhältnis zum Kolbenquerschnitt und zum Kolbenhub sind zu erkennen. Die drei Kurbeln sind unter 120° gegeneinander versetzt. Der Saugwindkessel ist für alle drei Pumpen gemeinsam. In der Abb. 115 sieht man links unten den Anschlußflansch für die Saugleitung. Der Antrieb der Pumpe erfolgt von der in Abb. 115 sichtbaren Verlängerung der Kurbelwelle aus durch direkte Kuppelung oder durch Riemenübertragung. Die Pumpe fördert bei 170 Umdr./min 4200 l auf 125 m Druckhöhe.

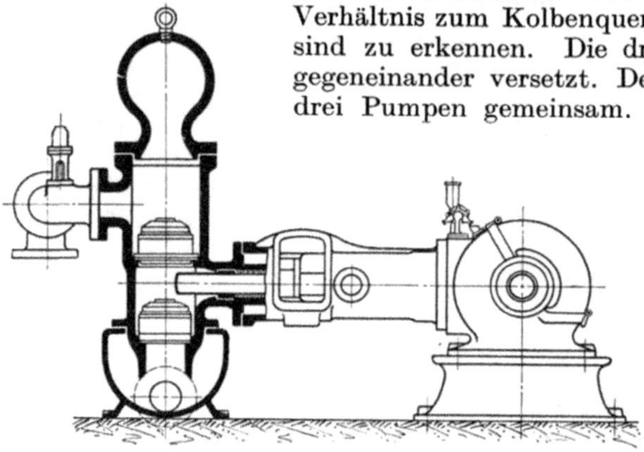

Abb. 114. Längsschnitt einer schnellaufenden Drillingspumpe.

Unter der Bezeichnung Dreiplungerpumpe „Saar" stellt die Pumpenfabrik Klein, Schanzlin & Becker-Frankenthal eine schnellaufende Drillingspumpe für $Q = 2{,}5 \div 10{,}7$ m³/h, $H = 160 \div 400$ m und $n = 525 \div 225$ min her. Abb. 116 zeigt den Schnitt und Abb. 117 die Ansicht der Pumpe. Die kleinste Ausführung hat 30 mm Plungerdurchmesser und 45 mm Hub, die größte 50 mm ∅ und 120 mm Hub. Die Pumpe findet besonders in kleineren Wasserwerken Verwendung.

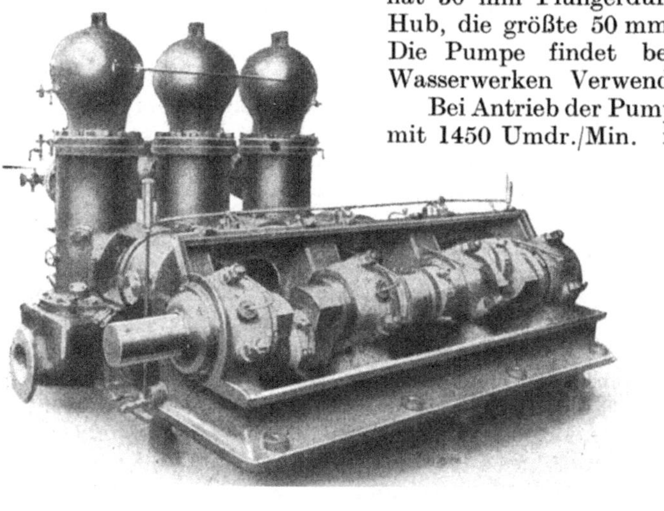

Bei Antrieb der Pumpe durch Elektromotor mit 1450 Umdr./Min. ist eine 3- bis 4fache Untersetzung erforderlich, welche durch Keilriementrieb erfolgt. Da diese Übertragung einen geringen Achsenabstand ermöglicht, ist der Platzbedarf der Pumpenanlage bei der an sich gedrängten Bauart der Pumpe verhältnismäßig bildung 110 besonders der Fall ist. Das völlig eingekapselte Kurbelgehäuse ist durch einen abschraubbaren Deckel zugänglich (Abb. 116). Die Schleuderschmierung des Kurbelgetriebes erfolgt aus der mit Schmieröl bis zu einer bestimmten Höhe gefüllten Kurbelwanne durch Schleuderstifte an den Kurbelwangen. Die Nachfüllung des Öles geschieht nach Lösen der oben am Gehäuse sichtbaren Verschlußschraube. Der Pumpenvorraum, welcher ein bequemes Anziehen der Stopfbuchsbrillen ermöglicht, ist von dem Kurbelraum öldicht abgeschlossen, damit kein Öl in diesen Vorraum und umgekehrt kein Spritzwasser in den Kurbelraum gelangen kann. Durch ein in Abb. 117 unten sichtbares Röhrchen kann etwa sich ansammelndes Leckwasser frei abfließen. Der Saug- und Druckwindkessel sind jeder für alle drei Pumpen gemeinsam, die dazwischenliegenden drei Pumpenräume des Ventilkastens müssen natürlich jeder für sich getrennt sein. Die Metallplattenventile sind federbelastet. Alle drei Druck- und Saugventile sind nach Abnahme des oberen

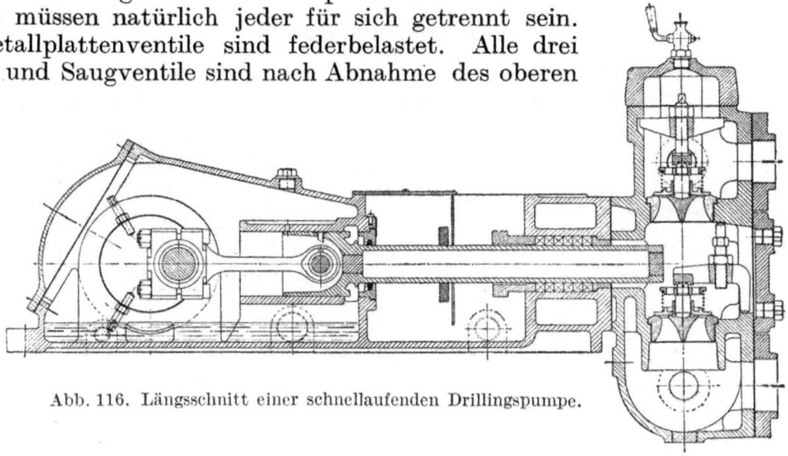

Abb. 116. Längsschnitt einer schnellaufenden Drillingspumpe.

bzw. unteren breiten Deckels zugänglich. Am unteren Rande dieses flachen Deckels ist das hier eingeschraubte Schnüffelventil (Abb. 117) zu sehen (s. auch S. 35 und Abb. 48). Über und unter diesem Deckel liegen der Druck- und

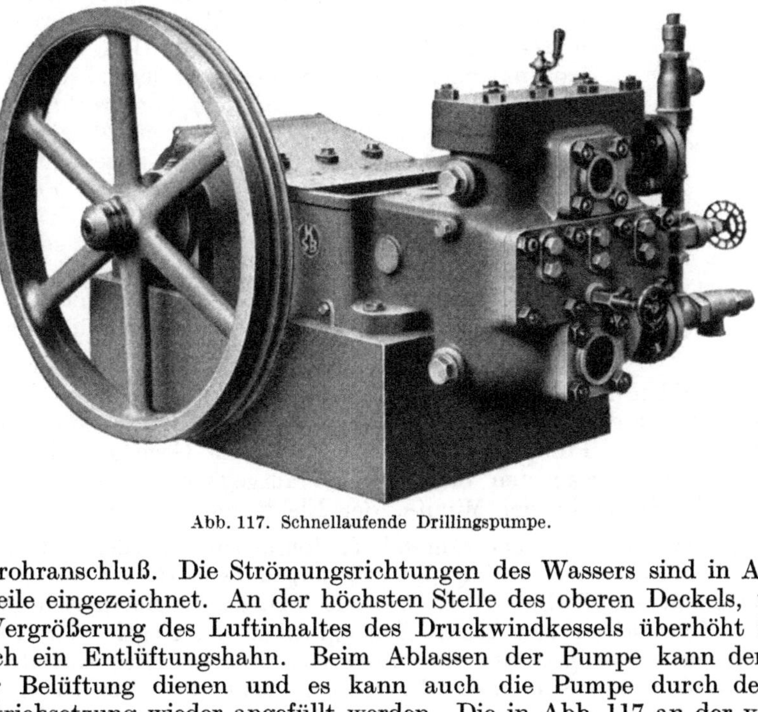

Abb. 117. Schnellaufende Drillingspumpe.

der Saugrohranschluß. Die Strömungsrichtungen des Wassers sind in Abb. 116 durch Pfeile eingezeichnet. An der höchsten Stelle des oberen Deckels, welcher zwecks Vergrößerung des Luftinhaltes des Druckwindkessels überhöht ist, befindet sich ein Entlüftungshahn. Beim Ablassen der Pumpe kann der Hahn auch zur Belüftung dienen und es kann auch die Pumpe durch denselben vor Inbetriebsetzung wieder angefüllt werden. Die in Abb. 117 an der vorderen

Seite der Pumpe sichtbare Rohrleitung ist eine Rücklaufleitung vom Druckraum zum Saugraum, um eine Regelung der Fördermenge zu ermöglichen. Dieselbe kann dadurch bis zu etwa 50% verringert werden, indem ein Teil der Flüssigkeit in den Saugraum zurückgedrückt wird. Durch das Ventil kann die Rückströmung mehr oder weniger gedrosselt werden.

d) Erdölpumpen.

Für die Förderung von Erdöl wird immer noch die alte einfach wirkende Hubpumpe mit langem Gestänge angewendet. Versuche mit elektrisch oder durch Preßluft angetriebenen schnelllaufenden Bohrlochpumpen haben bisher keinen nennenswerten Erfolg gehabt, weil bei der hohen Drehzahl durch die Sandbeimengung und teils auch durch den Gasgehalt im deutschen Erdöl in ganz kurzer Zeit ein Verschleiß der Kreiselpumpe eintritt.

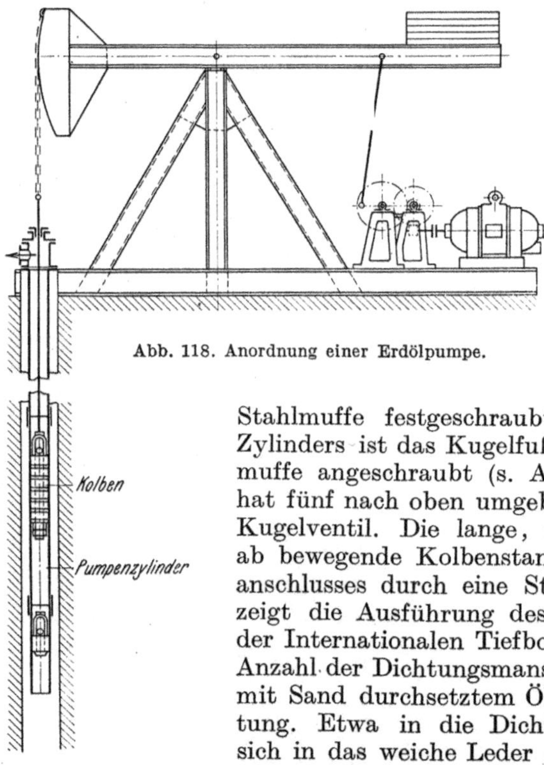

Abb. 118. Anordnung einer Erdölpumpe.

In das Bohrloch wird ein langes Stahlrohr mit Muffenverschraubung versenkt, an dessen unterem Ende das Pumpenzylinderrohr durch eine kräftige Stahlmuffe festgeschraubt ist. An das untere Ende des Zylinders ist das Kugelfußventil ebenfalls durch eine Stahlmuffe angeschraubt (s. Abb. 118). Der lange Hohlkolben hat fünf nach oben umgebogene Ledermanschetten und ein Kugelventil. Die lange, in dem Förderrohr sich auf und ab bewegende Kolbenstange ist oberhalb des Druckrohranschlusses durch eine Stopfbüchse abgedichtet. Abb. 119 zeigt die Ausführung des durchbrochenen Pumpenkolbens der Internationalen Tiefbohr-A.-G. in Celle i. H. Die große Anzahl der Dichtungsmanschetten verbürgt selbst bei völlig mit Sand durchsetztem Öl eine zuverlässige Kolbenabdichtung. Etwa in die Dichtung eindringender Sand drückt sich in das weiche Leder ein und verhindert dadurch eine Riefenbildung im Zylinder. Die Lederdichtungen sind durch Lösen der beiden unteren Kolbenmuttern leicht auszuwechseln. In Abb. 118 ist die Anordnung der Pumpenanlage mit elektrischem Antrieb ersichtlich. Das Gewicht des langen Pumpengestänges ist durch ein Gegengewicht in dem in einem Bockgestell gelagerten Schwinghebel ausgeglichen. Die Pumpe macht nur 12 bis 25 Hübe in der Minute, der Elektromotor etwa 1400 Umdr./min.

Zum Spülen der Bohrlöcher während der Bohrarbeiten werden einfach wirkende stehende Zwillings- oder Drillingsplungerpumpen benutzt, wie sie die Abb. 120 der Internationalen Tiefbohr-A.-G. in Celle i. H. zeigt. Bei diesen Pumpen ist besonderes Gewicht auf sehr rasche Zugänglichkeit der Kegel- oder Kugelventile gelegt. Auch schwungradlose Dampfpumpen und normale Hochdruckkreiselpumpen werden zum Spülen der Bohrlöcher verwendet. Der Druck der Spülpumpen beträgt etwa 20 bis 60 at, die Fördermenge etwa 350 bis 600 l/min.

e) Schwungradlose Pumpen (Dampfpumpen).

Durch den Fortfall des Kurbeltriebes und des Schwungrades beanspruchen diese Pumpen einen viel geringeren Raum und werden viel leichter als die gewöhnlichen mit Kurbeltrieb gebauten Pumpen. Auch wird das Fundament viel kleiner und leichter.

Bei den Duplexpumpen sind zwei Zylinder und zwei Pumpen parallel nebeneinander angeordnet. Die beiden Dampfzylinder sind gleich groß, und ihre Kolbenstangen wirken auf je eine gleichachsige Pumpe. Der Dampfschieber

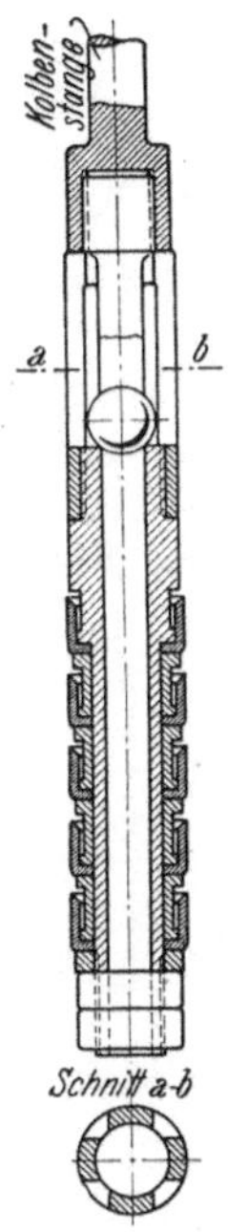

Abb. 119. Kolben einer Erdölpumpe.

Abb. 120. Zwillingspumpe zum Spülen der Bohrlöcher.

des einen Zylinders wird immer von der Kolbenstange des anderen Zylinders gesteuert. Die Schieber sind gewöhnliche Muschelschieber oder Kolbenschieber. Der Schieberspiegel hat aber fünf Öffnungen (s. Abb. 121), da die äußeren Kanäle doppelt ausgeführt sind. Die beiden äußersten nach den Zylinderenden führenden Kanäle dienen nur zur Einströmung, die beiden weiter nach der Mitte zu liegenden Kanäle nur zur Ausströmung. Der mittlere Kanal ist Auspuffkanal. Die äußeren und inneren Deckungen betragen 1 bis 5 mm. Der Schieberhub ist höchstens gleich 2mal (Deckung + einfacher Kanalweite), d. h. der Schieber öffnet außen nur den äußeren Kanal, innen nur den inneren Kanal. Eine längere Öffnungsdauer der Kanäle läßt sich durch verstellbare Anschlagmuttern auf der Schieberstange erreichen, indem dadurch ein mehr oder weniger großer toter Gang des Schiebers erzielt wird. Vor Ende des Hubes verdeckt der Kolben die Ausströmkanäle und verhindert dadurch ein Anschlagen des Kolbens gegen die Deckel (Dampfkissen). An jedem Hubende entsteht eine kurze Pause in der Kolbenbewegung. Dadurch können die Ventile sich sehr sanft schließen.

Die Pumpen machen 20 bis 30, höchstens 40 bis 50 Doppelhübe in der Minute.

Die Pumpenkolbendichtung besteht aus einer Hanfliderung. Neuerdings wird auch oft metallische Dichtung verwendet. In Abb. 121 sind *SV* die Saugventile, *DV* die Druckventile. Abb. 122 zeigt eine Duplex-Speisepumpe mit Gelenksteuerung der Firma Weise & Monski-Halle a. d. S. Auf der Pumpenseite ist unten links der Saugrohranschluß und oben der Druckwindkessel mit dem Druckrohr-

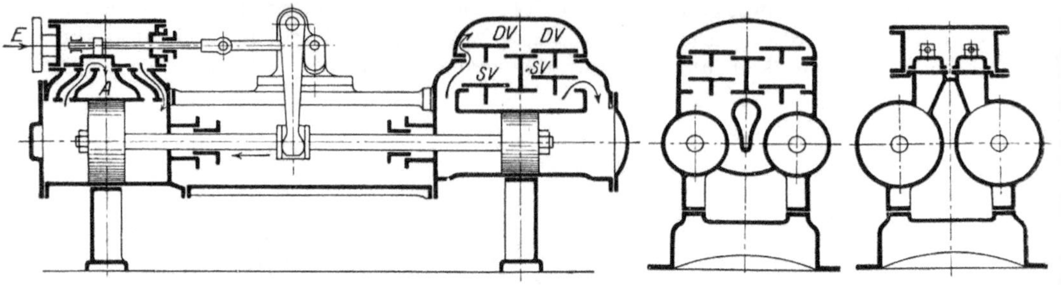

Abb. 121. Schnitte einer Duplexpumpe.

anschluß zu erkennen. Wegen des hohen Druckes hat die Pumpe Plungerkolben und außenliegende Stopfbüchsen, welche ebenfalls deutlich zu sehen sind. An Stelle der altbewährten außenliegenden Gelenksteuerung führt die Firma auch eine gelenklose Steuerung aus.

Abb. 122. Duplexpumpe.

Die Pumpenfabrik Otto Schwade & Co.-Erfurt baut Duplex- und Simplexpumpen für Dampf- und Preßluftbetrieb ohne jede Stopfbüchse und ohne Außensteuerung. Abb. 123 zeigt diese patentamtlich geschützte Pumpe in Duplexanordnung im Längsschnitt und in einer Ansicht auf die Steuerung. Die beiden Dampfzylinder *A* sind meistens in einem Block gegossen. Ebenso die beiden Pumpenzylinder *B*. *R* ist der Stutzen für den Dampfeintritt, *S* für den Dampfauslaß. Bei *Q* ist der Saugrohranschluß, bei *P* der Druckrohranschluß der 4fach wirkenden Pumpe. Die gemeinsame geschliffene Kolbenstange *C* für den Dampf- und Pumpenkolben läuft völlig stopfbüchslos in einer langen von der Dampfseite aus eingesetzten gußeisernen oder bronzenen Dichtungsbüchse *D*. Die Büchse ragt möglichst weit in den Pumpenzylinderraum hinein. Sie wird durch eine Gegenmutter in dem Boden des Dampfzylinders festgehalten. Durch die große Länge der Büchse und durch sorgfältiges Einpassen der Kolbenstange ist eine zuverlässige Abdichtung gesichert, so daß kaum Luft oder Öl nach der Pumpen-

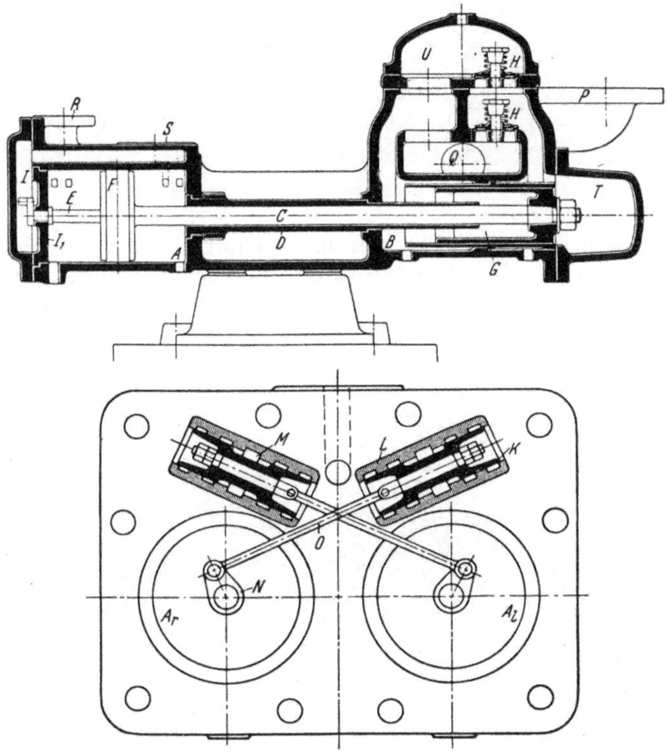

Abb. 123. Schwade-Duplexpumpe ohne Stopfbüchse und ohne Außensteuerung.

seite durchtritt. Die Reibungsverluste sind bei dieser Dichtung viel geringer als bei der Stopfbüchsabdichtung. Außerdem fallen die erheblichen Kosten für den Verbrauch von Packungsmaterial und für Wartung fort. Ebenso entstehen keine störenden Betriebspausen durch neues Verpacken. Der lange Plungerkolben *G* der Pumpe ist in die auswechselbare Zylinderbüchse eingeschliffen. Für bestimmte Flüssigkeiten werden Plungerkolben und Büchse aus Bronze hergestellt. Wie bei allen Duplexpumpen steuert auch hier der eine Dampfkolben den Schieber des anderen. Die Steuerung liegt aber bei der Schwade-Duplexpumpe innerhalb des Schieberkastendeckels *J*. In dem Dampfkolben befindet sich eine mit ganz steilen Gewindegängen versehene Gleitbüchse, in welche die gewundene Gleitstange *E* eingreift. Dadurch erhält die kleine Kurbel *N* der Gleitstange beim Hin- und Hergehen des Kolbens eine schwingende Bewegung. Die Gleitstange ist in dem eingesetzten Zylinderdeckel J_1 gelagert. Abb. 124 zeigt die Ausführung der Gleitstange im Eingriff mit der Gewindebüchse. Die Bewegung der Schwingkurbel wird durch die Schieber-Schubstange *O* auf den in dem Schiebergehäuse *L* arbeitenden eingeschliffenen Kolbenschieber *K* übertragen. Dadurch, daß die Kolbenschieber vollständig entlastet sind, werden die Steuerungsteile verhältnismäßig gering beansprucht und der Verschleiß ist unbedeutend. Abb. 125 zeigt die Außenansicht der Pumpe.

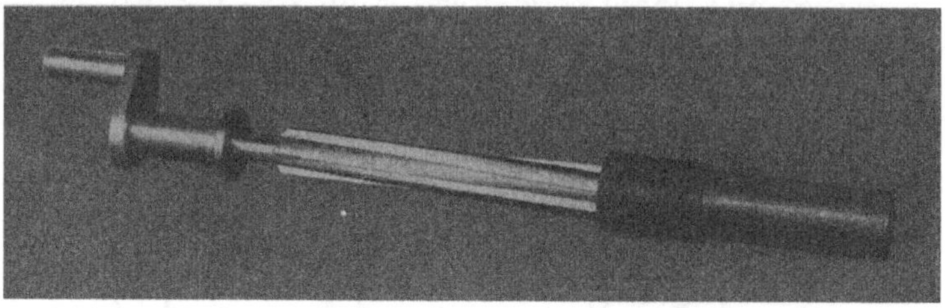

Abb. 124. Gleitstange der Schwade-Duplexpumpe.

Der Dampfverbrauch der Dampfpumpen mit Volldruckantrieb ist sehr hoch. Bei großen Pumpen wird derselbe durch Verbundanordnung durch kleine Füllungen (Expansionssteuerung) nicht viel höher als bei den Pumpen mit Kurbeltrieb, besonders wenn noch ein sogenannter Kraftausgleicher eingebaut wird.

Abb. 125. Außenansicht der Schwade-Duplexpumpe.

Dieser speichert den Arbeitsüberschuß während der Füllungsperiode auf und gibt ihn während der Expansionsperiode wieder an den Kolben ab.

Die Simplexpumpen haben nur einen Dympfzylinder und einen Pumpenzylinder mit einer gemeinsamen Kolbenstange. Oft werden zwei voneinander unabhängige Pumpen zu einer Simplexzwillingspumpe vereinigt. Jede Kolbenstange steuert aber ihren eigenen Zylinder. Die Steuerung ist meistens eine indirekte, indem von der Kolbenstange oder vom Kolben ein kleiner Hilfsdampfschieber betätigt wird, welcher wieder den durch Dampf bewegten Hauptschieber steuert.

Abb. 126 zeigt die ursprünglich für den Lokomotivbetrieb entwickelte, jetzt auf Schiffen und in Kesselhäusern eingeführte Kesselspeise-Verbundpumpe

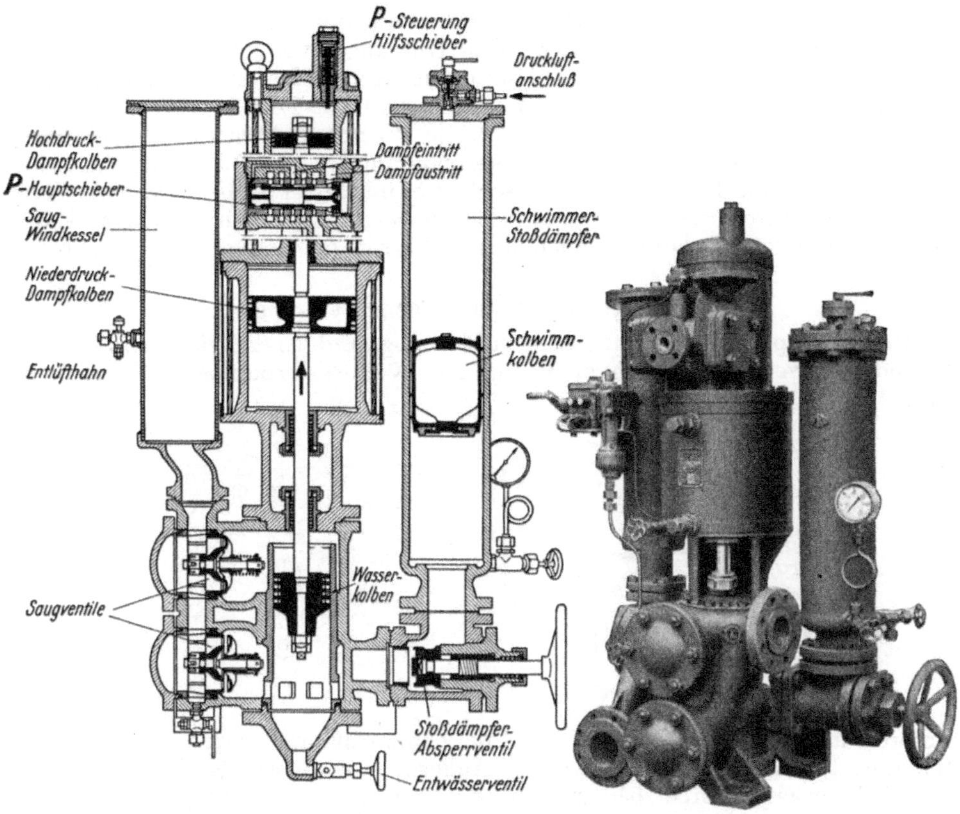

Abb. 126. Schnitt und Ansicht einer Knorr-Kesselspeise-Verbundpumpe.

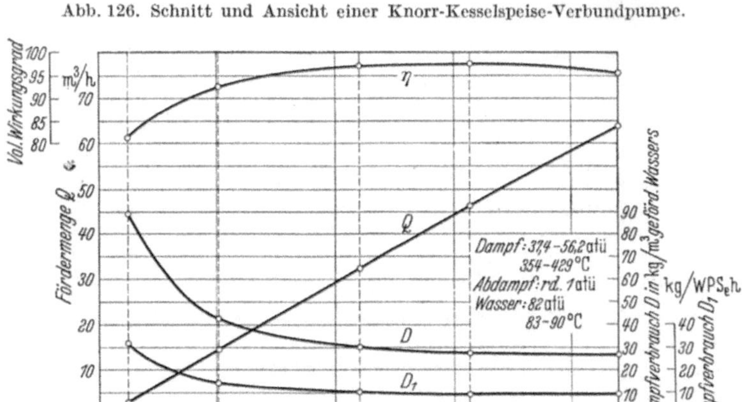

Abb. 127. Kennlinien einer Knorr-Kesselspeise-Verbundpumpe.

(Knorr-Bremse A.G. Berlin). Hochdruck- und Niederdruckdampfzylinder liegen senkrecht über dem Pumpenzylinder. Die Pumpe wird an der Wand aufgehängt, der Platzbedarf ist also sehr gering. Die bei der sog. P-Steuerung verwendeten Haupt- und Hilfsschieber sind Kolbenschieber, die durch Verteilkammern gestänge- und gelenklos gesteuert werden. Die Pumpe spart infolge der Verbundwirkung

50% Dampf gegenüber Pumpen mit Volldruckantrieb und bleibt dampfsparend, auch wenn sie langsam läuft. Sie wird für Leistungen von 3 bis 75 t/h bei Förderdrücken von 15 bis 100 kg/cm² gebaut. Die Kennlinien einer solchen Pumpe zeigt Abb. 127. Der volumetrische Wirkungsgrad, die Fördermenge, der Dampfverbrauch je m³ geförderten Wassers und je $WPS_e h$ sind auf die Doppelhubzahl in der Minute bezogen. Ein Schwimmerstoßdämpfer (s. S. 43) beruhigt die Druckleitung, so daß die Pumpe stoß- und schlagfrei mit hoher Hubzahl arbeiten kann. Ferner wird durch die Schwimmkolben Luftverzehr im Saug- und Druckwindkessel verhütet und dadurch auch das Anfressen der Kesselwände verhindert.

f) Pumpen mit umlaufendem Verdränger.

Diese Pumpen haben einen geringen Wirkungsgrad, so daß sie nur für einzelne besondere Zwecke in Frage kommen. Als Kühlwasserpumpe bei Automobil-

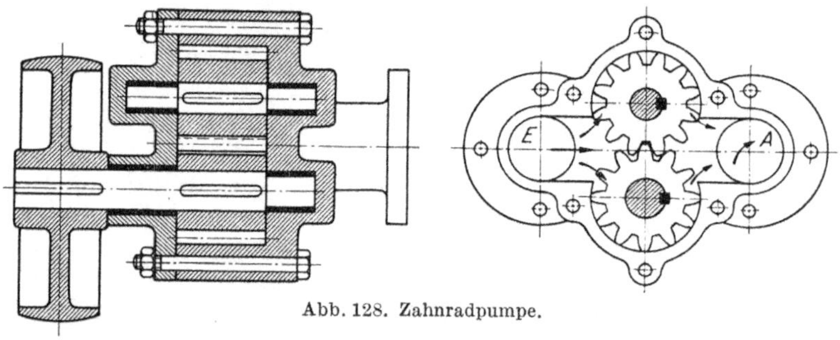

Abb. 128. Zahnradpumpe.

motoren und Bootsmotoren hat sich die Zahnradpumpe wegen ihrer Einfachheit und Betriebssicherheit bewährt. Außerdem wird sie als Schmierölpumpe und Seifenwasserpumpe bei großen Werkzeugmaschinen häufig angewendet

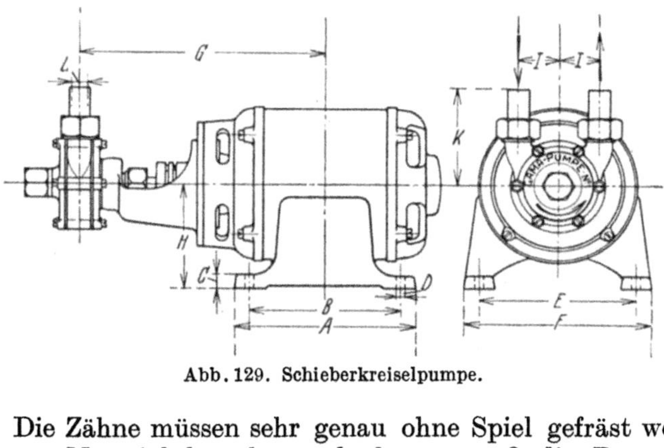

Abb. 129. Schieberkreiselpumpe.

(s. Abb. 128). Die Zähne müssen sehr genau ohne Spiel gefräst werden und aus möglichst hartem Material bestehen; überhaupt muß die Pumpe sehr genau hergestellt werden, da die Abnutzung Undichtheit und Verringerung des Lieferungsgrades hervorruft. Die Flüssigkeit tritt zwischen die Zahnlücken und wird nach der Absperrung durch die umschließende Gehäusewand beim Drehen der Räder mitgenommen, wie in der Abb. 128 durch die Pfeile angedeutet ist. Bei sehr guter Ausführung läßt sich ein Lieferungsgrad von 0,9 bis 0,95 und ein Wirkungsgrad von 0,6 bis 0,7 erreichen. Im allgemeinen kommt die Zahnradpumpe nur für niedrige Drücke in Frage. Doch lassen sich auch höhere Drücke damit erreichen.

Das Gehäuse wird aus Gußeisen oder Bronze, die Räder aus Stahl oder Phosphorbronze hergestellt. Für Seewasser und Säuren werden Räder und Gehäuse aus Bronze gefertigt.

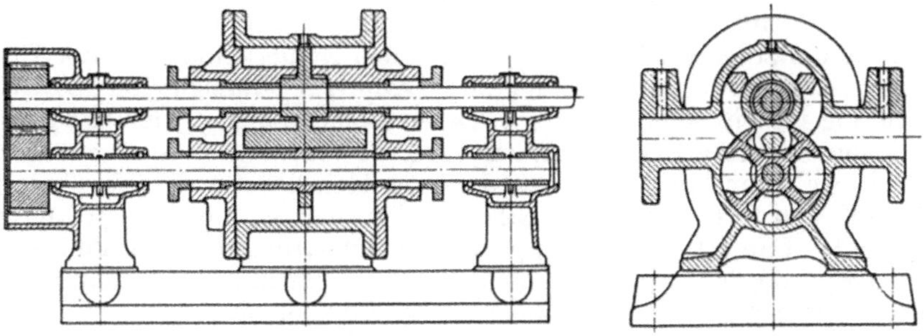

Abb. 130. Kreiskolbenpumpe.

Durch ihre Einfachheit, Billigkeit und Betriebssicherheit hat die Schieberkreiselpumpe „Gama", wie sie von der Firma „Amag-Hilpert, Nürnberg" ausgeführt wird, eine große Verbreitung gefunden. Diese Verdrängerpumpe wird besonders zur Förderung von reinem Wasser auf Höhen bis höchstens 30 m für Hauswasserversorgung benutzt. Fördermenge 15 bis 35 l/min. Sie besteht aus einem zylindrischen Drehkörper, welcher in einem ebenfalls zylindrischen Gehäuse etwas exzentrisch gelagert ist. Die in etwas nach

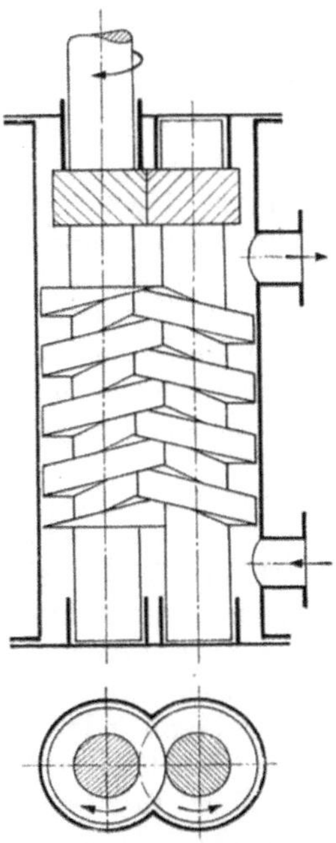

Abb. 131. Spindelpumpe.

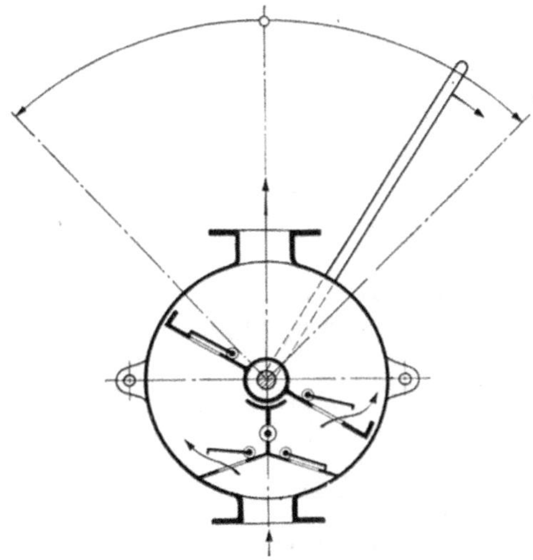

Abb. 132. Flügelpumpe.

rückwärts gerichteten Schlitzen verschiebbaren Hartgummischieber werden durch den im Hohlraum des Drehkörpers herrschenden Wasserdruck und durch die Fliehkraft nach außen gepreßt und legen sich dadurch eng an die Mantelfläche des Gehäuses an. Durch die Drehbewegung des Kolbens tritt während der Saugperiode eine Vergrößerung und während der Druckperiode eine Verkleinerung des Zellenraumes ein, wodurch die Förderung bewirkt wird. Der Antrieb erfolgt durch direkte Kupplung mit einem Elektromotor von 2800 bzw. 3000 Umdrehungen in der Minute, wie Abb. 129 zeigt. Die Schieberplatten lassen sich nach etwa erfolgter Abnutzung leicht ersetzen. Gegen Schwankungen im Stromnetz ist die Pumpe unempfindlich.

Bei der in Abb. 130 dargestellten Kreiskolbenpumpe von C. H. Jaeger & Co. werden die umlaufenden Verdränger von einem Steuerkolben von der Druckseite nach der Saugseite geführt. Die Pumpe kann für Flüssigkeiten fast jeder Art Verwendung finden, sofern sie keine harten Beimengungen oder Sand enthalten.

Die Spindelpumpe[1] (Leistritzpumpe, Abb. 131) eignet sich zur Förderung zäher Flüssigkeiten, sie wird besonders als Heizöl- und Schmierölpumpe verwendet. Wegen ihrer hohen Umlaufzahl kann man sie unmittelbar mit Elektromotoren oder Dampfturbinen kuppeln. Der Lieferungsgrad der Pumpe (s. S. 3) ist abhängig von dem Spiel zwischen den Spindeln und der Gehäusewand, von der Förderhöhe und von der Zähigkeit der Flüssigkeit.

Abb. 132 zeigt eine Flügelpumpe, die als Handpumpe oft verwendet wird. Der mit Metallklappen oder Kugelventile versehene Doppelflügel sitzt auf einer Welle, die durch den Deckel des zylindrischen Gehäuses hindurchtritt und mittelst Stopfbüchse und Überwurfmutter abgedichtet wird. Die Saugventile sitzen auf einem Einsatzstück. Die Handpumpe ist für kleine Wassermengen und Förderhöhen bis etwa 30 m geeignet.

Zum Schlusse sei noch die Umlaufpumpe mit Rollkörpern[2] erwähnt.

5. Inbetriebsetzung und Regelung.

Infolge des schädlichen Raumes ist es nicht ratsam, die Kolbenpumpe bei der Inbetriebsetzung zuerst als Luftpumpe arbeiten zu lassen; vielmehr ist es zweckmäßig, zuerst durch eine Umleitung den Pumpenzylinder mit Wasser zu füllen. Dadurch wird der schädliche Raum beseitigt und die Pumpe ist jetzt imstande, eine so große Luftverdünnung zu erzeugen, daß das Wasser im Saugrohr hochsteigt und damit die Förderung beginnt.

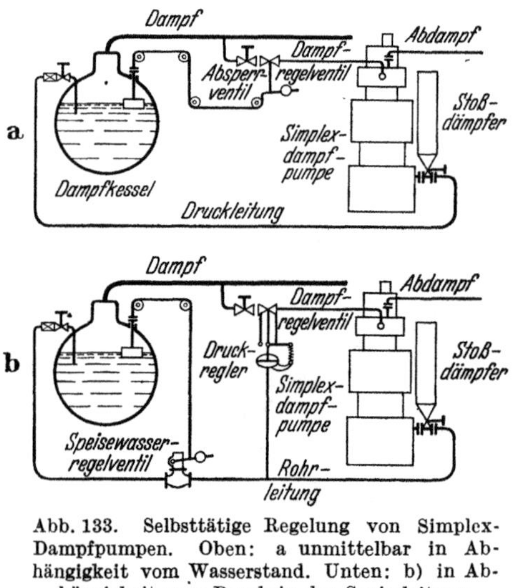

Abb. 133. Selbsttätige Regelung von Simplex-Dampfpumpen. Oben: a unmittelbar in Abhängigkeit vom Wasserstand. Unten: b) in Abhängigkeit vom Druck in der Speiseleitung.

Die sekundliche Wasserlieferung einer Kolbenpumpe ist von dem Hubvolumen und der Umlaufzahl abhängig. Meist wird die Fördermenge durch Änderung der Umlaufzahl geregelt. Bei Schwungraddampfpumpen findet die Regelung entweder von Hand oder mittels eines Leistungsreglers statt. Der letztere ist ein stark statischer Regler, dessen Muffenweg einer großen Änderung der Umlaufzahl entspricht. Indem man von Hand die Zugstangenlänge des Stellzeuges verkleinert oder vergrößert, läuft die Maschine schneller oder langsamer. Um bei plötzlicher Entlastung der Pumpe (Rohrbruch) ein Durchgehen zu verhindern, ordnet man besondere Ausklink-

[1] Siehe auch MTZ 1940, S. 55 Imo-Förderpumpe.
[2] Z. VDI 1939, S. 462.

vorrichtungen an, da bei der höchsten Muffenstellung des Reglers die Maschine eine zu große Umlaufzahl hätte.

Auch bei schwungradlosen Pumpen findet die Regelung entweder von Hand oder durch einen selbsttätigen Leistungsregler statt. Die selbsttätige Regelung richtet sich nach der Höhe des Wasserstands im Kessel oder Behälter, die von einem Schwimmer abgetastet wird. Die Übertragung kann unmittelbar auf das Dampfregelventil erfolgen (Abb. 133a), es kann aber auch ein Speisewasserregelventil betätigt werden (Abb. 133b), das eine Druckveränderung in der Druckleitung hinter der Pumpe hervorruft, die über einen Druckregler auf das Dampfventil wirkt. Auch Regelverfahren mit Differenzdruckreglern und ölgesteuerten Zylindern sind ausgebildet.

Ferner sei auf eine Mengenregelung von Kolbenpumpen mit gleichbleibender Drehzahl hingewiesen[1].

II. Kreiselpumpen.

1. Wirkungsweise und Bauarten.

Die in Abb. 134 skizzierte Kreiselpumpe soll mit Wasser gefüllt sein. Wird das Laufrad *K* (Kreisel) gedreht, so erteilen die Schaufeln dem im Laufrad befindlichen Wasser eine drehende Bewegung. Die hierbei auftretende Zentrifugalkraft treibt das Wasser in den Schaufelkanälen nach außen, so daß am inneren Radumfang Raum freigegeben und dadurch ein Unterdruck hervorgerufen wird. Infolgedessen setzt der Atmosphärendruck *A*, welcher auf dem Wasserspiegel im Brunnen wirkt, die im Saugrohr R_s befindliche Wassersäule in Bewegung, und das Wasser tritt aus dem Saugrohr mit einer bestimmten Geschwindigkeit und Pressung in das Laufrad ein. Am inneren Radumfang wird also der freigegebene Raum sofort wieder mit Wasser gefüllt, während am äußeren Radumfang das Wasser mit einer bestimmten Geschwindigkeit und Pressung in das Gehäuse *G* ausströmt.

Im Gehäuse muß das Wasser so geleitet werden, daß die Verluste, welche infolge Richtungsänderung der Wasserstrahlen und Wirbelbildung entstehen, möglichst klein werden und daß eine möglichst stoßfreie Umsetzung der Geschwindigkeit in Druck stattfindet. Durch diese Forderungen ist die spiralförmige Ausführung des Gehäuses bedingt. Findet im Gehäuse keine Geschwindigkeitsänderung statt, so muß die Umsetzung der Geschwindigkeit in Druck in einem konischen Stutzen erfolgen. Durch den im Gehäuse bzw. Stutzen entstehenden Druck wird die im Druckrohr R_d befindliche Wassersäule in Bewegung gesetzt.

Das Förderwasser bewegt sich demnach in ununterbrochenem Strome vom Brunnen durch das Saugrohr, Laufrad, Gehäuse und Druckrohr zum Ausguß. Ventile und Windkessel sind somit nicht notwendig.

Am unteren Ende des Saugrohrs wird ein Saugkorb und ein Fußventil angeordnet, um Unreinigkeiten fernzuhalten und ein Abfließen des Wassers bei Stillstand zu verhindern. In das Druckrohr wird ein Regulierschieber und bei Druckhöhen über 10 m eine Rückschlagklappe eingebaut. Bei der Klappe ist ein Umlauf sehr zweckmäßig.

Wie gezeigt wurde, leistet die durch die Drehung des Laufrades erzeugte Zentrifugalkraft die Förderarbeit, demnach ist die Förderhöhe hauptsächlich

[1] Z. VDI 1941, S. 870.

von der Umlaufzahl und dem Durchmesser des Laufrades abhängig. Außerdem hat die Schaufelform auf die Förderhöhe einen wesentlichen Einfluß.

Nach der Förderhöhe unterscheidet man: Niederdruckpumpen (bis etwa 20 m, ausnahmsweise bis 35 m), Mitteldruckpumpen (20 bis 60 m) und Hochdruckpumpen. Abb. 134 zeigt eine Niederdruckpumpe mit einseitigem Einlauf. Bei größeren Wassermengen verwendet man den zweiseitigen Einlauf, wie Abb. 155 zeigt. Die Umsetzung der Geschwindigkeit in Druck im Gehäuse oder im konischen Stutzen ist nur bei kleinen Förderhöhen zweckmäßig, da die hierbei auftretenden Verluste um so größer werden, je größer die Austrittsgeschwindigkeit des Wassers aus dem Laufrad ist. Die letztere wächst mit der Umlaufzahl und dem Raddurchmesser und ist somit durch die gewünschte Förderhöhe haupt-

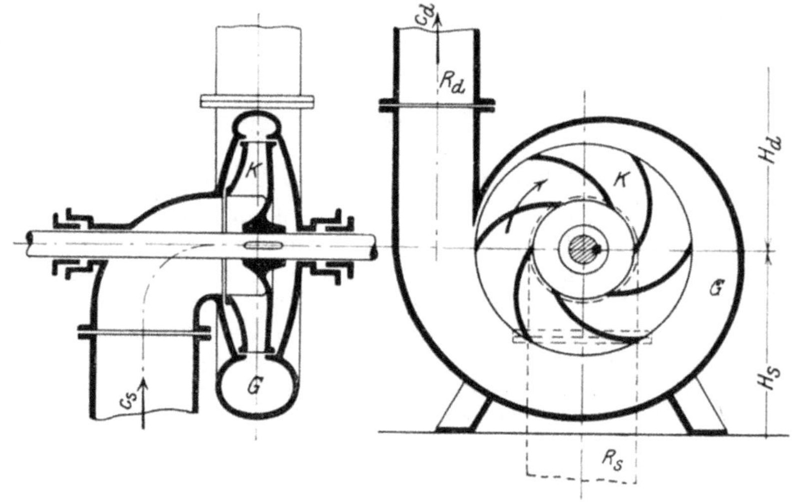

Abb. 134. Niederdruckpumpe mit einseitigem Einlauf.

sächlich bestimmt, wenn man den Einfluß der Schaufelform vorerst unberücksichtigt läßt.

Bei Förderhöhen über etwa 20 m ordnet man daher meistens ein Leitrad, welches das Laufrad umschließt, an. In diesem Leitrad findet die Umsetzung der Geschwindigkeit in Druck statt, und das Wasser durchströmt das Gehäuse mit kleiner Geschwindigkeit und großer Pressung. Man verwendet beim Leitrad meist Schaufeln, um eine bessere Wasserführung und damit eine stärkere Umsetzung der Geschwindigkeit in Druck zu erzielen. Jedoch findet man auch Ausführungen ohne Schaufeln.

Abb. 135 zeigt eine Mitteldruckpumpe mit zweiseitigem Einlauf, wie er häufig ausgeführt wird.

Das Gehäuse ist rund (konzentrisch), wenn die Schaufeln am äußeren Umfang des Leitrades radial verlaufen. Ist dies nicht der Fall, dann wählt man die spiralförmige Ausführung.

Wegen der Ähnlichkeit mit der Turbine findet man auch die Bezeichnung Turbinenpumpe.

Bei größeren Förderhöhen (über etwa 50 m) verwendet man die Hochdruckpumpen, welche mit einem Laufrad oder meist mit mehreren hintereinander geschalteten Laufrädern ausgeführt werden. Nach der Zahl der Laufräder nennt man die Pumpen ein- oder mehrstufig. Bei einer mehrstufigen Pumpe (Abb. 164, drei Stufen) durchläuft das Förderwasser vom Saugstutzen aus alle Laufräder, welche einseitigen Einlauf haben und mit Leiträdern umschlossen sind, nacheinander. Zwischen je zwei Laufrädern ist ein Umführungskanal angeordnet. Vom letzten Leitrad läuft das Wasser durch ein ringförmiges Gehäuse in den Druckstutzen.

Mit einem Laufrad ist es möglich, eine Druckhöhe von etwa 100 m zu erreichen. Bei Heißwasserpumpen geht man bis über 200 m. Bei der Wahl der Stufenzahl ist jedoch zu berücksichtigen, daß unter sonst gleichen Verhältnissen die Pumpe mit größerer Stufenzahl einen besseren hydraulischen Wirkungsgrad aufweist. In einer Hochdruckpumpe hat man schon bis zu 10 und ausnahmsweise mehr Stufen angeordnet.

Manchmal ist es zweckmäßig, die Welle vertikal anzuordnen, z. B. bei Abteufpumpen in Bergwerken.

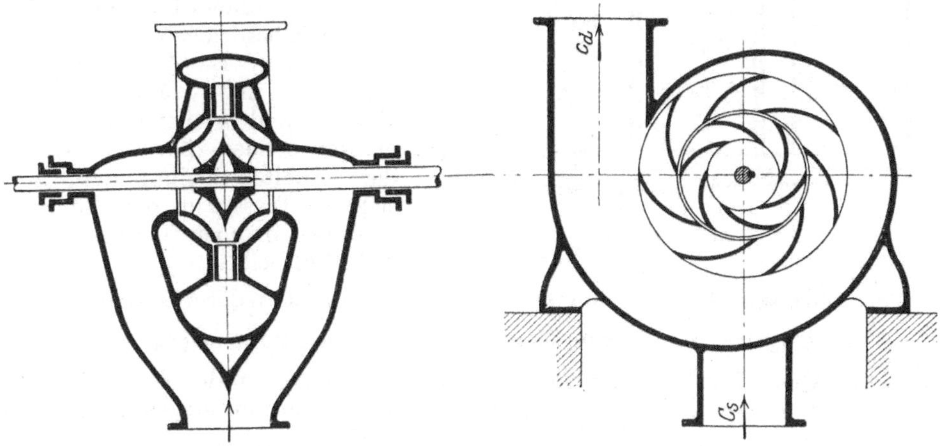

Abb. 135. Mitteldruckpumpe mit zweiseitigem Einlauf.

Im Vergleich mit der Kolbenpumpe hat die Kreiselpumpe folgende Vorzüge die besonders bei großen Fördermengen hervortreten: Geringe Herstellungskosten, geringer Gewichts- und Platzbedarf, leichtes Fundament. Außerdem läßt sich die Kreiselpumpe mit raschlaufenden Kraftmaschinen (Elektromotor, Dampfturbine) unmittelbar kuppeln. Da bei der Kreiselpumpe die empfindlichen Ventile fehlen, ist sie zur Förderung von schlammigen Flüssigkeiten sehr geeignet. Ebenfalls sind die geringen Betriebskosten zu erwähnen. Der Hauptnachteil der Kreiselpumpe ist der schlechtere Wirkungsgrad, welcher besonders bei kleinen Wassermengen auf große Förderhöhen zutage tritt. Je größer die Wassermenge, desto wirtschaftlicher wird die Kreiselpumpe. Nachteilig ist die umständliche Inbetriebsetzung der Kreiselpumpe.

Bei dem Wettbewerb der Kreiselpumpe mit der Kolbenpumpe ist der Gesamtwirkungsgrad der Anlage, der Platzbedarf, das Anlagekapital und dessen Verzinsung und Abschreibung meist ausschlaggebend. So findet man in Wasserwerken Kreiselpumpen, welche unmittelbar durch Dampfturbinen angetrieben werden. Der Gesamtwirkungsgrad einer solchen Anlage erreicht denjenigen einer Anlage mit Dampfkolbenpumpe. Bei Wasserhaltungen in den Bergwerken verwendet man elektrisch angetriebene Kreiselpumpen, da hier neben dem Gesamtwirkungsgrad der Platzbedarf eine große Rolle spielt und die Stromzuführung sich am einfachsten und sichersten ermöglichen läßt.

2. Berechnung.

a) Allgemeines.

Bei den Kolbenpumpen wurde im Abschnitt 2a gezeigt, daß zur Erzeugung der Wassergeschwindigkeit von c m/sek in einem Rohr eine Pressung von $h = \frac{c^2}{2g}$ mWS notwendig ist, wenn die Reibungswiderstände unberücksichtigt bleiben.

Das an das Gefäß angeschlossene Rohr habe nun verschiedene Querschnitte F, F_1, F_2, wie Abb. 136 zeigt. An diesem Rohr seien in den Querschnitten F_1 und F_2 oben offene Röhrchen (Piezometer) aufgesetzt. Solange die Austrittsöffnung geschlossen ist, stimmt der Wasserstand in den Röhrchen mit demjenigen im Gefäß überein; es ist somit in allen Querschnitten des Rohres der Überdruck gleich h m WS. Öffnet man die Austrittsöffnung und setzt man voraus, daß der Wasserstand h im Gefäß durch entsprechenden Zufluß unverändert erhalten bleibt, dann wird sich das Wasser in den Röhrchen verschieden hoch einstellen, wie Abb. 136 zeigt.

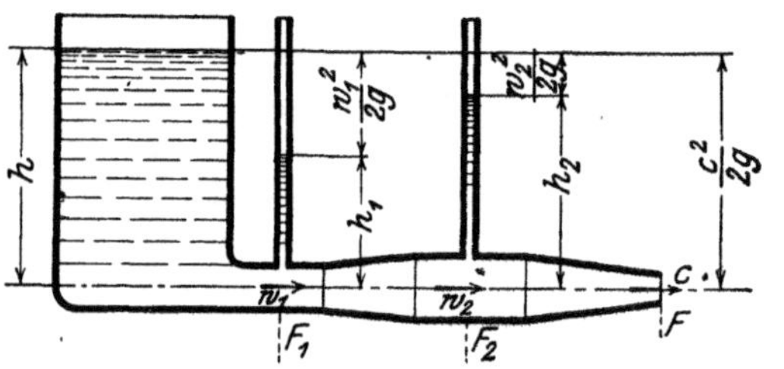

Abb. 136.

Vernachlässigt man die Reibungswiderstände, dann ist an der Ausflußöffnung F: $h = \frac{c^2}{2g}$ m WS oder $c = \sqrt{2\,g\,h}$ m/sek und somit die Durchflußmenge $Q = F\,c$ m³/sek. Da in den Querschnitten F_1 und F_2 dieselbe Wassermenge in der Sekunde durchfließen muß, erhält man: $Q = F\,c = F_1\,w_1 = F_2\,w_2$ (Kontinuitätsgleichung). Aus dieser Gleichung folgt: $w_1 = \frac{F}{F_1}\,c$; da nun $F_1 > F$ ist, wird $w_1 < c$. Der Wassergeschwindigkeit w_1 in m/sek entspricht die Geschwindigkeitshöhe $\frac{w_1^2}{2g}$ in m WS. Weil $\frac{w_1^2}{2g} < h$ ist, muß im Querschnitt F_1 noch ein hydraulischer Druck h_1 vorhanden sein. Hieraus folgt: $h_1 + \frac{w_1^2}{2g} = h$. Dasselbe trifft für den Querschnitt F_2 in erhöhtem Maße zu, so daß allgemein gilt:

$$h = h_1 + \frac{w_1^2}{2g} = h_2 + \frac{w_2^2}{2g} = \frac{c^2}{2g}.$$

In Worten: In allen Querschnitten ist die Summe der hydraulischen Druckhöhe und der Geschwindigkeitshöhe unveränderlich.

Würde $F_2 < F$ sein, dann wird $w_2 > c$ und somit auch $\frac{w_2^2}{2g} > h$. Hieraus folgt: $-h_2 + \frac{w_2^2}{2g} = h$; h_2 wird also negativ, im Querschnitt F_2 würde ein Unterdruck auftreten. Dieser Vorgang wird bei den Wasserstrahlpumpen praktisch verwertet.

b) Erreichbare Saughöhe.

Bezeichnet h_0 die Pressung in m WS und c_0 die axiale Geschwindigkeit in m/sek, welche das Wasser am Ende des Saugmundes hat, H_s die Saughöhe in m, h_{ws} die

Widerstandshöhe, welche durch die Reibungswiderstände im Saugrohr hervorgerufen wird, dann ist:

$$A = H_s + h_{ws} + h_0 + \frac{c_0^2}{2g}$$

oder

$$h_0 = A - H_s - h_{ws} - \frac{c_0^2}{2g}.$$

Bezeichnet h_t den Siededruck des Wassers von $t°$ C in m WS, dann muß $h_0 > h_t$ sein, wenn die Pumpe arbeitsfähig sein soll. Somit erhält man für die Saughöhe folgende Bedingung:

$$H_s < A - h_t - h_{ws} - \frac{c_0^2}{2g}.$$

Diese Gleichung zeigt, von welchen Größen die Saughöhe abhängig ist. Über A und h_t siehe bei den Kolbenpumpen S. 12. $h_{ws} = \Sigma \zeta_s \frac{c_s^2}{2g}$; über die Summe der Widerstandszahlen $\Sigma \zeta_s$ siehe Beispiel bei den Kolbenpumpen S. 13. Die axiale Geschwindigkeit c_0 wählt man zu 2 bis 3 m/sek; je größer dieselbe gewählt wird, um so kleiner wird H_s.

Man kann bei Kreiselpumpen $H_{s\,\max} = 8$ m erreichen, da hier die Verhältnisse günstiger als bei den Kolbenpumpen liegen. Praktisch wählt man die Saughöhe meist zu $H_s = 6$ bis 7 m und geht bei kleinen Leistungen auf $H_s = 4$ bis 5 m herab.

Das Saugrohr und die Saugstopfbüchse müssen dicht sein, das erstere muß zur Pumpe stetig ansteigen, damit sich keine Luftsäcke bilden können.

Bei **Kesselspeisepumpen** (s. Abschnitt 6k) kommt die Förderung von heißem Wasser in Betracht. Von etwa 70° C ab muß das Speisewasser der Pumpe von einem erhöht aufgestellten Behälter zulaufen. Bei Temperaturen über 100° muß im geschlossenen Behälter ein Druck H_b m WS herrschen. H_b muß stets $> h_t$ sein. An Stelle der Saughöhe tritt die Zulaufhöhe H_z, diese ist von der Pumpendrehzahl, der Leistung, der Wassertemperatur und von der Führung der Zulaufleitung abhängig. Es sei h_{wz} die Widerstandshöhe der Zulaufleitung in m WS, h_b die Druckhöhe für die Beschleunigung der Wassermasse in der Zulaufleitung bei plötzlichem Öffnen der Reglerventile in m WS, dann ist

$$h_0 = H_b + H_z - h_{wz} - h_b - \frac{c_0^2}{2g}.$$

Auch h_0 muß stets $> h_t$ sein. Man wählt die Zulaufgeschwindigkeit zu 0,5 bis 1 m/sek und verwendet eine kurze weite Zulaufleitung ohne scharfe Krümmungen sowie großen Laufradeintritt.

c) Bewegungs- und Geschwindigkeitsverhältnisse des Wassers im Laufrad.

Das Laufrad (Abb. 137) habe radial gerichtete Schaufeln und befinde sich in Ruhe. Es ströme Wasser von innen nach außen, dann wird das Wasser das Laufrad in radialer Richtung durchfließen. Bezeichnet w_1 die Wassergeschwindigkeit, F_1 den Querschnitt eines Schaufelkanals beim Eintritt und w_2 bzw. F_2 diese Größen beim Austritt, dann ist: $F_1 w_1 = F_2 w_2$; da $F_2 > F_1$ ist, muß $w_2 < w_1$ sein.

Bei der Drehung des Laufrades mit der Umlaufzahl n treten am inneren und äußeren Umfang die Geschwindigkeiten

$$u_1 = \frac{2\pi r_1 n}{60} \quad \text{und} \quad u_2 = \frac{2\pi r_2 n}{60}$$

auf.

Soll das Wasser stoßfrei in den Schaufelkanal eintreten, dann muß dasselbe mit der Geschwindigkeit c_1 und unter dem Winkel α_1 in das Laufrad eintreten. c_1 und α_1 erhält man aus dem Geschwindigkeitsparallelogramm, in unserem Fall ein Rechteck. Man nennt c_1 die absolute Eintrittsgeschwindigkeit, das ist die Geschwindigkeit, mit welcher das Wasser tatsächlich einströmt, und w_1 die relative Eintrittsgeschwindigkeit, welche nur in bezug auf das Laufrad auftritt.

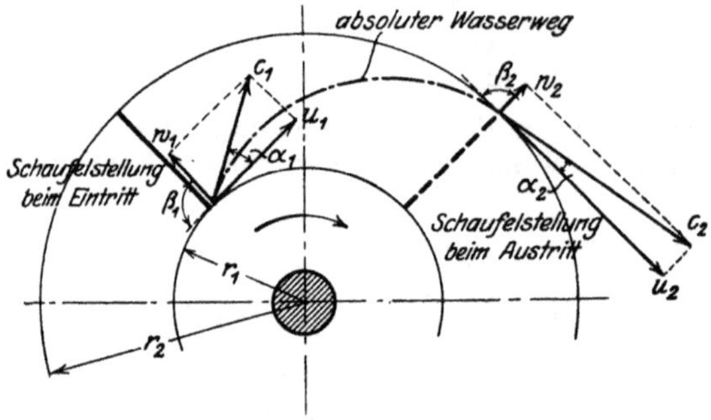

Abb. 137. Laufrad mit radial gerichteten Schaufeln.

Am äußeren Umfang liegen die Verhältnisse ähnlich. Aus der relativen Austrittsgeschwindigkeit w_2, wobei $w_2 = \frac{F_1}{F_2} w_1$ ist, und der Umfangsgeschwindigkeit u_2 erhält man die absolute Austrittsgeschwindigkeit c_2 nach Größe und Richtung.

Das Wasser tritt also nicht mehr radial wie vorher in das Gehäuse, sondern in schräger Richtung unter dem Winkel α_2.

In der Abb. 137 sind die augenblicklichen Stellungen einer Schaufel beim Ein- und Austritt eines bestimmten Wasserteilchens angegeben. Ebenso ist der

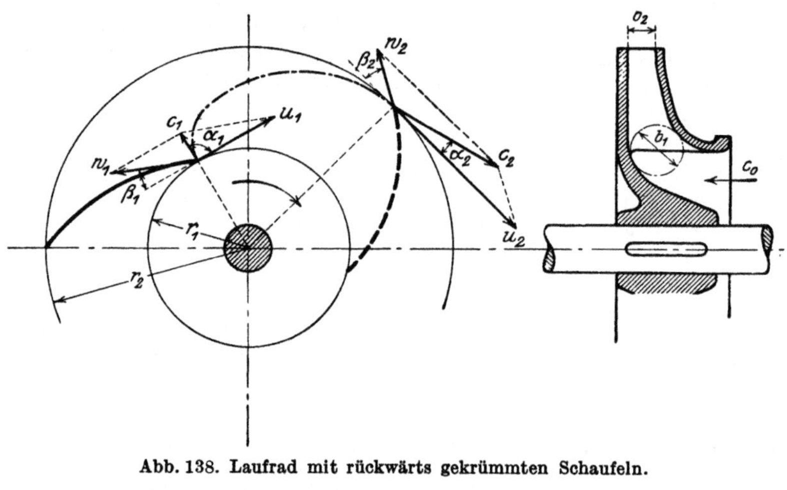

Abb. 138. Laufrad mit rückwärts gekrümmten Schaufeln.

absolute (tatsächliche) Weg eines Wasserteilchens gezeichnet. Der relative Weg desselben Wasserteilchens verläuft radial längs der Schaufelwand. Das Bewegen des Wasserteilchens auf dem relativen Weg kann nur von einer Person, welche sich auf dem drehenden Laufrad befindet, beobachtet werden.

Meist werden die Schaufeln zurückgekrümmt ausgeführt und Winkel $\alpha_1 = 90°$ gewählt (Abb. 138). Das aus dem Saugrohr axial ausströmende Wasser wird im Laufrad in die radiale Richtung abgelenkt und strömt dann mit der absoluten Eintrittsgeschwindigkeit c_1 in die Schaufelkammer. Der weitere Verlauf ist ähnlich wie vorher, wie Abb. 138 zeigt.

d) Hauptgleichungen.

Würde man bei einer Kreiselpumpe während des Betriebes am inneren und äußeren Umfang des Laufrades die Pressung und die absolute Geschwindigkeit des Wassers messen, dann könnte man feststellen, daß das Wasser während des Durchgangs durch das Laufrad, d. h. Bewegung auf dem absoluten Wasserweg, zwei Zustandsänderungen unterworfen wird; es wird seine Pressung und seine absolute Geschwindigkeit erhöht. Erfolgt die Messung durch Röhrchen (Piezometer), dann wird die Höhe des Wasserstandes in den Röhrchen zeigen, daß am inneren Umfang ein Unterdruck und am äußeren Umfang ein Überdruck herrscht.

Das Förderwasser soll beim Eintritt in das Laufrad die Pressung h_1 m WS und die absolute Geschwindigkeit c_1 m/sek und beim Austritt h_2 m WS bzw. c_2 m/sek haben. Sieht man vorerst von den Verlusten, welche durch Reibung und Wirbelbildung entstehen, ab und bezeichnet $\mathfrak{H}$ in m WS die theoretische Förderhöhe, welche die verlustfrei arbeitende Pumpe überwinden kann, sowie $\mathfrak{H}_s$ und $\mathfrak{H}_d$ die entsprechende Saug- und Druckhöhe, dann ist:

$$h_1 = A - \mathfrak{H}_s - \frac{c_0^2}{2g}.$$

Da zwischen c_0 und c_1 nur ein kleiner Unterschied besteht, kann $c_1 = c_0$ gesetzt werden, somit:

$$h_1 = A - \mathfrak{H}_s - \frac{c_1^2}{2g} \quad \text{oder} \quad h_1 + \frac{c_1^2}{2g} = A - \mathfrak{H}_s.$$

Ebenso folgt:

$$h_2 = \mathfrak{H}_d + A - \frac{c_2^2}{2g} \quad \text{oder} \quad h_2 + \frac{c_2^2}{2g} = \mathfrak{H}_d + A.$$

Die in m WS ausgedrückte Arbeit, welche an das Wasser während seines Verweilens im Laufrad übertragen wird, beträgt demnach:

$$\left(h_2 + \frac{c_2^2}{2g}\right) - \left(h_1 + \frac{c_1^2}{2g}\right) = (\mathfrak{H}_d + A) - (A - \mathfrak{H}_s)$$

oder

$$\mathfrak{H}_s + \mathfrak{H}_d = \mathfrak{H} = \frac{c_2^2 - c_1^2}{2g} + h_2 - h_1.$$

Den Bruch $\frac{c_2^2 - c_1^2}{2g}$ nennt man die dynamische Druckhöhe, während man $h_2 - h_1$ mit statischer Druckhöhe oder Spaltüberdruck bezeichnet.

Allgemein gilt für die Zentrifugalkraft: $C = m r \omega^2$. Ein Wasserteilchen von der Masse m befinde sich im Abstand r von der Drehachse und lege infolge der Zentrifugalkraft den unendlich kleinen radial gerichteten Weg dr zurück, dann ist die an das Wasserteilchen übertragene Arbeit:

$$dA = C \cdot dr = m r \omega^2 dr.$$

Die Arbeit, welche auf dem Weg $r_2 - r_1$ geleistet wird, erhält man durch Integration:

$$A = \int_{r_1}^{r_2} m r \omega^2 \, dr = \left(m \frac{r^2}{2} \omega^2\right)_{r_1}^{r_2} = \frac{m}{2} (r_2^2 \omega^2 - r_1^2 \omega^2).$$

Nun ist: $u_1 = r_1 \omega$ und $u_2 = r_2 \omega$ und somit $A = \frac{m}{2} (u_2^2 - u_1^2)$ mkg. Wird diese Arbeit auf die Gewichtseinheit 1 kg bezogen, dann ist $m = \frac{1}{g}$ und somit die an 1 kg Wasser übertragene Arbeit $\frac{u_2^2 - u_1^2}{2g}$ in m WS.

Würde das Laufrad (Abb. 137) bei der Wasserströmung von innen nach außen stillstehen, dann ist nach dem oben Erwähnten:

$$h_2 + \frac{w_2^2}{2g} = h_1 + \frac{w_1^2}{2g}.$$

Bei der Drehung des Laufrades kommt aber die Wirkung der Zentrifugalkraft in Betracht, und man erhält:

$$h_2 + \frac{w_2^2}{2g} = h_1 + \frac{w_1^2}{2g} + \frac{u_2^2 - u_1^2}{2g}.$$

Hieraus folgt die Größe des Spaltüberdruckes:

$$h_2 - h_1 = \frac{u_2^2 - u_1^2}{2g} + \frac{w_1^2 - w_2^2}{2g}.$$

Diesen Wert in die Gleichung für die theoretische Förderhöhe eingesetzt, ergibt die Hauptgleichung:

$$\mathfrak{H} = \frac{c_2^2 - c_1^2}{2g} + \frac{u_2^2 - u_1^2}{2g} + \frac{w_1^2 - w_2^2}{2g}.$$

Aus dem Geschwindigkeitsparallelogramm beim Ein- und Austritt (Abb. 138) erhält man nach dem Kosinussatz:

$$w_1^2 = u_1^2 + c_1^2 - 2u_1 c_1 \cos\alpha_1$$
$$w_2^2 = u_2^2 + c_2^2 - 2u_2 c_2 \cos\alpha_2$$

Diese Werte in die Hauptgleichung eingesetzt, ergibt:

$$\mathfrak{H} = \frac{u_2 c_2 \cos\alpha_2 - u_1 c_1 \cos\alpha_1}{g}.$$

Wird Winkel $\alpha_1 = 90°$ gewählt und setzt man $c_2 \cos\alpha_2 = c_{2u}$, dann erhält man:

$$\mathfrak{H} = \frac{u_2 c_{2u}}{g}.$$

Diese theoretische Förderhöhe würde man nur mit einer Pumpe, die unendlich viele Schaufeln hat, erreichen. Deshalb sei $\mathfrak{H} = H_{th\infty}$ gesetzt. Bei endlicher Schaufelzahl ändert sich das Strömungsbild wesentlich[1]. Infolge der Arbeitsübertragung muß der Druck h auf der Vorderseite der Schaufel größer sein als auf der Rückseite. Aus der Beziehung $h + \frac{w^2}{2g} - \frac{u^2}{2g} = \text{const}$ (s. S. 70) folgt, daß längs eines Parallelkreises bei unveränderlichem u die Relativgeschwindigkeit zunehmen muß, wenn der Druck abnimmt und umgekehrt. Die Relativgeschwindigkeit w ist also auf der Rückseite der Schaufel größer als auf der Vorderseite. Dieser Geschwindigkeitsunterschied ruft Kanalwirbel hervor. Dadurch wird die Strömung am Laufradeintritt und vor allem am Laufradaustritt abgelenkt. Die Eintrittsablenkung ist meist klein und kann deshalb vernachlässigt werden. Die Austrittsablenkung zeigt Abb. 139.

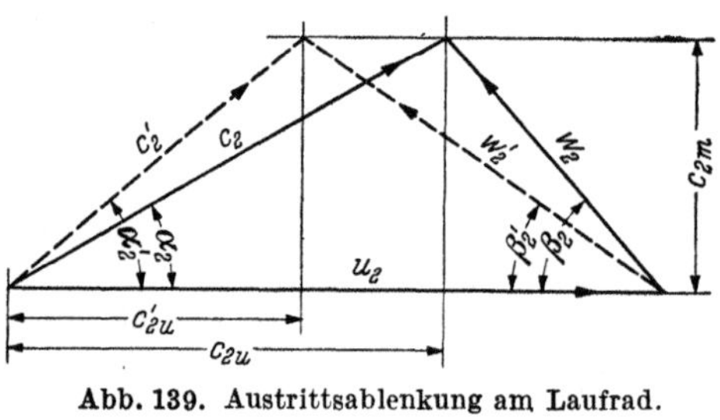

Abb. 139. Austrittsablenkung am Laufrad.

Bei endlicher Schaufelzahl erhält man also:

$$H_{th} = \frac{u_2 c'_{2u}}{g}.$$

[1] Näheres siehe C. Pfleiderer: Die Kreiselpumpen, 2. Aufl. Springer-Verlag 1932.

Da $c'_{2u} < c_{2u}$ ist, folgt $H_{th} < H_{th\infty}$. Diese Verkleinerung der Förderhöhe kann bis etwa 40% betragen. Trotz der vielen Laboratoriumsversuche ist der Einfluß der Endlichkeit der Schaufelzahl auf die Förderhöhe noch nicht restlos gelöst. Es gibt aber gute Näherungslösungen.

Nach Pfleiderer[1] ist $H_{th\infty} = H_{th}(1 + p)$. Für die Radialschaufel ist:

$$p = 2\,\frac{\psi}{z}\,\frac{r_2^2}{r_2^2 - r_1^2}.$$

Ist $r_2 = 2r_1$, dann erhält man $p = \frac{8}{3}\,\frac{\psi}{z}$.

Bei der Axialschaufel ist $p = \frac{\psi}{z} \cdot \frac{r}{e}$, wenn r den Laufradhalbmesser und e die axiale Länge der Schaufel bezeichnet. Für die Berichtigungszahl ψ kann bis zu $\beta_2 = 50°$ gesetzt werden[1]: $\psi = (0{,}55 \text{ bis } 0{,}68) + 0{,}6 \sin \beta_2$.

Bezeichnet H_{man} die manometrische Förderhöhe und η_h den hydraulischen Wirkungsgrad der Pumpe, dann ist $\eta_h = \frac{H_{\text{man}}}{H_{th}}$.

η_h gibt Aufschluß über die Verluste innerhalb der Pumpe, die durch Reibung des Wassers an den Schaufel- und Gehäusewänden und durch innere Reibung des Wassers bei der Umsetzung der Geschwindigkeit in Druck in den Leitkanälen hervorgerufen werden. Bei ausgeführten Kreiselpumpen findet man $\eta_h = 0{,}6$ bis 0,95 je nach der Ausführung ohne oder mit Leitrad, wobei die Stufenzahl eine Rolle spielt, wie schon erwähnt wurde.

Bezeichnet H die geodätische Förderhöhe, dann ist:

$$H_{\text{man}} = H + H_{wr}.$$

In H_{wr} sind die Strömungswiderstände der Rohrleitungen und die Geschwindigkeitshöhe, welche durch den Ausfluß am Ende des Druckrohres entsteht, enthalten:

Bei der Kreiselpumpe werden die Manometer am Druck- und Saugstutzen angeschlossen. Es ist in m WS

$$H_{\text{man}} = \frac{(p_d - p_s)\,10000}{\gamma} + h_m + \frac{c_d^2 - c_s^2}{2g}.$$

Hierbei bezeichnen p_d und p_s die absoluten Drücke in kg/cm² am Druck- und Saugstutzen und c_d und c_s die entsprechenden Wassergeschwindigkeiten, h_m den Höhenunterschied der Manometeranschlüsse, γ das spez. Gewicht der Flüssigkeit in kg/m³ (für Wasser $\gamma = 1000$ kg/m³). Bei Förderung von heißem Wasser ist zu berücksichtigen, daß γ mit zunehmender Temperatur abnimmt.

e) Laufradschaufel.

Die Schaufelform am inneren Umfang wird meist so gewählt, daß das Wasser radial in das Laufrad eintritt, wie schon erwähnt wurde. Da $\sphericalangle\,\alpha_1 = 90°$ wird, erhält man $\operatorname{tg} \beta_1 = \frac{c_1}{u_1}$.

Um eine zweckmäßige Schaufelform am äußeren Umfang wählen zu können, ist es notwendig, den Einfluß des Schaufelwinkels β_2 auf die Förderhöhe und auf die Verteilung der statischen und dynamischen Druckhöhe zu wissen. Damit dieser Einfluß deutlich zum Vorschein kommt, seien die Radbreiten b_1 und b_2 so gewählt, daß $c_1 = c_2 \sin \alpha_2 = c_m$ wird, und seien Q sowie n als unveränderlich vorausgesetzt, während der Winkel β_2 geändert wird.

[1] Pfleiderer: Z. VDI 1938, S. 263.

Abb. 140 zeigt drei charakteristische Schaufelformen.

Schaufelform *I*: Der Winkel β_2' ist so gewählt, daß c_2 radial gerichtet ist, d. h. $\sphericalangle \alpha_2 = 90°$, demnach wird nach der oben gewählten Bedingung

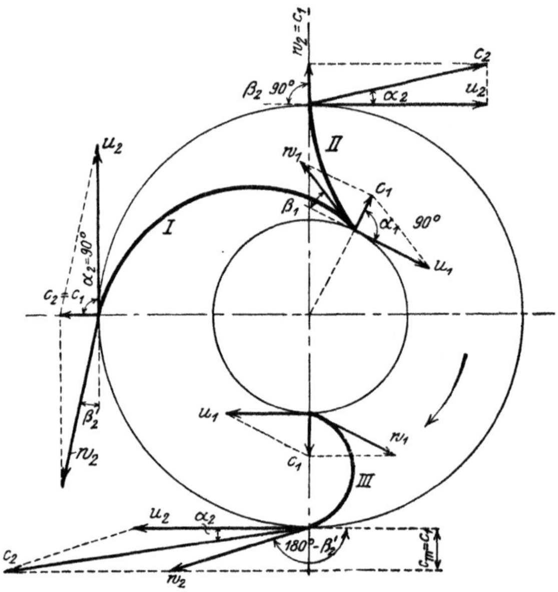

Abb. 140. Verschiedene Schaufelformen.

$c_2 = c_m = c_1$. Aus der Gleichung

$$\mathfrak{H} = \frac{u_2\, c_2 \cos \alpha_2}{g}$$

folgt, da $\cos 90° = 0$ ist, $\mathfrak{H} = 0$. Es findet also keine Zustandsänderung des Förderwassers statt. Die durch Drehung des Laufrades erzeugte Arbeit dient nur zur Erhöhung der Relativgeschwindigkeit. Man nennt die Form *I* neutrale Schaufel.

Schaufelform *II*: Die Schaufel endigt radial, d. h. $\sphericalangle \beta_2 = 90°$. Aus dem Parallelogramm bzw. Dreieck der Geschwindigkeiten (Abb. 141) folgt: $c_2 \cos \alpha_2 = u_2$, somit

$\mathfrak{H} = \frac{u_2^2}{g}$, ebenso $c_2^2 - c_1^2 = u_2^2$,

demnach die dynamische Druckhöhe $\frac{c_2^2 - c_1^2}{2g} = \frac{u_2^2}{2g} = \frac{\mathfrak{H}}{2}$.

Bei der radial endigenden Schaufel ist also die dynamische Druckhöhe gleich der statischen Druckhöhe.

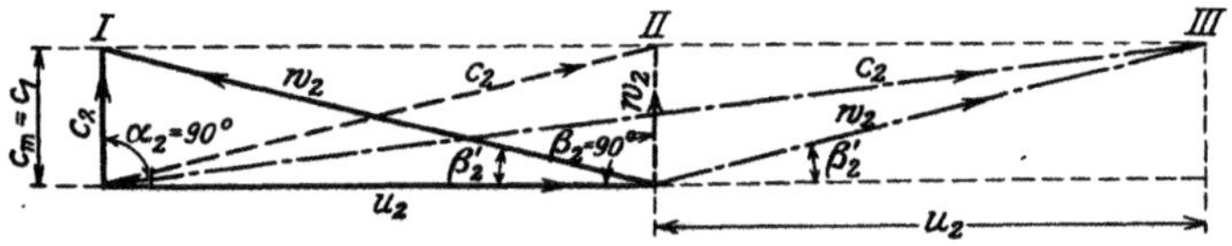

Abb. 141. Geschwindigkeitsdreiecke.

Schaufelform *III*: Die Schaufel ist soweit nach vorwärts gekrümmt, daß der Schaufelwinkel gleich $180° - \beta_2'$ wird, dann folgt aus Abb. 141 $c_2 \cos \alpha_2 = 2\,u_2$ und somit

$$\mathfrak{H} = \frac{2\,u_2^2}{g},$$

also doppelt so groß wie bei der Schaufelform *II*. Ferner folgt aus der Abb. 141 $c_2^2 - c_m^2 = (2\,u_2)^2$; da $c_1 = c_m$, folgt:

$$c_2^2 - c_1^2 = 4\,u_2^2$$

und damit die dynamische Druckhöhe

$$\frac{c_2^2 - c_1^2}{2g} = \frac{4\,u_2^2}{2g} = \frac{2\,u_2^2}{g} = \mathfrak{H}.$$

Die statische Druckhöhe ist also Null.

Die drei betrachteten Schaufelformen zeigen, daß mit einer bestimmten Umfangsgeschwindigkeit u_2 die theoretische Förderhöhe und die dynamische Druckhöhe am größten bei vorwärts gekrümmten und am kleinsten bei rückwärts gekrümmten Schaufeln wird. Die Umsetzung der absoluten Austrittsgeschwindigkeit c_2 in Druck im Leitrad erfolgt stets mit Verlusten, die durch Reibung, Stoßwirkung und Wirbelbildung entstehen. Diese Verluste werden um so größer, je größer c_2 wird. Deshalb verwendet man die rückwärts gekrümmte Schaufel. Man findet bei Ausführungen $\sphericalangle\, \beta_2 = 50°$ bis $20°$. Zwischen dem Eintrittswinkel β_1 und dem Austrittswinkel β_2 soll die Schaufelform stetig verlaufen. Durch eingezeichnete Kreise, die die Innenseiten der Schaufeln berühren, prüft man unter Berücksichtigung der Schaufelbreiten b die stetige Änderung des Kanalquerschnitts nach (Abb. 142). Um bei großer Drehzahl eine günstige Form des Laufrades zu erhalten, führt man die Schaufeln doppelt gekrümmt wie bei der Francis-Turbine aus. An Stelle der reinen Radialschaufel tritt die Schaufel mit fast axialem Einlauf und radialem Auslauf.

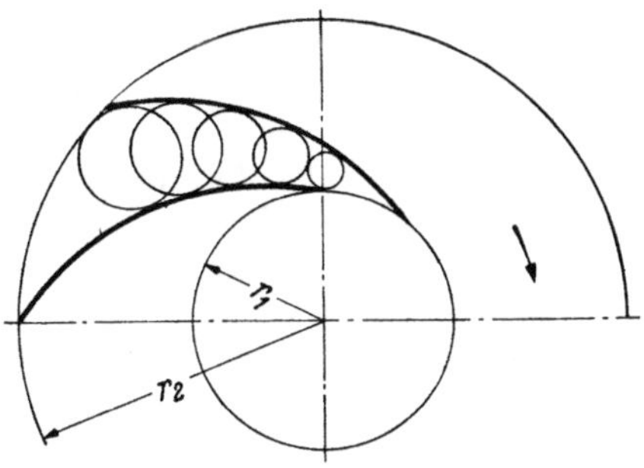

Abb. 142.

f) Leitradschaufel.

Um einen stoßfreien Eintritt des Wassers in das Leitrad zu erzielen, müssen die Schaufeln am inneren Umfang des Leitrades die Richtung der absoluten Austrittsgeschwindigkeit c_2' haben, der Schaufelwinkel α_3 muß also gleich dem Winkel α_2' sein (s. Abb. 139).

Hat das Leitradgehäuse eine runde Form, dann wählt man radialen Austritt des Wassers aus dem Leitrad, demnach Schaufelwinkel $\alpha_4 = 90°$ (s. Abb. 166). Diese Anordnung wird besonders bei mehrstufigen Hochdruckpumpen verwendet, da man wegen der günstigen Wasserführung eine gute Umsetzung der Geschwindigkeit in Druck erhält.

Bei spiralförmiger Gestalt des Leitradgehäuses wird der Austrittswinkel α_4 gegenüber dem Eintrittswinkel α_3 nicht wesentlich geändert.

g) Bestimmung der Hauptabmessungen.

Soll eine Pumpe in ihren Abmessungen bestimmt werden, dann müssen die Verhältnisse, unter welchen die Pumpe zu arbeiten hat, bekannt sein. Gegeben sind stets:

1. Die tatsächliche Wasserlieferung Q_e in m³/sek.
2. Die geodätische Förderhöhe H in m, sowie die Längen der Rohrleitungen.
3. Die Beschaffenheit und die Temperatur des Wassers (bzw. der Flüssigkeit), welches gefördert werden soll.

Durch Undichtheiten an den Laufradübergängen entstehen Lieferungsverluste und es ist wie bei den Kolbenpumpen der Lieferungsgrad:

$$\eta_l = \frac{Q_e}{Q}, \quad \text{oder} \quad Q = \frac{Q_e}{\eta_l}.$$

Bei Verwendung von Dichtungsringen, welche nach eintretendem Verschleiß durch neue ersetzt werden können, kann man: $\eta_l = 0{,}90$ bis $0{,}98$ setzen.

Nach Wahl der Wassergeschwindigkeit in den Rohrleitungen zu 2 bis 3 m/sek sind die Rohrquerschnitte festgelegt. Man kann nun H_{wr} bestimmen, hierbei sind Saugkorb, Fußventil, Absperrschieber, Rückschlagklappe und etwaige Rohrkrümmer, die möglichst zu vermeiden sind, zu berücksichtigen. Mit diesen Werten erhält man die manometrische Förderhöhe in m WS

$$H_{\text{man}} = H + H_{wr}.$$

Fernerhin folgt hieraus die Antriebsleistung der Pumpe:

$$N = \frac{Q_e \gamma H_{\text{man}}}{75 \eta_l \eta_h} \text{ PS}.$$

Beim Drehen der Laufradwelle entstehen in den Lagern und in den Stopfbüchsen Reibungswiderstände, welche noch durch Einsetzen des mechanischen Wirkungsgrades η_m berücksichtigt werden müssen, und man erhält die tatsächliche Antriebsleistung der Pumpe oder die Leistung an der Kupplung (bzw. Riemenscheibe)

$$N_k = \frac{Q_e \gamma H_{\text{man}}}{75 \eta_l \eta_h \eta_m}.$$

Setzt man den Gesamtwirkungsgrad der Pumpe $\eta = \eta_l \eta_h \eta_m$ ein, dann folgt:

$$N_k = \frac{Q_e \gamma H_{\text{man}}}{75 \eta} \text{ PS}.$$

Bei Ausführungen findet man $\eta = 0{,}5$ bis $0{,}85$.

Bezeichnet $N_n = \frac{Q_e \gamma H_{\text{man}}}{75}$ die Nutzleistung, dann erhält man:

$$\eta = \frac{N_n}{N_k}.$$

Bei gegebenem H_{man} ist η um so größer, je größer Q ist. Wählt man den unmittelbaren Antrieb der Kreiselpumpe durch eine raschlaufende Kraftmaschine (Elektromotor, Dampfturbine), dann richtet sich die Umlaufzahl nach der gewählten Kraftmaschine. Nach Abb. 138 erhält man bei einseitigem Einlauf für den Eintritt des Wassers in das Laufrad $Q = \pi (r_0^2 - r_n^2) c_0$. Wie früher schon angegeben wurde, wählt man $c_0 = 2$ bis 3 m/sek, r_n ist durch die Stärke der Nabe gegeben, man rechnet hierbei den Durchmesser der Welle vorläufig nach der Gleichung $d = \sqrt[3]{\frac{5 \cdot 71620}{\tau'_{\text{zul}}} \frac{N}{n}}$. (Weiteres s. S. 95.) Aus der obigen Gleichung kann man dann r_0 berechnen. Meist wird $r_1 = r_0$ oder nur ein wenig größer gewählt. Damit erhält man: $u_1 = \frac{2 \pi r_1 n}{60}$ und aus der Gleichung $\operatorname{tg} \beta_1 = \frac{c_1}{u_1}$ den Schaufelwinkel am inneren Umfang des Laufrades, hierbei wird meist $c_1 \approx c_0$ gesetzt.

Fernerhin erhält man die lichte Radbreite b_1 beim Eintritt aus der Gleichung:

$$Q = 1{,}8 \pi r_1 b_1 c_1 \quad \text{oder} \quad b_1 = \frac{Q}{1{,}8 \pi r_1 c_1},$$

wenn man die Verengung des Eintrittsquerschnittes durch die Schaufelspitzen mit 10% berücksichtigt. Damit sind die Abmessungen des Laufrades beim Eintritt festgelegt und es sind jetzt noch diejenigen beim Austritt zu ermitteln.

Erfahrungsgemäß wählt man bei Niederdruckpumpen $r_2 = 1{,}5$ bis $2 r_1$ und bei Hochdruckpumpen $r_2 = 2$ bis $3 r_1$. Hieraus folgt $u_2 = \frac{2 \pi r_2 n}{60}$ m/sek. Alsdann wählt man den Schaufelwinkel $\beta_2 = 50°$ bis $20°$ und den Winkel $\alpha_2 = 10°$ bis $15°$. Nach Wahl dieser beiden Winkel kann man das Geschwindigkeitsdreieck aufzeichnen und die Geschwindigkeit c_{2u} ablesen. Aus der Gleichung

$$\frac{g H_{\text{man}}}{\eta_h} = \frac{u_2 c_{2u}}{1 + p}$$

folgt dann die manometrische Förderhöhe des Rades. Wird eine andere Förderhöhe gewünscht, dann sind die gewählten Werte entsprechend abzuändern. Aus der Gleichung $Q = 1{,}95\pi\, r_2\, b_2\, c_2 \sin \alpha_2$ kann man nun die Radbreite b_2 berechnen, wobei man die Verengung durch die Schaufeln mit 2,5% berücksichtigt hat. Die Schaufelzahl wählt man beim Laufrad meist zu 5 bis 12.

Bei der Berechnung von Pumpen zur Förderung von **heißem Wasser** (s. Abschnitt 6, k) ist das kleinere spezifische Gewicht zu berücksichtigen. In einen Kessel von $40\,\frac{t}{h}$ Verdampfleistung und 20 atü Überdruck soll heißes Wasser von 150° gefördert werden. Bei 150° ist $\gamma = 0{,}917$ kg/l $= 917$ kg/m³, damit ist $Q = \frac{G}{\gamma} = \frac{40000}{917} = 43{,}6$ m³/h. Es sei der Pumpendruck zu 23 at gewählt, dann ist

$$H_{\text{man}} = \frac{p \cdot 10000}{\gamma} = \frac{23 \cdot 10000}{917} = 250\,\text{m WS}.$$

Ferner ist

$$N = \frac{Q_e\, \gamma\, H_{\text{man}}}{75 \cdot \eta} = \frac{G \cdot H_{\text{man}}}{75 \cdot \eta},$$

die Werte eingesetzt ergibt

$$N = \frac{40000 \cdot 250}{3600 \cdot 75 \cdot 0{,}60} = 62\,\text{PS}.$$

Die Heißwasserpumpe erfordert also größere Durchgangsquerschnitte oder eine höhere Drehzahl.

Beispiel: Für $Q = 2250$ l/min und $H_{\text{man}} = 160$ m soll eine Kreiselpumpe berechnet werden. Am Aufstellungsort steht Drehstrom zur Verfügung.

Der Gesamtwirkungsgrad der Pumpe sei:

$$\eta = \eta_l \cdot \eta_h \cdot \eta_m = 0{,}96 \cdot 0{,}85 \cdot 0{,}90 = 0{,}73;$$

dann beträgt die Antriebsleistung an der Kupplung:

$$N_k = \frac{Q_e\, \gamma\, H_{\text{man}}}{75 \cdot \eta} = \frac{2{,}25 \cdot 1000 \cdot 160}{60 \cdot 75 \cdot 0{,}73} = 110\,\text{PS}.$$

Man wählt einen Drehstrommotor $N = \mathbf{110\,PS}$, $n = \mathbf{1450/min}$. Die Welle berechnet sich aus: $d = \sqrt[3]{\frac{5 \cdot 71620}{\tau'_{\text{zul}}} \frac{N}{n}}$, setzt man für Nickelstahl $\tau'_{\text{zul}} = 200$ kg/cm² dann folgt: $d = \sqrt[3]{\frac{5 \cdot 71620 \cdot 110}{200 \cdot 1450}} = \sqrt[3]{135} = 5{,}12$ cm, gewählt $d = \mathbf{55\,mm}$ und somit $2\,r_n = 55 + 25 = \mathbf{80\,mm}$.

Mit $\eta_l = 0{,}96$ erhält man $Q = \frac{Q_e}{\eta_l} = \frac{2{,}25}{60 \cdot 0{,}96} = 0{,}039$ m³/sek und $Q = \pi\,(r_0^2 - r_n^2)\, c_0$, $c_0 = 3$ m/sek, $0{,}039 = \pi\,(r_0^2 - 0{,}04^2)\, 3$. Hieraus $r_0 = 0{,}076$ m;

$$\text{gewählt: } 2\,r_1 = 2\,r_0 = \mathbf{150\,mm}.$$

Somit wird $u_1 = \frac{2\,\pi\, r_1\, n}{60} = \frac{2 \cdot \pi \cdot 0{,}15 \cdot 1450}{2 \cdot 60} = 11{,}4$ m/sek und

$$\operatorname{tg} \beta_1 = \frac{c_1}{u_1} = \frac{3}{11{,}4} = 0{,}263; \quad \beta_1 = 14^\circ 45'.$$

Außerdem ist: $Q = 1{,}8\,\pi\, r_1\, c_1\, b_1$; $b_1 = \frac{Q}{1{,}8\,\pi\, r_1\, c_1} = \frac{0{,}039}{1{,}8\,\pi \cdot 0{,}075 \cdot 3}$

$$b_1 = \mathbf{0{,}031\,m}.$$

Wählt man $r_2 = 2\,r_1 = 150$ mm, dann wird $u_2 = \frac{2 \cdot \pi \cdot 0{,}15 \cdot 1450}{60} = 22{,}8$ m/sek. Ferner seien die Winkel $\alpha_2 = 11°$ und $\beta_2 = 30°$ gewählt, dann erhält man aus dem Geschwindigkeitsdreieck $c_{2u} = 17{,}1$ m/sek. Es ist $H_{\text{man}} = \frac{\eta h}{g} \cdot \frac{u_2 c_{2u}}{1 + p}$, wählt man die Schaufelzahl $z = 8$ und nach S. 75 ist: $\psi = 0{,}6 + 0{,}6 \cdot 0{,}5 = 0{,}9$, dann wird $p = \frac{8}{3}\,\frac{0{,}9}{8} = 0{,}3$. Mit $\eta_h = 0{,}85$ erhält man:

$$H_{\text{man}} = \frac{0{,}85}{9{,}81} \cdot \frac{22{,}8 \cdot 17{,}1}{1{,}3} = 26\,\text{m}.$$

Die Anzahl der Stufen folgt aus $\frac{160}{26} = 6{,}16$. Es werden sechs Stufen gewählt, dann muß ein Laufrad eine manometrische Förderhöhe von mindestens $\frac{160}{6} =$ 26,6 m haben. Dies erreicht man am einfachsten durch Vergrößern von u_2, indem man $r_2 = 153$ mm wählt. Dann wird $u_2 = \frac{2 \cdot \pi \cdot 0{,}153 \cdot 1450}{60} = 23{,}2$ m/sek. Man zeichnet mit denselben Winkeln das Geschwindigkeitsdreieck (Abb. 143) und erhält $c_{2u} = 17{,}4$ m/sek, damit

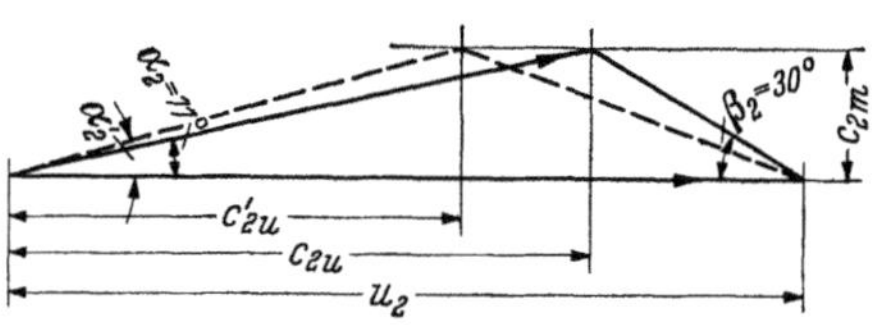

Abb. 143. Geschwindigkeitsdreieck.

$$H_{\text{man}} = \frac{0{,}85}{9{,}81} \cdot \frac{23{,}2 \cdot 17{,}4}{1{,}3} = 26{,}8\ \text{m}.$$

Aus dem Geschwindigkeitsdreieck erhält man $c_2 \sin\alpha_2 = c_{2m} = 3{,}4$ m/sek und damit

$$b_2 = \frac{Q}{1{,}95 \cdot \pi\, r_2\, c_{2m}} = \frac{0{,}039}{1{,}95 \cdot \pi\, 0{,}153 \cdot 3{,}4} = 0{,}0122\ \text{m}$$

gewählt $b_2 = 13$ mm und die Breite des Leitrades $b_3 = 13 + 2 = 15$ mm. Beim Leitrad muß der Schaufelwinkel $\alpha_3 = \alpha'_2$ sein (Abb. 143 und S. 77), nun ist nach S. 75 $c'_{2u} = \frac{c_{2u}}{1+p} = \frac{17{,}4}{1{,}3} = 13{,}4$ m/sek und $\operatorname{tg}\alpha'_2 = \frac{c_{2m}}{c'_{2u}} = \frac{3{,}4}{13{,}4} = 0{,}254$, $\alpha_3 = \alpha'_2 = 14^0\,15'$.

Nachrechnung der Welle (s. S. 95). Es sei die Lagerentfernung 1 m, das Gewicht der Welle 18 kg und das Gewicht der 6 Laufräder 45 kg. Außerdem sei gleichmäßig verteilte Belastung angenommen, dann ist die Durchbiegung:

$$f = \frac{k\,5\,l^3}{E \cdot J \cdot 384} \quad \text{oder für } f = 1\ \text{cm}, \quad E = 2\,200\,000\ \text{kg/cm}^2\ \text{(Stahl)}, \quad J = 44{,}92\ \text{cm}^4,$$

$$k = \frac{1 \cdot 2\,200\,000 \cdot 44{,}92 \cdot 384}{5 \cdot 100^3} = 7600\ \text{kg}.$$

Mit diesen Werten erhält man die kritische Umlaufzahl:

$$n_k = 300\sqrt{\frac{k}{G}} = 300\sqrt{\frac{7600}{63}} = \mathbf{3285/min.}$$

Die normale Umlaufzahl $n = 1450$/min liegt demnach weit unter n_k.

h) Abhängigkeit der Fördermenge, Druckhöhe und Umlaufzahl voneinander. Kennlinien.

Wie im vorhergehenden Abschnitt gezeigt wurde, werden die Abmessungen einer Pumpe für bestimmte Werte von Q, H_{man} und n ermittelt. Im Betrieb soll die Pumpe bei diesen Werten mit dem günstigsten Wirkungsgrad arbeiten. Jedoch wird es sicher vorkommen, daß der eine oder der andere dieser Werte sich ändert. Dadurch wird auch eine Änderung der anderen Werte hervorgerufen, da diese Werte bei einer und derselben Pumpe voneinander abhängen. Die Art der gegenseitigen Abhängigkeit soll im folgenden bei Pumpen mit rückwärts gekrümmten Schaufeln näher beschrieben werden.

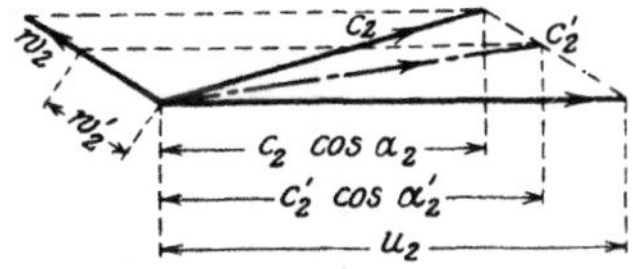

Abb. 144. Geschwindigkeitsparalellogramme.

Nimmt bei unveränderlicher Umlaufzahl n die Wassermenge Q ab, dann nimmt auch die relative Austrittsgeschwindigkeit w_2 ab (Abb. 144), wenn man voraussetzt, daß die Schaufelkanäle auch nach Abnahme von Q vollständig mit Wasser gefüllt sein sollen. Durch die Abnahme von w_2 wird $c_2 \cos \alpha_2$ größer (Abb. 144). Nach der Hauptgleichung $u_2 c_2 \cos \alpha_2 = \frac{g H_{\text{man}}}{\eta_h}$ wird somit auch H_{man} zunehmen, wobei man jedoch berücksichtigen muß, daß auch η_h sich ändert, weil die Strömungsverhältnisse des Wassers sich ebenfalls geändert haben.

Zeichnet man diesen Vorgang in einem rechtwinkligen Achsenkreuz auf, und zwar die verschiedenen Werte von Q als Abszissen und die dazu gehörigen Werte von H_{man} als Ordinaten, dann erhält man das ***QH*-Diagramm** (Abb. 145).

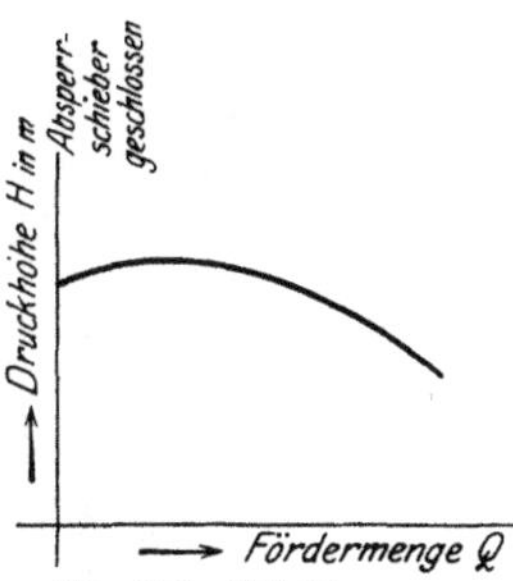

Abb. 145. *QH*-Diagramm.

Dieses bestimmt man zweckmäßig durch Versuche an der betreffenden Pumpe auf dem Prüfstand, indem man die Wassermenge Q am Ausguß mißt und die manometrische Förderhöhe an den Manometern abliest.

Beim Anspringen der Pumpe bleibt der Absperrschieber so lange geschlossen, bis eine gewisse Drucksteigerung stattgefunden und die Pumpe die bestimmte Umlaufzahl n hat. Während dieser Zeit findet keine Wasserförderung statt ($Q = 0$). Dann wird der Absperrschieber allmählich geöffnet, so daß nun eine Wasserförderung stattfindet. Hierbei zeigt es sich, daß H_{man} zuerst bis zu einem bestimmten Wert größer wird und dann um so mehr abnimmt, je größer Q wird, da bei großem Q mehr Druck in der Pumpe verlorengeht.

Bei dem Versuch auf dem Prüfstand mißt man außerdem die tatsächliche Antriebsleistung N_k der Pumpe und die Umlaufzahl n, um ein vollständiges Urteil über die betreffende Pumpe zu erhalten. Alsdann berechnet man den Gesamtwirkungsgrad η aus der Gleichung $\eta = \frac{Q_e \gamma H_{\text{man}}}{75 N_k}$ und trägt die Werte von N_k und η als Ordinaten in demselben rechtwinkligen Achsenkreuz auf. Die entstehenden Diagramme nennt man Kennlinien (in Abhängigkeit von Q), da sie ein Urteil über die Verwendungsmöglichkeit der untersuchten Pumpe geben. Abb. 146 zeigt die Kennlinien einer Hochdruckkreiselpumpe von C. H. Jäger & Co. [1]

Bei Änderung der Umlaufzahl n ändern sich auch die Geschwindigkeiten u, c, w. Wächst die Relativgeschwindigkeit w, dann wird auch die Wassermenge Q größer, demnach ändern sich die Wassermengen Q im einfachen Verhältnis von n. Die manometrische Förderhöhe ändert sich, aber mit dem Quadrat der Umlaufzahl, da H_{man} nach der Hauptgleichung mit dem Quadrat der Geschwindigkeiten sich ändert. Aus den Änderungsarten von Q und H_{man} folgt,

[1] Mitter: Z. VDI 1913 S. 1006.

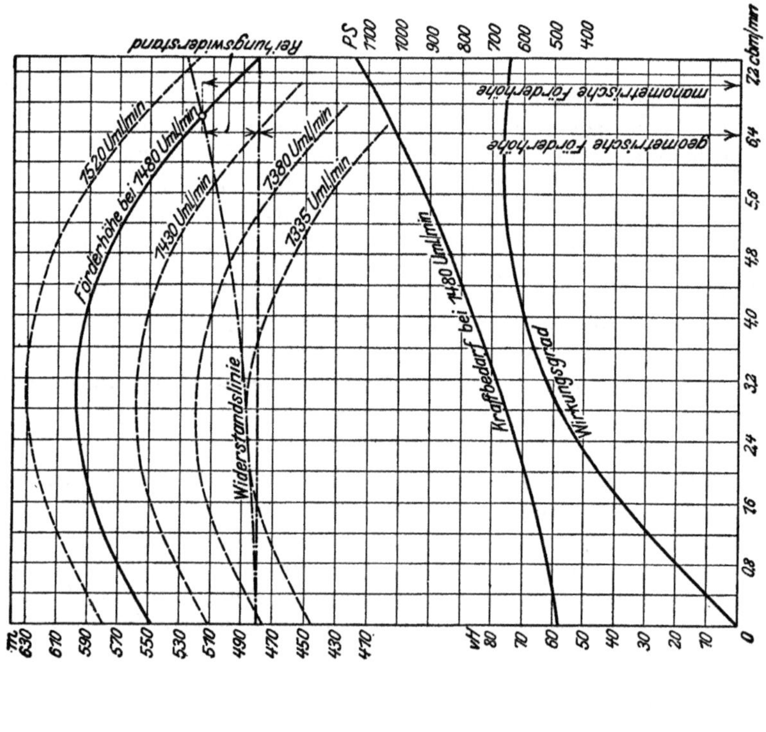

Abb. 146. Kennlinien in Abhängigkeit von Q.

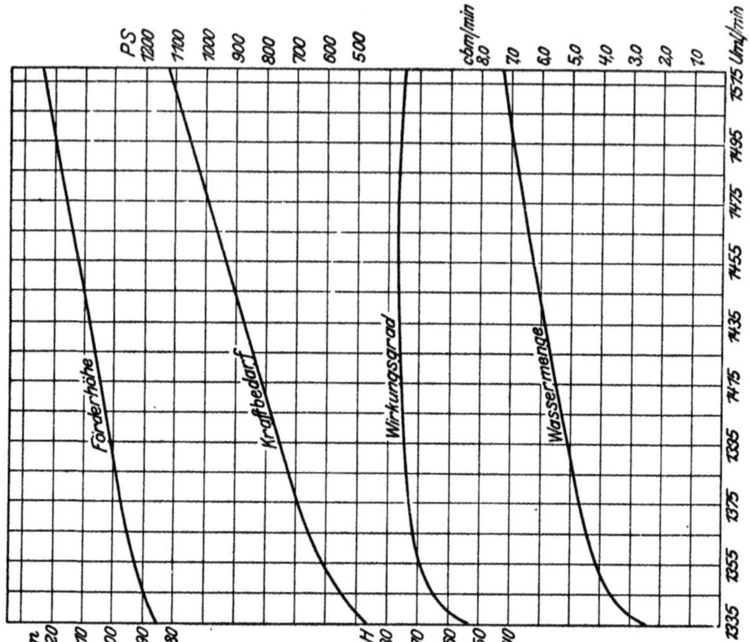

Abb. 147. Kennlinien in Abhängigkeit von n.

daß die Arbeitsleistung N_k sich mit der dritten Potenz vom n ändert. In Wirklichkeit werden die Änderungen der einzelnen Werte etwas anders verlaufen, deshalb bestimmt man zweckmäßig die Werte von Q, H_{man}, N_k bei Veränderung von n auf dem Prüfstand. Trägt man die erhaltenen Werte in einem rechtwinkligen Achsenkreuz auf, und zwar Q, H_{man}, N_k und η als Ordinaten und n als Abszissen, so erhält man die Kennlinien in Abhängigkeit von der Umlaufzahl (Abb. 147)[1].

Ist bei der Änderung der Umlaufzahl n die Förderhöhe unveränderlich, dann stehen Q und n nicht mehr im einfachen Verhältnis zueinander, sondern Q ändert sich dann viel stärker als n (Abb. 148)[2].

Trägt man in das QH-Diagramm die Druckhöhe, welche die Pumpe überwinden muß, ein, dann erhält man den Betriebspunkt der Pumpe als Schnittpunkt beider Kurven. Hierbei richtet sich das Verhalten der Pumpe nach der Art der zu überwindenden Druckhöhe, ob sie eine statische ist, welche bei jeder Fördermenge dieselbe bleibt, oder eine überwiegend hydraulische, welche mit wachsender Fördermenge zunimmt.

Hat die Pumpe hauptsächlich eine statische Druckhöhe zu überwinden, wie es bei Wasserhaltungen durchweg der Fall ist, dann wird bei einem Sinken der Umlaufzahl n sehr bald der Zustand erreicht, daß die Kurven der erzeugten und der zu überwindenden Druckhöhen sich berühren, also gerade Gleichgewicht herrscht (Abb. 146). Sinkt die Umlaufzahl noch weiter (1335/min), dann schlägt das Rückschlagventil zu und die Förderung hört auf. Die Pumpe arbeitet dann im toten Wasser, ein Zustand, der infolge der starken Erwärmung nicht lange dauern darf. Die QH-Linie in Abb. 146 hat einen labilen und stabilen Zweig, das Kurvenstück von $Q = 0$ bis zum Scheitel hat labilen Charakter. Eine Wasserhaltungspumpe soll daher stets auf dem stabilen Zweig, also hinter dem Scheitel der QH-Kurve arbeiten, damit sie mit normaler Umlaufzahl gegen die volle Steigleitung anspringen kann und gegen Schwankungen von n nicht zu sehr empfindlich ist.

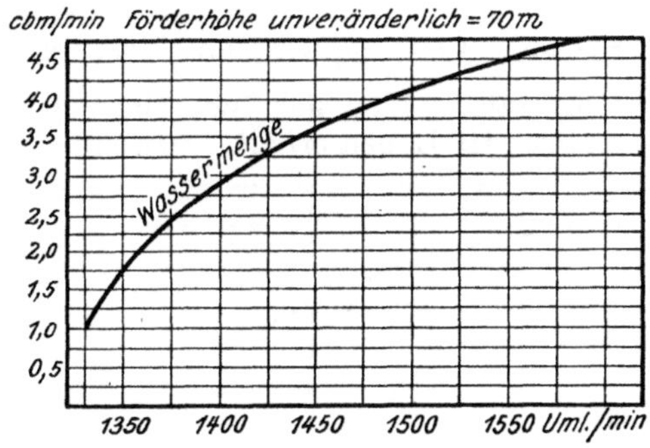

Abb. 148.

Bei Wasserwerkspumpen hat man meist kleine Förderhöhen und lange Rohrleitungen, so daß die Reibungswiderstände im Verhältnis zur geodätischen Förderhöhe groß sind. Infolge dieses günstigen Verhältnisses sind solche Pumpen gegen Schwankungen der Umlaufzahl weniger empfindlich.

Bei Kesselspeisepumpen (s. Abschnitt 6, k) spielt die Form der QH-Linie eine ganz besondere Rolle. Bei gleichbleibender Drehzahl und unveränderlichem Kesseldruck muß bei abnehmender Wasserförderung gedrosselt werden. Hierbei soll der Betriebspunkt stets auf dem stabilen Zweig der QH-Linie bleiben, da sonst bei kleinen Fördermengen ein Pendeln eintritt, das starke Schläge in der Speiseleitung hervorruft. Soll dieser Übelstand beseitigt werden, dann muß der labile Zweig der QH-Linie fortfallen. Die QH-Linie muß stetig gegen Null ohne Scheitel ansteigen — stabile QH-Linie.

[1] Mitter: Z. VDI 1913 S. 1006.
[2] Z. VDI 1909 S. 7.

Abb. 149 [1] zeigt Kennlinien einer Kesselspeisepumpe von Gebr. Sulzer für 100 at Betriebsdruck, bei einer Wassertemperatur von 200°. Man kann das große Spiel für die Regelung erkennen.

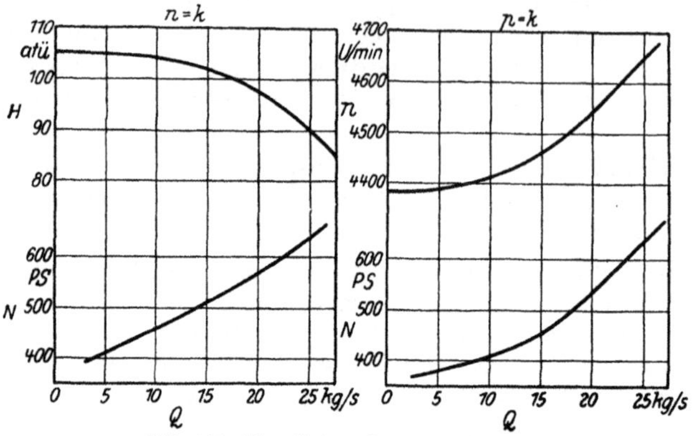

Abb. 149. Kennlinien einer Kesselspeisepumpe.

Abb. 150 [2] gibt eine Übersicht über Drosselkurven von Kesselspeisepumpen. B ist der Betriebspunkt der Pumpe.

Ist nur eine Pumpe im Betrieb, dann soll die QH-Linie möglichst flach sein, damit nicht zuviel gedrosselt werden muß. Abb. 151 [3] zeigt die Kennlinien einer elektrisch angetriebenen Kesselspeisepumpe von Klein, Schanzlin & Becker für eine Leistung von 60 $\frac{t}{h}$ bei 250 at Gegendruck und 153° Speisewassertemperatur. Man sieht den flachen Verlauf der stabilen QH-Linie. Damit man stabile QH-Linien erhält, verwendet man stark doppelt gekrümmte und zurückliegende Laufradschaufeln, großes Halbmesserverhältnis $\frac{r_2}{r_1}$, kleine Schaufelzahl z, besondere Verhältnisse im Einlauf des Laufrades (Lage der Eintrittskante) und große Umfangsgeschwindigkeiten. Auch die zweckmäßige Ausführung des Leitrades (lichte Schaufelweite, Abstand zwischen Lauf- und Leitschaufel) hat Einfluß. Zum Schlusse sei erwähnt, daß systematische Versuche am besten zum Ziele führen.

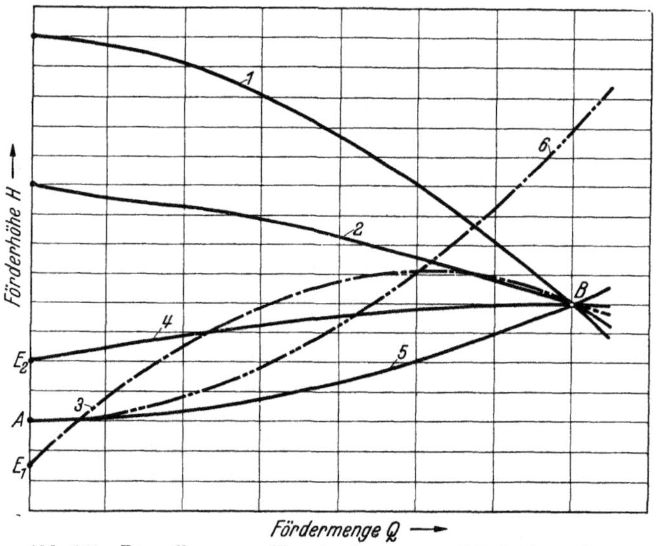

Abb. 150. Drosselkurven an Kesselspeisepumpen. *1* Steile Drosselkurve, *2* flache Drosselkurve (beide gegen $Q = 0$ stetig ansteigend), *3* und *4* nicht stabile Drosselkurven, *5* Gegendruckkurve — flache Rohrkennlinie, *6* Gegendruckkurve — steile Rohrkennlinie.

Beim Parallelbetrieb sollen zwei Kreiselpumpen mit den Kennlinien 1 und 2 (Abb. 152) in eine gemeinsame Druckleitung fördern. Die Verbindungsleitungen seien so kurz [4], daß die Widerstände in diesen vernachlässigt werden können. Die gemeinsame Kennlinie 3 für Parallelbetrieb erhält man durch Addition der zu der jeweiligen Förderhöhe H gehörenden Fördermengen der Pumpen 1 und 2. Von A bis C fällt die Kennlinie 3 mit der Kennlinie 2 zusammen, da die Pumpe 1

[1] Kissinger: Arch. Wärmewirtsch. u. Dampfkesselwesen 1929 Heft 3. — [2] Aus einer Abhandlung von Sulzer-Halberg über Kesselspeisepumpen. — [3] Weiland: Wärme 1930 Nr. 24. — [4] Bei langen Verbindungsleitungen siehe Z. VDI 1932 S. 513 u. 1933 S. 898.

wegen ihrer tiefer liegenden Kennlinie 1 gar nicht in der Lage ist, die Förderhöhe der Pumpe 2 zu erreichen. Die größere Förderhöhe der Pumpe 2 drückt das Rückschlagventil der Pumpe 1 zu und schaltet die Pumpe 1 von der Leitung ab. Die Pumpe 1 läuft also leer ($Q = 0$). Erst im Punkt C reicht die Förderhöhe der Pumpe 1 an die der Pumpe 2 heran. Erst von C ab kann sich die Pumpe 1 an der Förderung beteiligen. Nun beginnt die Addition der Wassermengen,

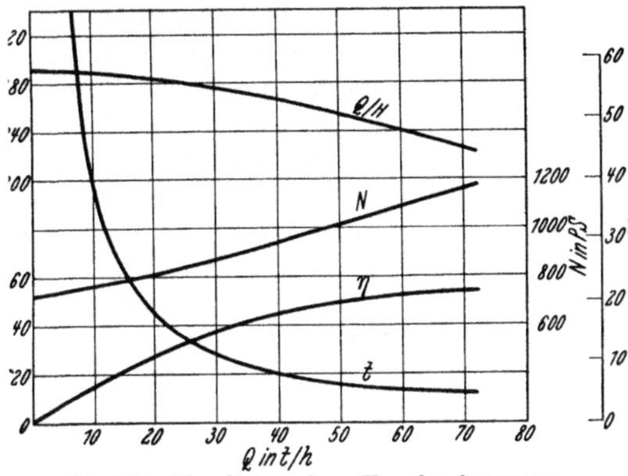

Abb. 151. Kennlinien einer Kesselspeisepumpe bei gleichbleibender Drehzahl.

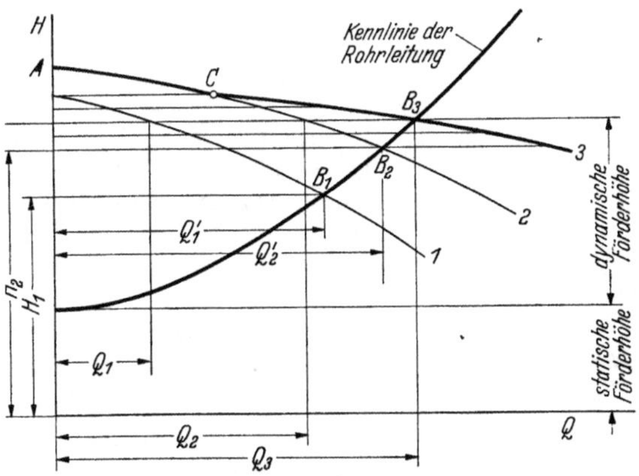

Abb. 152. Parallelbetrieb zweier Kreiselpumpen.

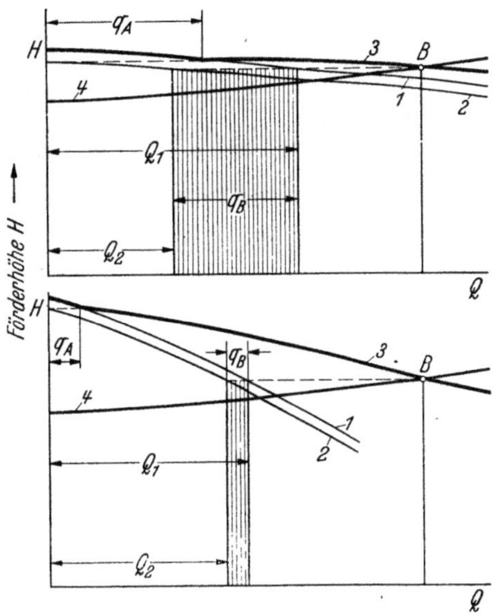

Abb. 153. Verteilung der Belastungen bei flachen und steilen Drosselkurven. *B* Betriebspunkt des Parallelbetriebes, *1* Drosselkurve der Pumpe 1, *2* Drosselkurve der Pumpe 2, *3* Summendrosselkurve der Pumpen, *4* Gegendruckkurve, Q_1 Fördermengenanteil der Pumpe 1 auf den Betriebspunkt *B* bezogen, Q_2 Fördermengenanteil der Pumpe 2 auf den Betriebspunkt *B* bezogen, q_B Fördermengenunterschied auf den Betriebspunkt *B* bezogen, q_A Fördermengenunterschied beim Anlauf oder Regeln gegen $Q = 0$.

wie die Linien zeigen. Der Schnittpunkt B_3 der Kennlinie 3 für Parallelbetrieb mit der Kennlinie der Rohrleitung ist der Betriebspunkt der beiden zusammenarbeitenden Pumpen. Es ist dann $Q_3 = Q_1 + Q_2$. Aus Abb. 152 ist zu ersehen, daß die beiden Pumpen zusammen, also auch jede für sich, eine größere Förderhöhe zu überwinden haben. Parallel arbeitende Kreiselpumpen liefern also niemals die Summe der Fördermengen, die jede Pumpe für sich allein fördern würde, sondern stets weniger. Fällt die Pumpe 1 aus, dann fördert die Pumpe 2 allein nach ihrer Kennlinie 2 (im Betriebspunkt B_2) die Menge Q_2'. Man sieht, daß die Förderleistung bei Ausfall einer Pumpe nicht stark abfällt. Dies tritt noch mehr in Erscheinung, wenn die Kennlinie der Rohrleitung steil verläuft (Drosselung). Bei kleinen Fördermengen ist es nicht zweckmäßig, Kreiselpumpen parallel zu schalten. Um eine möglichst gleichmäßige Lastverteilung der parallel arbeitenden Pumpen zu erzielen, sind steile, stabile Drosselkurven zu empfehlen.

Abb. 153[1] zeigt die Verteilung der Belastungen bei flachen oder steilen Drosselkurven.

i) Spezifische Drehzahl.

Zur Beurteilung, insbesondere beim Entwerfen, hat man den bei Wasserturbinen schon längst gebrauchten Begriff „spezifische Drehzahl n_s“ eingeführt.

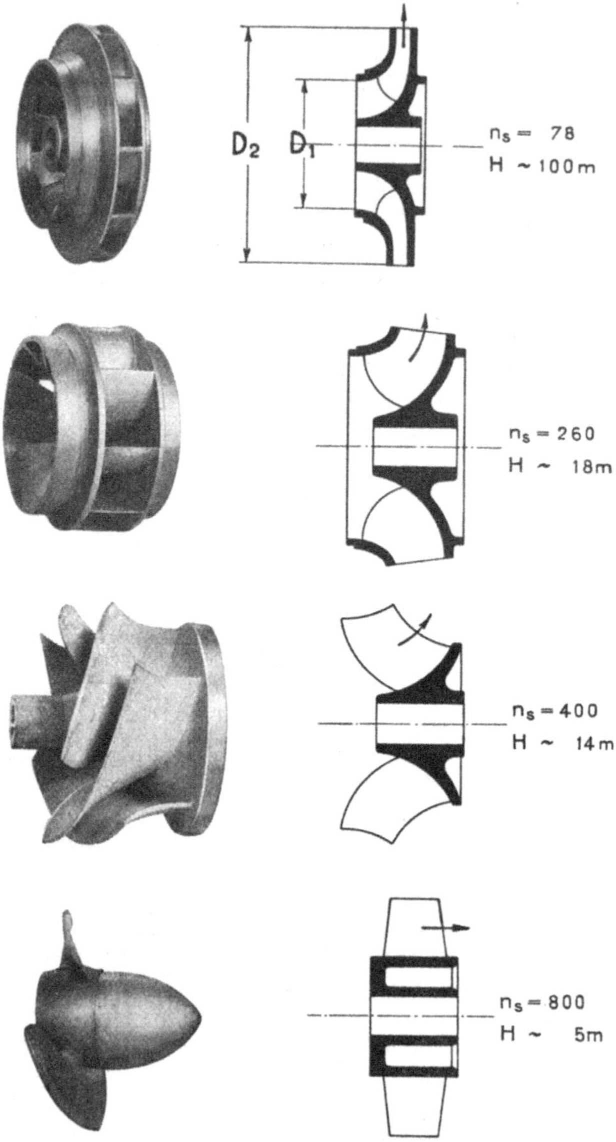

Abb. 154. Laufräder von Kreiselpumpen.

Unter n_s versteht man die Drehzahl einer der ausgeführten Pumpe geometrisch ähnlichen Pumpe, die bei der Förderhöhe von 1 m die Nutzleistung von 1 PS und demnach eine Fördermenge von 75 kg/sek = 0,075 m³/sek hat.

Nach Abschnitt 2, h, S. 81 erhält man für $H_1 = 1$ m

$$\frac{n_1^2}{n^2} = \frac{1}{H} \quad \text{oder} \quad n_1 = \frac{n}{\sqrt{H}},$$

$$\frac{Q_1}{Q} = \frac{n_1}{n} \quad \text{oder} \quad Q_1 = \frac{Q}{\sqrt{H}}.$$

Es werde nun die Pumpe unter gleichzeitiger Änderung ihrer Drehzahl in eine Pumpe für $H_1 = 1$ m und $Q = 0{,}075$ m³/sek verwandelt. Da die Förderhöhe sich nicht ändert, bleiben die Umfangsgeschwindigkeiten bestehen, dagegen findet eine Änderung der Querschnitte im Verhältnis der Fördermengen statt.

Man erhält also:

$$D_s \cdot n_s = D_1 n_1,$$

$$\frac{n_s}{n_1} = \frac{D_1}{D_s} = \frac{\sqrt{Q_1}}{\sqrt{0{,}075}},$$

$$n_s = n_1 \sqrt{\frac{Q_1}{0{,}075}}.$$

Nach Einsetzung obiger Werte folgt:

$$n_s = 3{,}65\, n \frac{\sqrt{Q}}{\sqrt[4]{H^3}}.$$

Die spezifische Drehzahl n_s ist um so größer, je größer $\frac{r_1}{r_2}$, je größer $\frac{b_2}{r_2}$, je kleiner der Schaufelwinkel β_2 und je kleiner die Schaufelzahl ist (s. Abb. 138).

[1] Aus einer Abhandlung von Sulzer-Halberg über Kesselspeisepumpen.

Abb. 154[1] zeigt Laufräder verschiedener Schnelläufigkeit. Aus dieser Zusammenstellung geht deutlich hervor, daß Hochdruckräder kleine und Niederdruckräder große spezifische Drehzahlen aufweisen.

3. Konstruktive Ausbildung und Einzelheiten.

a) Einstufige Kreiselpumpen für geringe Förderhöhen (20 bis 30 m) werden als Niederdruckpumpen bezeichnet. Sie haben in der Regel kein Leitrad. Die Umsetzung von Geschwindigkeit in Druck erfolgt nach dem Austritt des Wassers aus dem Laufrade in dem spiralförmig ausgebildeten Druckkanal des Gehäuses oder in dem kegelförmig erweiterten Druckstutzen. Bei großen Wassermengen und kleinen Förderhöhen (bis 35 m³/min auf 10 bis 15 m Höhe) können Wirkungsgrade von 70 bis 73% erreicht werden, während bei kleinen Wassermengen von 0,15 m³/min und Förderhöhen von über 30 m der Wirkungsgrad auf 35 bis 40% herabsinkt. Die Niederdruckpumpen werden für größere Wassermengen meistens mit zweiseitigem Einlauf gebaut (Abb. 155, Ausführung der Maffei-Schwartzkopff-Werke-Berlin). Dadurch wird der Laufraddurchmesser kleiner, der Axialschub wird ausgeglichen und es kann eine symmetrische beiderseitige Lagerung der Laufradwelle erzielt werden. Abb. 156 zeigt eine Niederdruckpumpe mit einseitigem Einlauf, wie sie die Firma Borsig-Berlin ausführt. Das Wasser tritt links in der Achsenrichtung ein. Der Saugstutzen ist mit dem Deckel zusammengegossen. Das Laufrad kann nach Entfernung des Deckels (und der Saugleitung) nach links herausgezogen werden. Das Gehäuse ist spiralförmig und trägt oben den kegelförmig erweiterten Druckstutzen. Die Welle ist nur rechts gelagert, und zwar unmittelbar neben dem Laufrade in einem vom Wasser umspülten Pockholzlager und außerhalb noch einmal in einem Ringschmierlager. Der axiale Druck wird durch Löcher im Laufradboden und Abdichtung mittels bronzener Schleifringe aufgehoben (s. später unter Axialdruck). Bei sandhaltigem Wasser tritt ein vorzeitiger Verschleiß des Pockholzlagers ein.

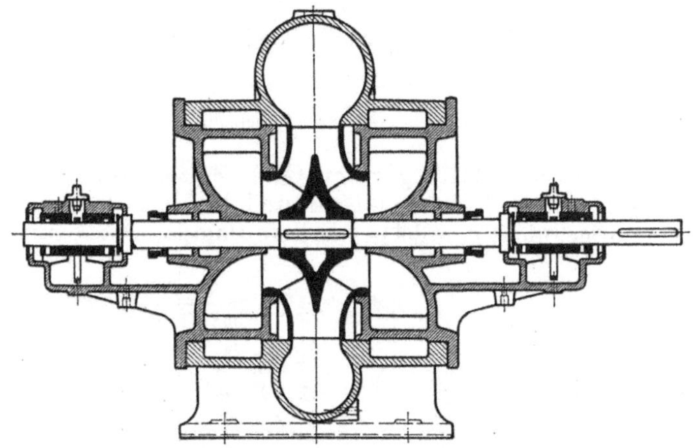

Abb. 155. Niederdruckpumpe mit zweiseitigem Einlauf.

Durch zwei oder mehrere parallel geschaltete Laufräder können bei gemeinsamem Saugrohr und Druckrohr große Wassermengen bewältigt werden. Außerdem wird der Laufraddurchmesser kleiner als bei einfacher Anordnung, so daß diese Pumpe sich auch für den Antrieb durch raschlaufende Elektromotoren oder Dampfturbinen eignet. In Abb. 157, einer Ausführung der Maffei-Schwartzkopff-Werke-Berlin, sind drei Laufräder mit beiderseitigem Einlauf parallel geschaltet. Da

[1] Aus einer Abhandlung von G. Hermann: Escher Wyss, Maschinenfabrik G.m.b.H. Ravensburg.

die Laufräder der Kreiselpumpe heute für weit höhere Schnelläufigkeit konstruiert werden können (s. S. 90) hat die Parallelschaltung in den meisten Fällen kaum mehr Bedeutung.

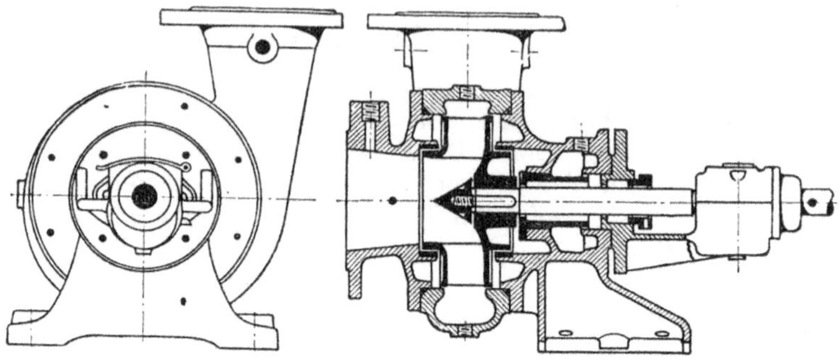

Abb. 156. Niederdruckpumpe mit einseitigem Einlauf.

Die Firma Halberg vorm. Gebr. Sulzer baut hauptsächlich für sehr große Wassermengen (bis 12000 l/sek) und kleine Förderhöhe (bis 23 m) eine einfache, einstufige, nicht parallel geschaltete Pumpe, welche mit Limax- oder Grenzpumpe

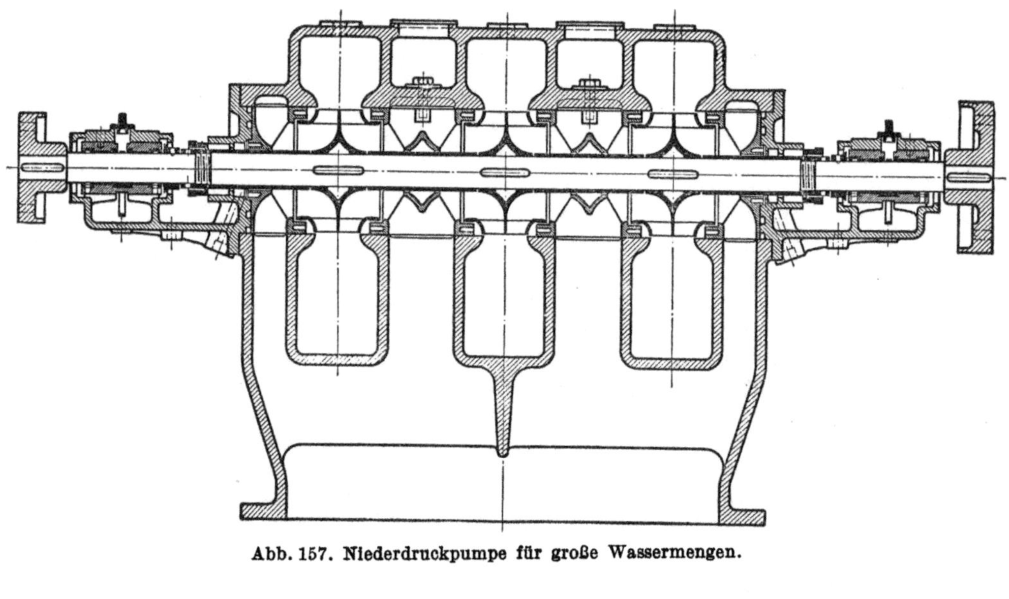

Abb. 157. Niederdruckpumpe für große Wassermengen.

bezeichnet wird. Sie eignet sich besonders als große Rohwasserpumpe für städtische Wasserwerke. η bis 85%. Der Eintritt ist einseitig oder, wie Abb. 158 zeigt, doppelseitig. Rechts ist das Ringschmieraußenlager zu erkennen, links ein einfaches Lager im Saugkrümmer oder ganz links ein ausgebautes Ringschmierlager. Für die große Wassermenge bei der kleinen Förderhöhe ist das Laufrad sehr gedrungen gebaut mit verhältnismäßig kleinem Durchmesser. Das Spiralgehäuse mündet in einen konischen diffusorartigen Druckstutzen. Im Saugkrümmer und im Gehäuse sind große Reinigungsdeckel vorgesehen. Das Leitungsrohr für das Sperrwasser der Stopfbüchse ist zu erkennen.

Abb. 159 zeigt eine einstufige Kreiselpumpe der Deutschen Werke Kiel A.G. für mittlere Wassermengen und Drücke.

$$(Q = 2{,}5 \text{ bis } 80 \text{ l/sek}; \quad H_{\text{man}} = 5 \text{ bis } 35 \text{ m}).$$

Durch zweckmäßige Wasserführung im leitrad-ähnlichen Gehäuse werden einseitige Drücke am Umfang des Laufrades verhütet und ein guter Wirkungsgrad

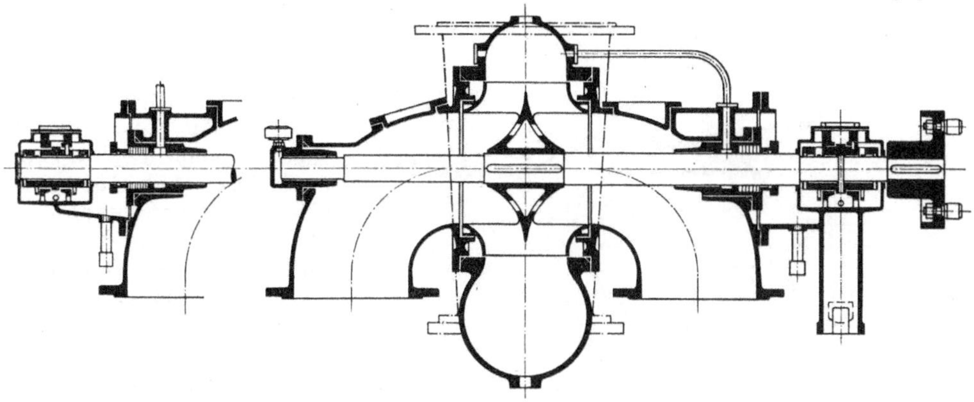

Abb. 158. Limax- oder Grenzpumpe.

erzielt. Die fliegende Gehäuseanordnung ermöglicht verschiedene Druckstutzenstellungen. Der Axialdruck wird durch ein Kugellager aufgenommen.

Bei größeren Druckhöhen von etwa 25 bis zu 100 m und mittleren und großen Fördermengen (0,5 bis 30 m³/min) erhält die einstufige Pumpe ein Leitrad. Bei

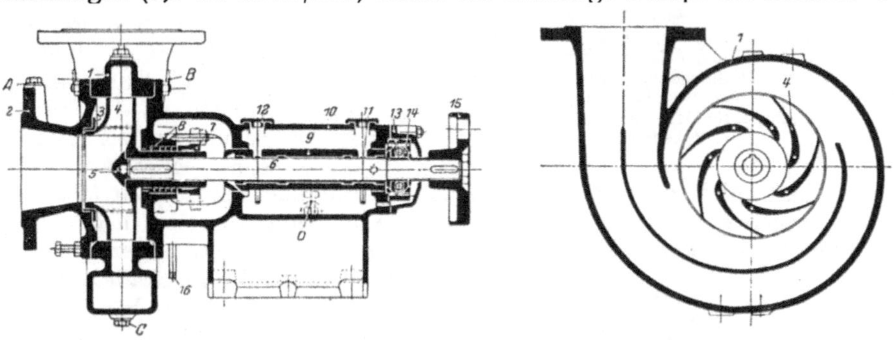

Abb. 159. Kreiselpumpe für mittlere Wassermengen und Drücke. *1* **Gehäuse,** *2* **Saugdeckel,** *3* **Dichtungsring,** *4* **Laufrad,** *5* **Haltemutter,** *6* **Welle,** *7* **Stopfbüchse,** *8* **Grundbüchse,** *9* **Lagerbüchse,** *10* **Flanschlagerbock,** *11* **Schmierring,** *12* **Schmiergefäßdeckel,** *13* **Lagerdeckel,** *14* **Druckkugellager,** *15* **Kupplungshälfte.** *16* **Entwässerungsrohr,** *A* **Anschluß für Vakuummeter,** *B* **Anschluß für Manometer,** *C* **Entwässerungsschraube,** *D* **Ölstandsanzeiger.**

weniger als 15 m Förderhöhe ist mit Leitschaufeln kein besonderer Erfolg zu erzielen. Durch Einbau von Leitschaufeln wird der Wirkungsgrad um etwa 5 bis 10% erhöht. Je nach der Größe der Fördermenge und der Druckhöhe lassen sich durch einstufige Pumpen mit Leiträdern Wirkungsgrade von 55 bis 80% erreichen. Das Gehäuse ist hier wie bei der Niederdruckpumpe meistens spiralförmig.

Wenn man den unmittelbaren Antrieb mit schnellaufenden Kraftmaschinen (Dampfturbine, Elektromotor) beibehalten will, so muß man die Umlaufzahl der Kreiselpumpen erhöhen. Diese Steigerung der Umlaufzahl führt bei Pumpen mit großem Q und kleinem H_{man} zu Kreiselrädern, welche mehr oder weniger die Form eines Schnelläuferturbinenrades oder einer Schiffsschraube haben. Bei der ersten Form hat man Schaufeln mit annähernd axialem Einlauf und radialem Auslauf; die Schaufeln sind also doppelt gekrümmt. Bei der zweiten Form bleibt die axiale Strömungsrichtung fast unveränderlich. Man erhält die größten spezifischen Drehzahlen (s. S. 86). Abb. 160 zeigt eine Schraubenpumpe der Deutschen Werke Kiel A.G. im Schnitt. Die Pumpe wird in verschiedenen Größen ausgeführt. Für mittlere Verhältnisse können folgende Werte als Anhalt dienen ($Q = 6$ bis 500 l/sek, $H_{\text{man}} = 4$ bis 10 m, $n = 2800$ bis 550/min). Durch gute Wasserführung wird ein hoher Wirkungsgrad erzielt. Bei größeren Ausführungen erreicht man etwa $\eta = 0{,}85$. Wegen der großen Durchlaßquerschnitte ist die Pumpe für Schmutzwasserbeseitigung sehr geeignet. Abb. 161 zeigt das Laufrad mit Lagerung so, wie es aus der Pumpe nach der Antriebsseite hin herausgezogen werden kann. Nach Abnahme des Saugkrümmers liegt das Laufrad offen da und kann ohne weiteres auch nach dieser Seite abgezogen werden.

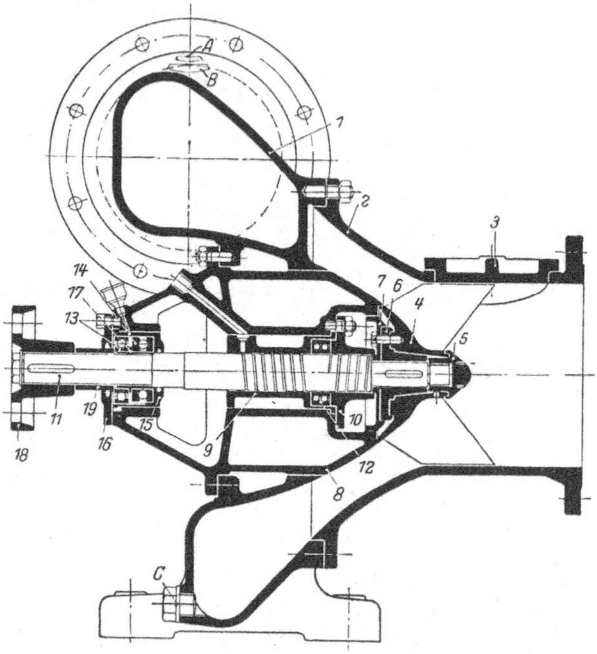

Abb. 160. Schnellaufende Schraubenpumpe. *1* Gehäuse, *2* Saugdeckel, *3* Handlochdeckel, *4* Laufrad, dreiteilig, *5* Haltemutter, *6* Laufradkupplung, *7* Schleifring, *8* Lagerkörper, *9* Viskobüchse, *10* Flanschbüchse, *11* Welle, *12* Querlager, *13* Querlager, *14* Längslager, *15* Lagerbüchse, *16* Lagerdeckel, *17* Zwischenring, *18* Kupplungshälfte, *19* Paßring, *A* Anschluß für Manometer, *B* Anschluß für Entlüftung, *C* Entwässerungsschraube.

Die drei Schaufeln des Laufrades sind unter sich vollkommen gleich und können bei Beschädigungen einzeln ausgewechselt und ersetzt werden.

Abb. 161. Laufrad und Lagerung der Schraubenpumpe.

b) Durch Hintereinanderschalten von mehreren einstufigen Pumpen mit Leiträdern gelangt man zu den **mehrstufigen Hochdruck-Kreiselpumpen.** Die Flüssigkeit, welche im ersten Laufrade auf den der Umlaufzahl entsprechenden Druck gebracht ist, wird dem zweiten Laufrade zugedrückt und erhält in demselben die doppelte Pressung. Dies wiederholt sich in den folgenden Rädern, so daß beim Verlassen des letzten Rades der Druck gleich dem Vielfachen der Anzahl der Räder ist. Der einzelnen Stufe gibt man mindestens 10 m und höchstens 70 m Förderhöhe. Die Fördermenge beträgt bei den Hochdruckpumpen 1 bis 10 m³/min

In einem Pumpengehäuse nimmt man nicht gerne mehr als 6 bis 7 Stufen an weil sonst die Stützlänge der Welle zu groß wird. Bei sehr großen Förderhöhen welche mehr als 10 Stufen verlangen, verteilt man die Stufen auf zwei hintereinandergeschaltete Pumpen, welche an beide Seiten des Antriebmotors angekuppelt und durch ein langes Druckrohr miteinander verbunden werden

Abb. 162. Zwei hintereinandergeschaltete Hochdruck-Kreiselpumpen für große Förderhöhe.

(s. Abb. 162). Die Hochdruckpumpen haben nur einseitigen Einlauf. Sie werden ebenso wie die Niederdruck- und Mitteldruckpumpen in der Regel liegend gebaut. Nur für besondere Zwecke wählt man stehende Anordnung z. B. für die Niederdruckpumpe als Dock-Entleerungspumpe und Brunnenschachtpumpe, für die Hochdruckpumpe als Abteufpumpe (Senkpumpe) in Bergwerken. Es sind bis

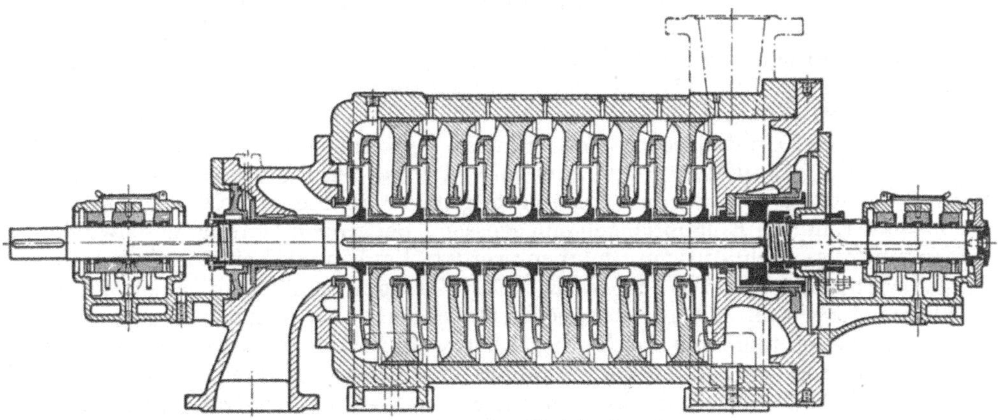

Abb. 163. Siebenstufige Hochdruckpumpe.

jetzt bereits Hochdruckpumpen bis zu 1200 m Förderhöhe gebaut worden. Der Wirkungsgrad der Hochdruckkreiselpumpen beträgt 68 bis 80%. Durch hohe Stufenzahl wird der Nutzeffekt der Pumpe gehoben, weil der Spaltdruck und infolgedessen der Spaltverlust bei vielen Stufen geringer wird. Außerdem wird der Durchmesser der Räder bei gleicher Umdrehungszahl geringer, so daß die Spaltflächen auch kleiner werden. Auch bei sandhaltigem Wasser (Grubenwässer) ist hohe Stufenzahl zu empfehlen, da die geringere Wassergeschwindigkeit keine so rasche Abnutzung der Schaufeln und Kanalwände hervorruft. Man verwendet mehrere Stufen daher auch wohl schon bei verhältnismäßig geringen Druckhöhen. Die einzelnen Lauf- und Leiträder werden in ein langes zylindrisches Gehäuse eingeschoben, wie Abb. 163 zeigt, oder jede Stufe ist ein selbständiges Element, und die einzelnen Stufenelemente werden durch Längsanker zu einem Ganzen verbunden (s. Abb. 164). Man legt die Ankerschrauben vielfach ganz nach außen, damit sie die Überströmkanäle nicht verengen (s. Abb. 169). Die Pumpe erhält dann einen Blechmantel. Bei Heißwasserpumpen dient der Innenraum des Mantels zur Aufnahme der Isoliermasse.

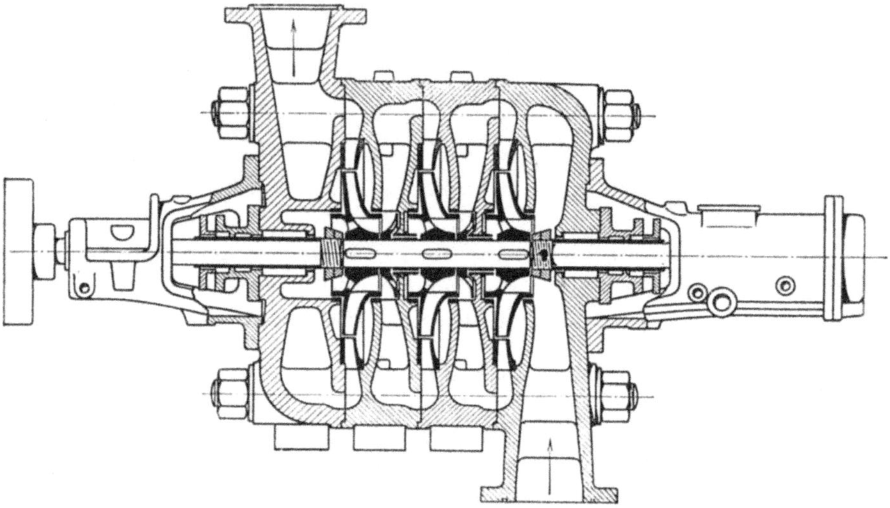

Abb. 164. Dreistufige Hochdruckpumpe.

c) **Die Laufräder** der einstufigen Pumpen werden auch mit zweiseitigem Einlauf ausgeführt (s. Abb. 157 und 158), während sie bei den mehrstufigen Pumpen nur einseitigen Eintritt erhalten (s. Abb. 163 und 164). Einstufige Pumpen mit nicht zu hohen Umdrehungszahlen erhalten gewöhnlich gußeiserne Lauf- und Leiträder. Die Schaufeln werden dann entweder mit den Rädern aus einem Stück gegossen oder sie werden aus Eisenblech gebogen und mit schwalbenschwanzförmigen verzinnten Eingußflächen eingegossen. Bei großen Umfangsgeschwindigkeiten und bei mehrstufigen Pumpen werden Lauf- und Leiträder aus zäher Bronze (Phosphorbronze) hergestellt. Die Schaufel- und Radflächen müssen möglichst glatt sein und werden nötigenfalls noch von Hand nachgearbeitet. Zu diesem Zweck teilt man das Laufrad auch wohl senkrecht zur Achsenrichtung, da die Schaufeln und die Innenwände des Laufrades sich dann besser glätten lassen. Auch kann das Rad ohne Kern gegossen werden. Die maschinellen Bearbeitungskosten werden beim zweiteiligen Laufrad natürlich etwas höher. Es ist eine möglichst vollkommene Gewichtsausgleichung der Räder anzustreben. Nach Festlegung der Winkel β_1 und β_2 (s. Abschnitt II, 2 e) ist der Schaufel eine solche Form zu geben, daß eine allmähliche Überführung des Wassers von der Richtung beim Eintritt zur Richtung beim Austritt erfolgt. Die Kreisbogenform ist die einfachste. Mit anderen Formen, z. B. der Evolventenform, sind besondere Erfolge nicht erzielt worden. Das äußere Schaufelende wird zugeschärft, während das innere Schaufelende sich verjüngt aber mit einer schwachen Abrundung abschließt. Die Schaufelstärke beträgt bei Gußeisen 4 bis 10 mm, bei Bronze und Stahlguß 3 bis 6 mm. Die Anzahl der Schaufeln muß möglichst gering sein (6 bis 10 bis höchstens 12, je nach der Radgröße), um unnötige Reibungswiderstände zu vermeiden. Die Schaufelzahl des Lauf- und Leitrades muß verschieden sein, um Wirbelbildungen des Wassers zu vermeiden. Dadurch wird auch die Querschnittveränderung in allen Leitkanälen nicht zu gleicher Zeit eintreten. Der Spalt *s* zwischen den Laufrad- und Leitradschaufeln (Abb. 165) darf nicht zu klein genommen werden, weil sonst durch Verunreinigungen im Wasser leicht eine Beschädigung der Schaufeln eintreten kann. Den Leitschaufeln gibt man auch wohl eine Hohlform, wie Abb. 166 zeigt (s. auch Abschnitt II, 2 f). Die Leiträder werden in das Gehäuse besonders eingesetzt und gegen Verdrehen geschützt. Man macht das Leitrad zweckmäßig 1 bis 2 mm breiter als das Laufrad, um einen Stoß des Wassers beim Eintritt in das Leitrad zu vermeiden.

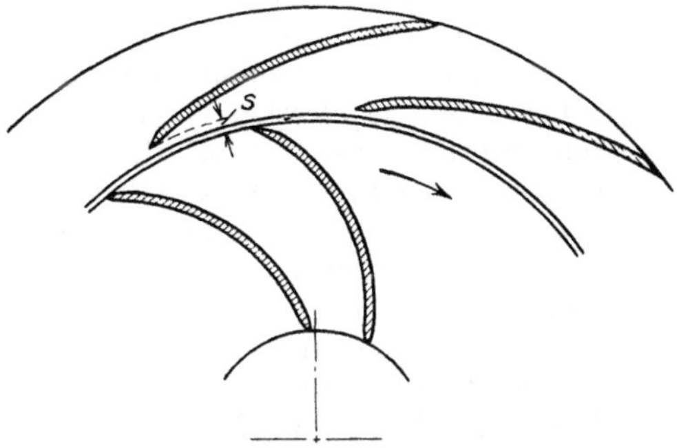

Abb. 165. Leit- und Laufradschaufeln bei spiralförmigem Gehäuse.

d) Das **Gehäuse** der Kreiselpumpe besteht in der Regel aus Gußeisen. Nur ganz ausnahmsweise verwendet man bei hohen Drücken Stahlguß. Bei Seewasser und sauren Flüssigkeiten wird oft Bronze genommen. Werkstoffe für Säurepumpen siehe S. 31. Bei einstufigen Pumpen wird das Gehäuse gewöhnlich spiralförmig ausgeführt, indem der Querschnitt sich gleichmäßig bis auf den Druckrohrquerschnitt erweitert. Dadurch wird das Wasser in dem Kanal oder in dem kegelförmigen Druckstutzen bis zum Eintritt in das Druckrohr allmählich auf die Druckrohrgeschwindigkeit verlangsamt und die Geschwindigkeit in Druck umgesetzt. Bei mehrstufigen Hochdruckpumpen wird das Leitrad der letzten Stufe ebenfalls meistens mit einem spiralförmigen Gehäuse umgeben, während die Umführungskanäle in den einzelnen Stufen zylindrisch ausgeführt werden. Das Spiralgehäuse erhält runden oder rechteckigen Querschnitt. Bei rechteckigem Querschnitt von gleichbleibender Breite wird der Gehäusemantel als Evolvente ausgeführt. Für eine angenommene Breite *B* des Kanals wird *A* unter Zugrundelegung einer Druckrohrgeschwindigkeit von etwa 3 m/sek berechnet. Als Grundkreis für die Wälzungsgerade ist $d = \frac{A}{\pi}$ anzunehmen (s. Abb. 167).

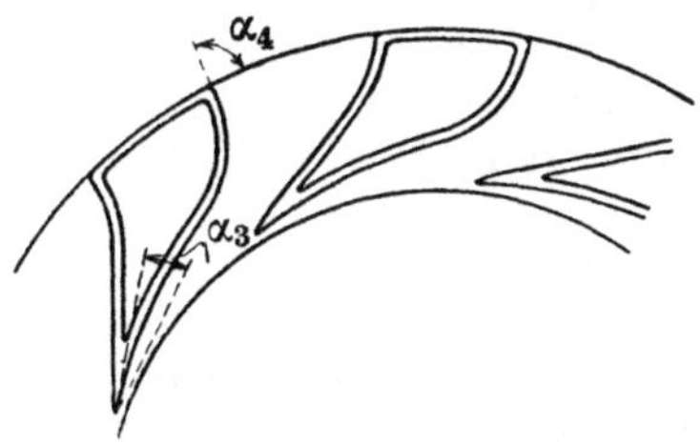

Abb. 166. Leitradschaufeln bei rundem Gehäuse.

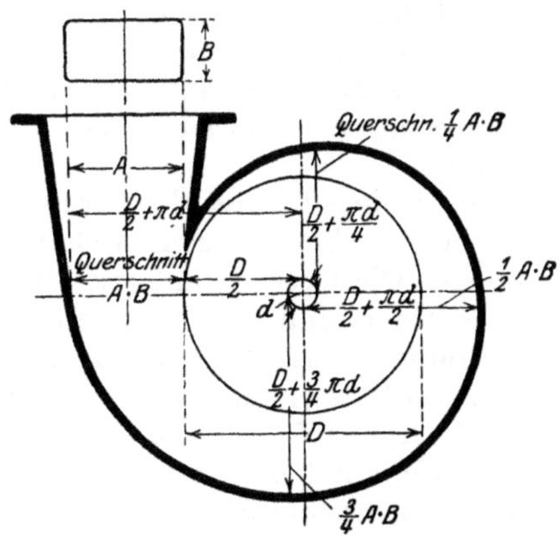

Abb. 167. Gehäusequerschnitt.

Bei nicht gleichbleibender Breite des Kanals und bei kreisförmigem Querschnitt muß dafür gesorgt werden, daß die in Abb. 167 eingeschriebenen Querschnitte $^1/_4 A \cdot B$, $^1/_2 A \cdot B$ usw. an den entsprechenden Punkten vorhanden sind.

Das Gehäuse wird entweder waagerecht geteilt, so daß das Laufrad mit der Welle nach oben herausgenommen werden kann, oder es wird ungeteilt ausgeführt. Im letzteren Falle erhält das Gehäuse beiderseitig tief eingreifende Deckel mit den Stopfbüchsen zum Durchtritt der Welle. An die Deckel werden die Konsolen für die Lager angeschraubt. Das Laufrad mit der Welle und bei einstufigen Leitradpumpen auch das Leitrad können dann seitlich herausgezogen werden, ohne daß die Rohrleitungen gelöst zu werden brauchen. Große Niederdruckpumpen erhalten oft Mannlochdeckel am Gehäuseumfang, um das Innere leichter zugänglich zu machen. Eine Teilung in der senkrechten Mittelachse der Pumpe findet man nur noch vereinzelt bei kleineren Niederdruckpumpen.

Bei mehrstufigen Hochdruckpumpen wird entweder ein zylindrisches Gehäuse angenommen, in welches die Laufräder mit den Leit- und Umführungskanälen eingeschoben werden (s. Abb. 163) oder jede Stufe ist ein selbständiges Stück, welches reihenweise hergestellt wird. Diese einzelnen Stufenelemente werden dann hintereinander gereiht und durch kräftige Längsanker zusammengeschraubt. Dadurch ist es möglich, unabhängig von einem Gehäuse, beliebig viele Stufen aneinanderzufügen und selbst nachträglich die Stufenzahl durch Hinzufügen weiterer Elemente zu erhöhen (Wasserhaltungen), was bei einem zylindrischen Gehäuse ohne Erneuerung des Gehäuses nicht möglich wäre. Die einzelnen Stufenelemente lassen sich trotz Rost- und Steinansatz auch leichter auseinandernehmen (s. Abb. 164). Die Abdichtung der einzelnen Elemente erfolgt durch Gummi in ringförmigen Keilnuten. Die beiden Endhauben, zwischen welchen die Stufenelemente liegen, enthalten den Saug- bzw. Druckanschlußstutzen.

Die Lager werden als Ringschmierlager mit langen Laufflächen aus Gußeisen mit Weißmetalleinlage ausgeführt. Die Lager erhalten reichliche Ölkammern und werden bei hohen Umlaufzahlen bisweilen auch durch das Leckwasser der Axialschubentlastung gekühlt. Die Stopfbüchsen haben meistens einfache Baumwollpackung. Die Saugstopfbüchse erhält bei einstufigen Pumpen eine Absperrung durch Druckwasser aus dem Druckrohr oder bei Hochdruckpumpen aus der ersten Stufe, um das Eindringen von Luft von außen zu verhindern. Die Stopfbüchse an der Druckseite ist bei Verwendung einer Schubentlastung mit Entlastungsscheibe hinter der letzten Druckstufe selbst vollkommen entlastet. Wenn dies nicht der Fall ist, wird sie meistens durch eine labyrinthartige Entlastungskammer entlastet, so daß auch hier eine gewöhnliche weiche Packung genügt.

Die Rohrleitungen der Kreiselpumpen macht man zweckmäßig ebenso weit wie die Anschlußstutzen. Scharfe Krümmungen der Rohre müssen vermieden werden. Die Geschwindigkeit im Saugrohr darf höchstens 3 m/sek betragen. Im Druckrohr nimmt man 2 bis 4 m/sek je nach der Wassermenge. Die Saugleitung muß immer etwas Steigung zum Saugstutzen der Pumpe haben. Es ist günstig, wenn das Wasser möglichst ungehindert axial in den Saugmund eintritt, wie dies z. B. in Abb. 157 und 159 der Fall ist. Eine scharfe Krümmung unmittelbar vor dem Saugmund ist ungünstig. Man hilft sich in diesem Falle mit einer großen ringartigen Erweiterung, z. B. wie in Abb. 164. Der Saugstutzen in Abb. 163 gibt eine gute Wasserführung. In die Druckleitung wird ein Regulierschieber eingebaut und bei Drücken über 10 m außerdem eine Rückschlagklappe (möglichst mit Umlaufvorrichtung). Letztere soll den Rückstoß der Druckwassersäule bei plötzlichem Abstellen der Pumpe von dem Gehäuse fernhalten und ein Ablaufen des Druckbehälters und der Druckleitung durch die stillstehende oder mit zu geringer Drehzahl laufende Pumpe verhindern. Das Saugrohr wird am unteren Ende zweckmäßig trichterförmig erweitert, um ein allmähliches stoßfreies Eintreten des Wassers zu erreichen. Der Saugkorb erhält gewöhnlich ein Fußventil, um das Abfließen des Wassers beim Stillstand der Pumpe zu verhindern.

e) Die **Welle** besteht gewöhnlich aus S.M.-Stahl, aus hochwertigem Nickelstahl oder Elektrostahl. Bei Seewasser oder sauren Flüssigkeiten erhält die Welle einen Bronzeüberzug. Trotz der oft großen Lagerentfernung wird die Welle nur gering auf Biegung beansprucht, da sie nur das Gewicht der leichten Laufräder zu tragen hat. Sie braucht daher nur auf Drehung berechnet zu werden.

$$d = \sqrt[3]{\frac{5\,M_d}{\tau'_{zul}}} = \sqrt[3]{\frac{5 \cdot 71\,620\,N}{\tau'_{zul} \cdot n}},$$

für τ'_{zul} nimmt man mit großer Sicherheit 150 bis 200 kg/cm² an.

Bei hohen Umdrehungszahlen und bei großer Lagerentfernung, wie sie bei vielstufigen Hochdruckpumpen vorliegt, ist dann noch nachzurechnen, ob die Umdrehungszahl der Welle genügend weit unterhalb der kritischen Umdrehungszahl liegt. Vor allem ist darauf zu achten, daß die Welle mit den Laufrädern zusammen möglichst genau ausgewuchtet wird. Die kritische Umdrehungszahl ist $n_k \simeq 300\sqrt{\frac{k}{G}}$, wo G das Gewicht der Welle und der Räder ist. k ist eine Kraft, welche erforderlich ist, um die Welle um 1 cm durchzubiegen[1].

n_k muß mindestens 50 bis 70% größer als n sein.

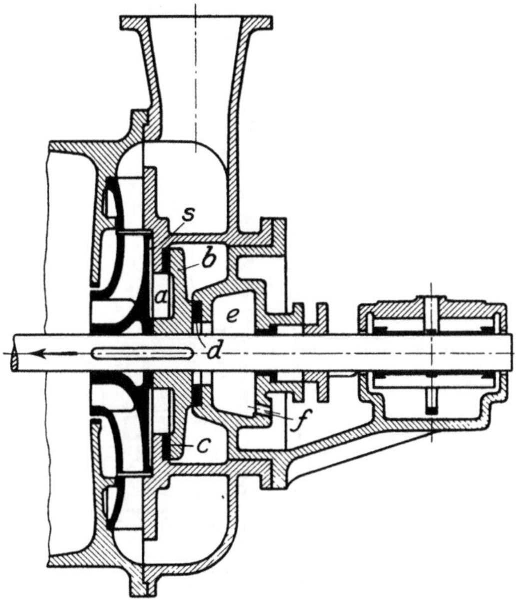

Abb. 168. Entlastungsscheibe.

f) Im Betriebe entsteht bei den Kreiselpumpen ein **Axialdruck,** welcher das Rad von der Druckseite nach der Saugseite zu schieben sucht. Dieser Axialschub muß aufgehoben werden. Bei einstufigen Pumpen kann er durch beiderseitigen Einlauf beseitigt werden. Es braucht die Welle dann nur durch Stellringe (bei kleineren Pumpen) oder durch ein kleines Axialkugellager gegen zufällige Verschiebungen gesichert zu werden. Ein Druckausgleich zwischen der Druck- und Saugseite des Laufrades durch einige Löcher im Boden des Laufrades und Abdichtung der Radnabe durch Schleifringe aus Bronze, Weißmetall oder auch wohl aus hartem Stahl geht auf Kosten des Nutzeffektes der Pumpe, besonders, wenn die Dichtungsringe durch Verschleiß allmählich undicht werden.

Die früher gebräuchliche außenliegende Entlastung wird nur noch als Öldruckentlastung angewandt, wenn die Förderflüssigkeit selbst die Entlastungsteile angreifen würde. Abb. 168 zeigt eine in eine mehrstufige Hochdruckpumpe eingebaute hydraulische Entlastung hinter der letzten Druckstufe. Der Raum a steht durch den Spalt s mit der letzten Druckstufe in Verbindung, so daß das

[1] Näheres siehe Taschenbuch für den Maschinenbau von Dubbel: 6. Aufl. I, S. 323. Berlin: Springer; siehe auch Beispiel S. 79.

Druckwasser gegen die Scheibe *b* drücken kann, *b* ist mit der Welle verkeilt. Der Axialschub wirkt nach links, der Wasserdruck auf die Scheibe nach rechts. *c* und *d* sind auswechselbare Dichtungsringe aus Bronze oder Weißmetall. In dem Raum *e* herrscht Atmosphärendruck, so daß die Stopfbüchse auf der Hochdruckseite völlig entlastet ist. Bei *f* fließt das Leckwasser ab.

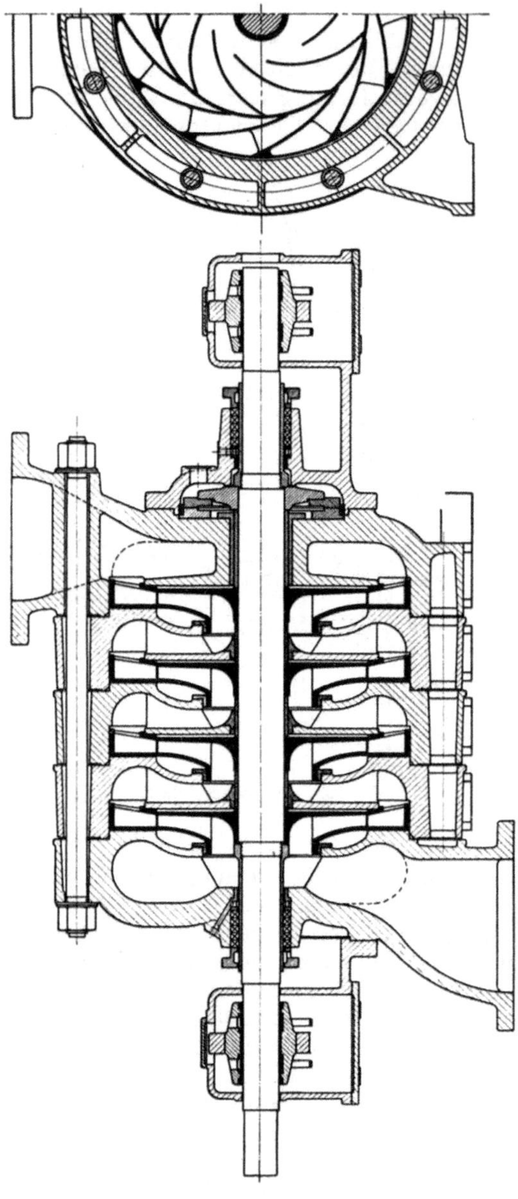

Abb. 169. Vierstufige Hochdruck-Kreiselpumpe von C. H. Jäger & Co. mit einer neuzeitlichen gleitenden Entlastung.

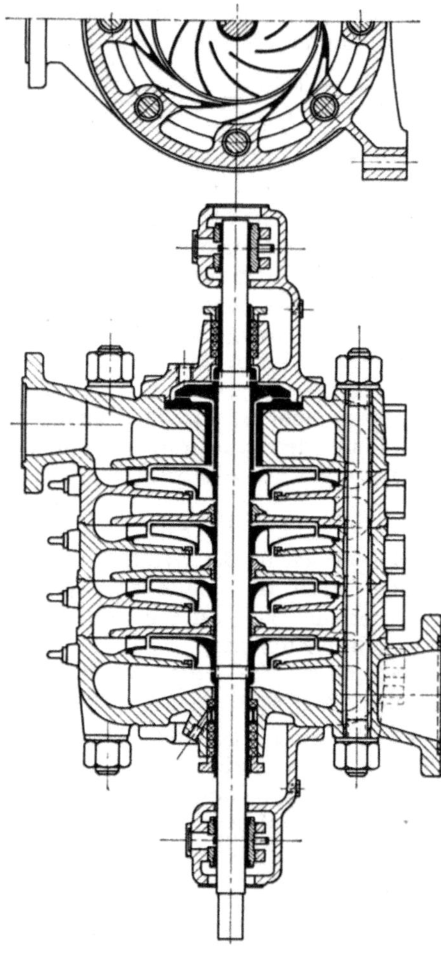

Abb. 170. Vierstufige Hochdruckkreiselpumpe.

Nach der Menge des Abflußwassers kann man das mehr oder weniger gute Arbeiten der Entlastungsvorrichtung von außen beurteilen. Anstatt der Scheibe verwenden einzelne Firmen einen Entlastungskolben.

Bei den hydraulischen Entlastungsvorrichtungen stellt sich die Welle nach beiden Seiten selbsttätig ein, so daß eine Festlegung durch Axiallager nicht zulässig und auch nicht nötig ist.

Die Abb. 169 zeigt eine Gesamtdarstellung einer neuzeitlichen vierstufigen Hochdruck-Kreiselpumpe der Firma C. H. Jäger & Co. mit einer gleitenden Entlastung, wie sie heute meistens ausgeführt wird. Hinter der letzten Druckstufe ist eine starke Entlastungsscheibe auf der Welle befestigt. Die andere Entlastungsscheibe liegt in einer Eindrehung am Ende des Gehäuses. Sie wird durch den schwarz angelegten Ring von dem aufgesetzten Deckel festgehalten. Zwischen den beiden Entlastungsscheiben liegt ein Schleifring mit T-förmigem Querschnitt. Dieser ist mit der umlaufenden Entlastungsscheibe fest verbunden und kann nach Abnutzung der einen Schleiffläche einfach umgedreht werden. Die Abnutzung ist nur gering, da die verhältnismäßig großen Gleitflächen ganz im Wasser liegen. Für kleinere Pumpen wird die Entlastung ohne den Schleifring ausgeführt.

Abb. 170 zeigt ebenfalls eine neuere Ausführung einer vierstufigen Hochdruck-Kreiselpumpe von C. H. Jäger & Co.

Der Axialdruck wird durch eine auf der Welle befestigte Entlastungsscheibe aufgenommen. In den Abb. 169 und 170 kann man deutlich erkennen, wie die Laufräder und die Entlastungsscheibe durch die hülsenartigen Ringmuttern fest mit der Welle verbunden sind. Zwischen den Laufrädern sind Büchsen angeordnet. Zur guten Abdichtung wird der Stopfbüchse auf der Saugseite Druckwasser zugeführt. In der Abb. 170 sieht man die Bohrung mit Gewinde und den durchbrochenen doppel-T-förmigen Ring in der Stopfbüchse der Saugseite. Durch die langen Hülsen wird die Welle in den Stopfbüchsen geschont.

4. Verwendungszweck und Antrieb der Kreiselpumpen.

Die Niederdruckkreiselpumpe dient hauptsächlich zur Förderung von großen Wassermengen auf kleine Förderhöhe (bis zu 20, höchstens 30 m), z. B. zur Bewässerung und Entwässerung großer Landflächen. Ferner wird sie als Dock-Entleerungspumpe, als Zubringerpumpe bei Wasserwerken, um das Rohwasser auf die Filter zu heben, als Lenzpumpe und als Kühlwasserpumpe für die Oberflächenkondensation auf Schiffen benutzt. Diese Pumpen werden durch Diesel- oder Elektromotoren angetrieben. Die Niederdruckpumpen eignen sich auch zum Fördern von schlammigen und unreinen Flüssigkeiten.

Die einstufige Pumpe mit Leitrad verwendet man als Hauptförderpumpe (Reinwasserpumpe) bei Wasserwerken bis zu etwa 60 m Förderhöhe. Der Antrieb erfolgt durch Elektromotoren oder vereinzelt durch raschlaufende Dieselmaschinen, neuerdings auch schon durch Dampfturbinen. In dem Falle werden zwei oder mehrere Pumpen parallel geschaltet. Ferner zur Wasserversorgung von Hochöfen und Stahlwerken, für kleinere Wasserversorgungen und als Feuerspritze.

Das Verwendungsgebiet der mehrstufigen Hochdruckpumpe ist sehr umfangreich. Als wichtigste Anwendung ist wohl die Bergwerkswasserhaltung zu nennen. Als Antriebsmaschine kommt hier nur noch der Elektromotor in Frage. Ferner wird sie vereinzelt als Preßwasserpumpe (Akkumulatorpumpe) mit elektrischem Antrieb und vielfach als Kesselspeisepumpe, Wasserwerkspumpe für Drücke über 6 kg/cm^2, beide mit Turbinen- oder elektrischem Antrieb, verwendet. Der Antriebsmotor wird bei den Hochdruckpumpen in der Regel auf der Druckseite angeordnet.

Als Sondergebiet des Kreiselpumpenbaues ist noch die Turbinen-Kondensator-Luftpumpe zu nennen[1] (s. auch II, 6 k).

---

[1] Näheres hierüber ist in der Z. VDI 1913 S. 1060 veröffentlicht.

Jede Pumpe wird auf dem Prüfstand der Fabrik gründlich auf Leistung und Wirkungsgrad untersucht. Hierbei werden die Kennlinien jeder Pumpe (s. Abschnitt II, 2 h) aufgenommen.

5. Inbetriebsetzung und Regelung der Kreiselpumpen.

Die Kreiselpumpe ist nicht imstande, bei der Inbetriebsetzung eine so große Luftverdünnung hervorzurufen, daß das Wasser infolge des Atmosphärendrucks im Saugrohr hochsteigt und ins Laufrad eintritt. Deshalb ist es notwendig, das Saugrohr und die Pumpe vor dem Anlassen mit Wasser zu füllen. Hierbei müssen alle an der Pumpe befindlichen Entlüftungshähne geöffnet sein, damit die Luft vollständig entweichen kann. Das Füllen kann durch Trichter, durch Umleitung aus dem Druckrohr oder durch Ejektor erfolgen. Nachdem die Pumpe vollständig mit Wasser gefüllt ist, läßt man sie bei geschlossenem Absperrschieber anspringen. Die hierbei notwendige Leistung ist aus Abb. 147 zu ersehen, sie beträgt durchschnittlich etwa 35% der Normalleistung. Hat die Pumpe ihre normale Umlaufzahl erreicht und ist der Wasserdruck, welcher am Manometer abgelesen werden kann, bis zur gewünschten Förderhöhe annähernd gestiegen, dann wird der Absperrschieber allmählich geöffnet. Das Anfahren darf wegen der Wärmeentwicklung nicht zu lange dauern.

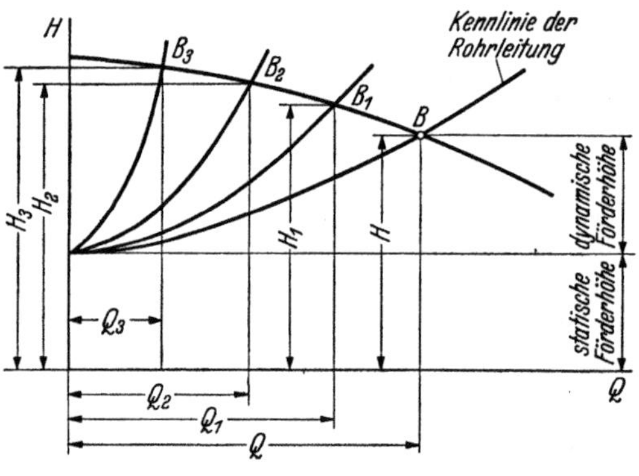

Abb. 171. Drosselregelung.

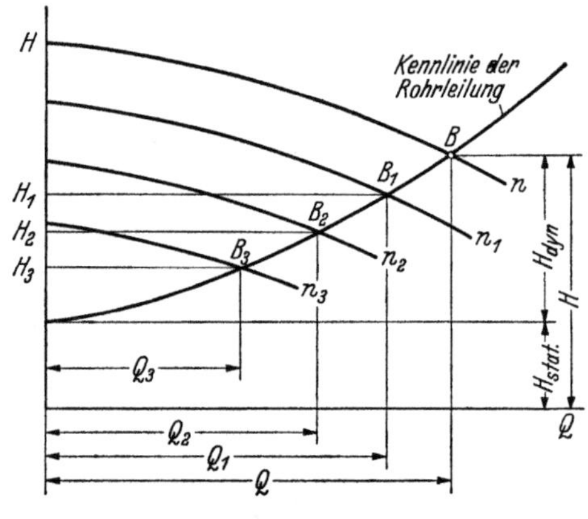

Abb. 172. Drehzahlregelung.

Die Regelung der Fördermenge durch Änderung der Umlaufzahl oder durch Drosseln ist durch die Verwendungsart der Pumpe und durch die Antriebsmaschine bestimmt. Hat die Pumpe vorwiegend statischen Druck zu überwinden (Wasserhaltungen), so ist eine Verkleinerung der Fördermenge nur durch Drosseln möglich, obgleich dies unwirtschaftlich ist, weil bei einer Verkleinerung der Umlaufzahl das Rückschlagventil sehr bald zuschlägt und dadurch die Förderung aufhört (Abb. 146). Findet die Regelung durch Drosseln statt, dann ist der Einbau einer gesteuerten Umleitung zweckmäßig, um bei geschlossenem Absperrschieber eine zu starke Erwärmung zu verhindern (s. Abb. 206). Die Drosselregelung ist eigentlich nur zu verwenden, wenn eine Änderung der Drehzahl nicht möglich ist. Wegen ihrer Einfachheit ist sie bei vorübergehender Regelung gebräuchlich. Aus Abb. 171 ist zu ersehen, daß bei den Schließstellungen 1, 2 und 3 des Drosselschiebers die Fördermengen Q_1, Q_2 und Q_3 kleiner, jedoch die Förderhöhe H_1, H_2 und H_3 größer werden. Die Verkleinerung der Fördermengen durch Drosseln bei unveränderter Drehzahl ist also unwirtschaftlich, weil sich die Leistung N nur verhältnismäßig wenig verringert.

Bei Wasserwerkspumpen, die hauptsächlich hydraulische Reibungswiderstände überwinden müssen, ist eine Regelung durch Änderung von n möglich, sofern es die Antriebsmaschine erlaubt. Bei Kesselspeisepumpen zieht man für den gewöhnlichen Betrieb die Drehzahlregelung vor. Diese wird meist beim Antrieb durch Dampfturbinen, Dieselmotoren, Gleichstrommotoren und regelbaren Drehstrommotoren gewählt. Die Drehzahlregelung ist wirtschaftlicher als die Drosselregelung. Abb. 172 zeigt, daß bei Verringerung der Drehzahl sowohl Fördermenge als auch Förderhöhe abnehmen. Die Speisewasserregelung findet durch Wasserstands- und Druckregler zwischen Pumpe und Kessel statt.

6. Ausführungsbeispiele.

a) Selbstansaugende Kreiselpumpen (Feuerlösch- und Lenzpumpen, Brennstoffpumpen).

Der Nachteil der gewöhnlichen Kreiselpumpe, daß sie ohne vorhergehendes Anfüllen der Pumpe und des Saugrohres mit Förderflüssigkeit nicht in Betrieb gesetzt werden kann und daß sie bei Luftschlägen leicht aussetzt, wird durch die selbstansaugenden Kreiselpumpen vermieden.

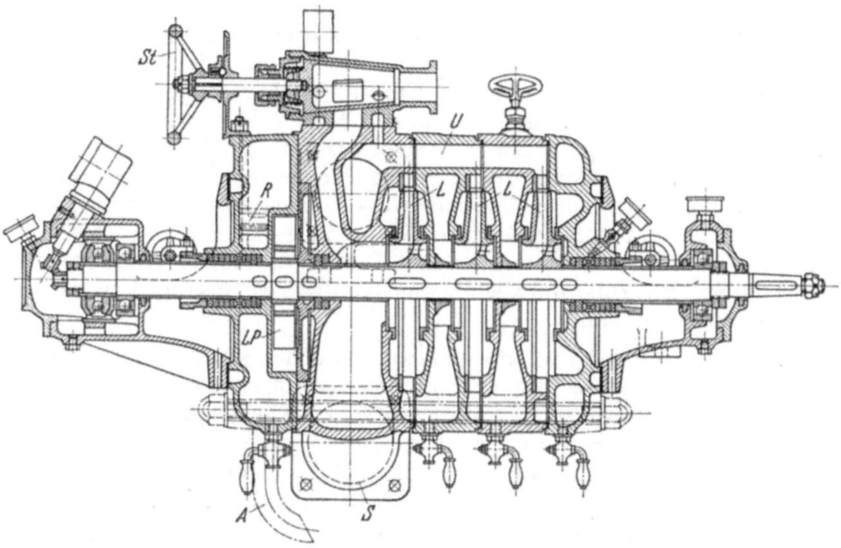

Abb. 173. Selbstansaugende dreistufige Kreiselpumpe.

Die selbstansaugende Pumpe der Firma Amag-Hilpert in Nürnberg ist eine gewöhnliche ein- oder mehrstufige Kreiselpumpe, welcher eine luftansaugende Siemens-Schuckert-Wasserringpumpe zugeschaltet ist. In Abb. 173 sind L die Laufräder der dreistufigen Kreiselpumpe, LP ist die Luftpumpe (Wasserringpumpe), deren Kreisel auf der verlängerten Pumpenwelle sitzt. Die Wasserringpumpe Abb. 174 hat radiale Schaufeln und wird von einem exzentrischen Gehäuse umschlossen. Die Seitenwände des Gehäuses, welche sich eng an die Schaufeln anschließen, haben einen Saug- und einen Druckschlitz, welche in

Abb. 174 schwarz eingezeichnet sind. Wenn das exzentrische Gehäuse durch einen Fülltrichter mit Wasser angefüllt wird, dann entsteht beim Drehen des Schaufelrades durch die Fliehkraft ein Wasserring, wie er in Abb. 174 durch strichpunktierte konzentrische Kreise eingezeichnet ist. Dieser Ring berührt außen den zylindrischen Mantel des Gehäuses und stellt sich immer so ein, daß er oben die Nabe des Kreisels berührt und nach unten einen sichelförmigen Raum innerhalb der Schaufeln bildet. Dieser Raum ist der Arbeitsraum der Luftpumpe. Die aus dem Saugschlitz in die einzelnen Radzellen eintretende Luft steht durch den Wasserring unter Wasserabschluß. Es findet also keine Berührung von Metallflächen und daher auch keine Abnützung statt. Der Saugschlitz ist unten etwas tiefer als der Druckschlitz ausgeführt. Bei der Weiterdrehung des Rades findet daher bis zum Austritt aus dem Druckschlitz eine geringe Verdichtung der Luft in der Radzelle statt. Die Wasserringpumpe kann auch als reine Luftpumpe oder als Kompressor dienen. Es ist möglich, mit dieser Pumpe fast eine vollkommene Luftleere zu erzielen, so daß Saughöhen, je nach Größe der Pumpe, von 8—9 m möglich sind. Luftsäcke und Undichtheiten in der Saugleitung stören nicht das Ansaugen und den Betrieb.

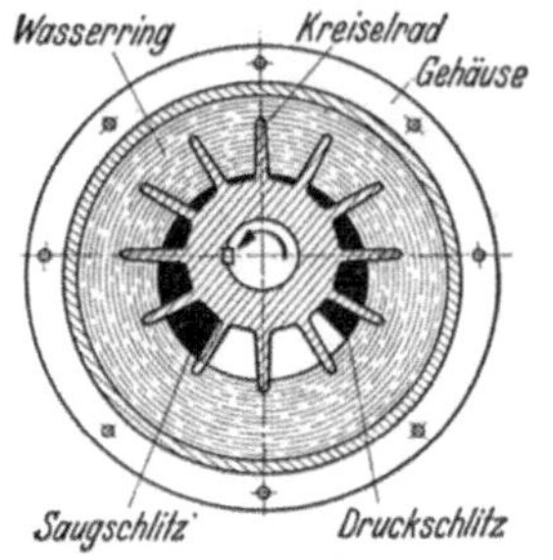

Abb. 174. Wasserringpumpe.

In Abb. 173 liegen Saug- und Druckstutzen beide in der Bildebene. Das Wasser strömt vom Saugstutzen S durch die drei Laufräder und durch den äußeren Kanal U nach dem Druckstutzen. Der Schnitt ist oben durch diesen Umführungskanal U, unten durch die Umführungskanäle der Leiträder gelegt. R ist der Druckraum der Wasserringpumpe. Durch das Steuerrad St kann die Luftpumpe ein- und ausgeschaltet werden. Die Saugöffnung der Luftpumpe steht nämlich mit dem Saugraum der eigentlichen Kreiselpumpe durch einen Kanal in Verbindung, welcher durch den oben angeordneten Hahn geführt ist. Bei ausgeschalteter Luftpumpe läuft der Wasserring leer mit. Dies ist mit einem nur geringen Arbeitsverlust verbunden. Damit die leerlaufende Wasserringpumpe sich nicht erwärmt, muß sie etwas Kühlwasser ansaugen, welches durch das Rohr A abfließen kann.

Bei der heute sehr ausgedehnten Verwendung der selbstansaugenden Pumpe für Feuerlöschzwecke ist es sehr vorteilhaft, daß durch die eingebaute Wasserringpumpe ein rasches Ansaugen selbst bei sehr langer Saugleitung möglich ist und daß Luftschläge vermieden werden. Auch wenn der Saugschlauch über unebenen Boden oder sogar über Mauern und Brückengeländer gelegt werden muß, wird die Luft aus dem dadurch entstehenden Luftsack vollständig entfernt. Beim Saugen der Pumpe aus einem Brunnen kann beim Absinken des Wassers das Ende des Saugschlauches leicht aus dem Wasserspiegel heraustreten, so daß die Pumpe dann Luft ansaugt. Da die Wasserringpumpe ständig mitläuft, wird die Pumpe nach dem Tiefersetzen des Schlauches oder beim Wiederansteigen des Wasserspiegels wieder selbsttätig weiterarbeiten, ohne daß ein erneutes Anfüllen, wie bei einer gewöhnlichen Pumpe, nötig ist. Für die Entlüftung einer Pumpe mit einer Länge des Saugschlauches von 10 m bei 7 m Saughöhe ist nur etwa $^1/_2$ Minute erforderlich. Die Feuerlöschpumpe wird ein- bis dreistufig ausgeführt. Bis zu 60 m Förderhöhe kann sie noch einstufig sein. Sie wird meistens vor dem Kühler der Motorspritze eingebaut und durch Umschaltung von dem Fahrzeugmotor angetrieben. Die sehr großen Pumpen für Feuerlöschboote in den Hafenorten können gleichzeitig auch zum Lenzen benutzt werden. Es ist möglich, mit einer solch großen Pumpe ein stark leck gewordenes Schiff durch Auspumpen über Wasser zu halten.

Die Luftschaumpumpe und die Luftschaum-Wasserpumpe sind auch als Wasserringpumpen ausgebildet. In der Luftschaumpumpe wird aus Wasser, Luft und dem Schaumbilder (Saponin) der Luftschaum gebildet. Die Wasserringluftpumpe entlüftet bei Betriebsbeginn selbsttätig die Saugleitung und arbeitet nach der Umschaltung als Kompressor. Über der Pumpe ist ein Behälter für den Schaumbilder angebracht, damit der Schaumbilder mit genügend Gefälle der Pumpe zufließen kann. Mit dieser Pumpe kann durch einfache Schaltung dünner Spritzschaum zur Löschung von Öl-, Benzin-, Terpentin-, Asphalt- und Firnis-

Abb. 175. Selbstansaugende Sprinklerpumpe für ortsfeste Feuerlöschanlagen, unmittelbar gekuppelt mit einem Elektromotor.

bränden oder dicker, flockiger, festsitzender Deckschaum zur Löschung von Hausbränden oder zum Einschäumen von gefährdeten Nachbarhäusern gespritzt werden. Die vereinigte Luftschaum-Wasserpumpe kann gleichzeitig Wasser und Luftschaum oder durch Einstellung einer bestimmten Schaltung entweder nur Luftschaum oder nur Wasser fördern. Es kann auch hier mit dünnem Spritzschaum oder mit dickem flockigem Schaum gespritzt werden. Die Luftschaumpumpe wird ebenso wie die übrigen Feuerlöschpumpen meistens vor dem Kühler des Fahrzeuges aufgestellt. Durch eine Klauenkupplung, die nur während des Stillstandes ein- und ausgerückt werden kann, ist sie mit dem Fahrzeugmotor verbunden. Wenn die Pumpe am Ende des Fahrgestelles eingebaut ist, wird sie durch eine Gelenkwelle mit dem Nebenantrieb des Fahrgetriebes verbunden. Das Gehäuse dieser Amag-Hilpert-Pumpen wird aus einer besonderen, auch seewasserbeständigen Leichtmetallegierung hergestellt. Die Laufräder und der Umstellhahn bestehen aus Bronze.

Bei Sprengwagen kann die selbstansaugende Pumpe gleichzeitig als Druckverstärker und zum raschen Füllen des Kessels aus offenen Wasserstellen verwendet werden. Der Saug- und der Druckstutzen werden dann zweckmäßig nach oben gerichtet angeordnet, so daß die Pumpe immer mit Wasser gefüllt bleibt und schnell ansaugt.

Abb. 175 zeigt die Verwendung der selbstansaugenden Amag-Hilpert-Pumpe, unmittelbar gekuppelt mit Elektromotor, für eine ortsfeste Feuerlöschanlage, bei welcher die Pumpe im Brandfalle selbsttätig in Betrieb gesetzt wird (Sprinkler-Pumpanlage). Die Saug- und Druckrohranschlüsse liegen oben. Das Saugrohr wird durch zwei Krümmer nach unten in den Brunnen geführt. Dadurch ist die Pumpe immer mit Wasser gefüllt und stets betriebbereit. Trotz des hochgeführten Saugrohres saugt die Wasserringpumpe rasch und sicher an.

Als Ballast-, Lenz- und Bilgepumpe auf Schiffen wird die Amag-Hilpert Pumpe meistens in stehender Anordnung verwendet (s. Abb. 176). Der oben auf das Zwischenstück (Laterne) aufgesetzte Elektromotor (*a*) ist mit der unten angebauten Pumpe unmittelbar gekuppelt. Die Luftpumpe (*b*) ist unterhalb der einstufigen Kreiselpumpe. Der Ausstoß der Luftpumpe ist nach oben gelegt, so daß die Wasserringpumpe beim Stillstand der Pumpe mit Wasser gefüllt bleibt und ein rasches Ansaugen erfolgt. *c* ist der Saugrohranschluß, *d* der Druckrohranschluß. Vereinzelt wird diese Pumpe für Schiffszwecke auch liegend gebaut. Maßgebend ist hier die Platzfrage.

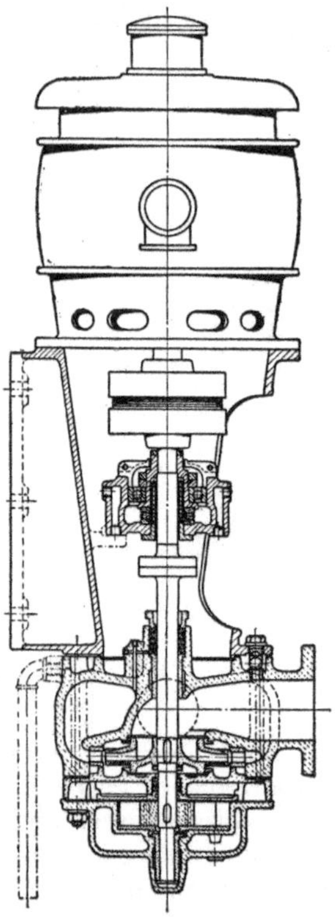

Abb. 176. Ballast-, Lenz- und Bilgepumpe auf Schiffen.

Für Grundwasserabsenkungen bei großen Tiefbauarbeiten, wo es oft nicht möglich ist, die Saugleitung mit stetiger Steigung zur Pumpe zu legen, ist die Wasserringpumpe sehr geeignet. Bei der häufig behelfsmäßig verlegten Saugleitung kann durch Undichtheiten leicht Luft in die Leitung gelangen. Hierdurch mögliche Betriebsstörungen werden durch die Wasserringpumpe sofort beseitigt.

Ein weiteres Anwendungsgebiet ist die Hauswasserpumpe mit selbsttätiger An- und Abstellung. Ferner die sogenannte Schaltpumpe, mit der es möglich ist, durch einfaches Umschalten mit einem Hebel entweder große Wassermengen auf mittlere Förderhöhen oder kleine Wassermengen auf große Förderhöhen zu bringen.

Die selbstansaugende Kreiselpumpe für dünnflüssige Brennstoffe (Benzin, Benzol, dünnflüssiges Gasöl) ist der Firma Amag-Hilpert patentamtlich geschützt. Besonders bei langen Saugleitungen und großen Saughöhen, wie sie u. a. bei Öltankschiffen vorliegen, treten durch die Bildung von Gasen und Dämpfen Schwierigkeiten im Betriebe auf, welche durch die Wasserringpumpe völlig überwunden werden können. Auch arbeitet diese Pumpe explosionssicher, da die sich bildenden Gase gefahrlos abgeführt werden können. Die Luftpumpe arbeitet mit dem zu fördernden Brennstoff. Bei langen Saugleitungen verwendet Amag-Hilpert einen kleinen Hilfsbehälter, in welchen die Auspuffgase und der überschüssige Betriebsbrennstoff der Luftpumpe geleitet werden. Durch eine Verbindungsleitung des Behälters mit dem Saugrohr der Pumpe saugt die Luftpumpe selbsttätig wieder den Brennstoff aus dem Hilfsbehälter ab. Zu diesem Zweck ist unten an dem fast bis auf den Boden des Behälters reichenden Rohr ein selbsttätig arbeitendes Schwimmerventil angebracht. Beim Steigen der Flüssigkeit im Behälter wird das Ventil durch den Schwimmer geöffnet, so daß der Unterdruck in der Saugleitung Flüssigkeit absaugen kann. Beim Fallen des Brennstoffspiegels schließt der Schwimmer das Ventil. Durch ein offenes Rohr oben im Behälter können die von der

Luftpumpe abgesaugten und im Behälter ausgeschiedenen Gase explosionssicher ins Freie entweichen[1].

Bei der in Abb. 177 dargestellten selbstansaugenden Sihi-Kreiselpumpe der Firma Siemen & Hinsch in Itzehoe i. H. sind Saug- und Druckstutzen nach oben gerichtet, so daß die Pumpe immer mit Wasser gefüllt ist. Das sternförmig ausgebildete Laufrad *a* dreht sich in einem konzentrischen Gehäuse, das aus den Zwischenstücken *b* und *c* gebildet wird. In den Seitenwänden von *b* und *c* sind Ringkanäle *e* bis *f* angeordnet, deren Tiefe im Anfang bei *e* zunimmt und am Ende bei *f* wieder abnimmt. Beim Drehen des Laufrades bildet sich ein Flüssigkeitsring, der ein gutes Abdichten der Zellen gegeneinander bewirkt. Infolge der Zentrifugalkraft tritt die in der Radzelle befindliche Flüssigkeit bei *e* in die Ringkanäle ein und gibt dadurch einen Teil der Radzellen frei, gleichzeitig strömt aus dem Saugschlitz *d* Luft nach. Durch die abnehmende Tiefe der Ringkanäle bei *f* wird die Flüssigkeit wieder in die Radzellen zurückgedrängt und dadurch die Luft in den Druckschlitz *g* gedrückt. Dieses Spiel wiederholt sich so lange, bis die Luft aus dem Saugrohr restlos entfernt ist, dann beginnt die Flüssigkeitsförderung in derselben Weise.

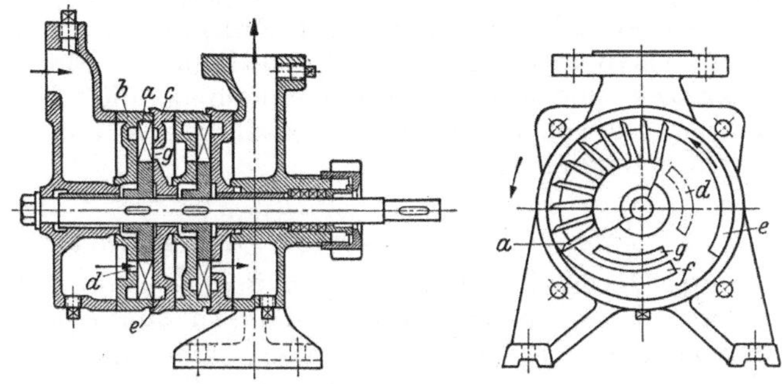

Abb. 177. Selbstansaugende Sihi-Pumpe.

Am Ende des vorhin beschriebenen Arbeitsspieles muß die Flüssigkeit in radialer Richtung durch die Radzellen entgegen der Wirkung der Zentrifugalkraft zurückströmen, um zu dem inneliegenden Druckschlitz zu gelangen. Dieser Strömungsvorgang ist naturgemäß mit einem gewissen Energieverlust verbunden, deshalb stellt dieselbe Firma eine neue Bauart der Sihi-Pumpe nach Abb. 178 her. Von dem in der Pumpenmitte liegenden Zellenrad wird die nach außen geschleuderte Flüssigkeit durch den seitlich außen liegenden Ringkanal unmittelbar dem Druckstutzen zugeführt. Gleichzeitig wird die Luft, die stets im Innern der Radzellen liegt, durch einen am Zellengrund liegenden Schlitz von einer besonderen Luftpumpe abgesaugt. Die Luft- und Flüssigkeitsförderung ist bis zu einem gewissen Grad voneinander getrennt.

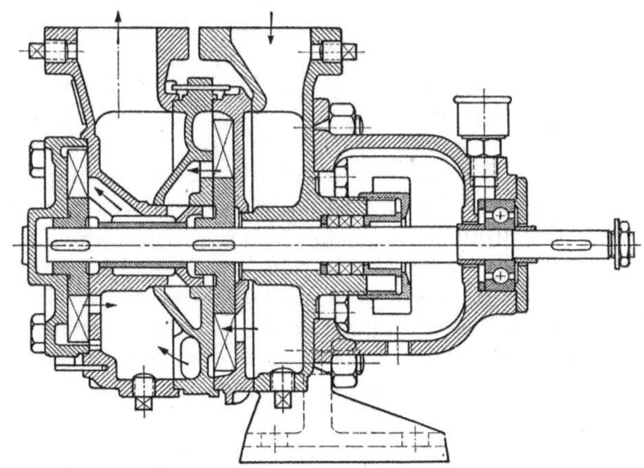
Abb. 178. Sihi-Pumpe, neue Bauart.

[1] Näheres über Anlagen für Brennstofförderung von Dipl.-Ing. Fritz Neumann s. Z. VDI 1932 Nr. 37 S. 893.

Die Luftpumpe ist ganz aus dem Flüssigkeitsstrom herausgenommen. Bei Förderung von verunreinigter Flüssigkeit werden infolge der Zentrifugalkraft die Teile, die ein höheres spezifisches Gewicht haben, stets nach außen geschleudert und auf kürzestem Wege zum Druckstutzen geführt. Dadurch wird die Luftpumpe geschont. Es sei auch darauf hingewiesen, daß durch mehrfachen Austritt und Wiedereintritt der Flüssigkeit in die Radzellen und durch besonders günstig gewählte Formgebung des Leitkanals eine Mehrstufenwirkung erzielt wird.

Die normale Umlaufzahl der Sihi-Pumpen ist $n = 1425$ min. Die Saughöhe kann bis 8 m betragen. Die Sihi-Pumpe findet vielseitige Verwendung. Zu erwähnen sind noch die Kreiselpumpen, die zum Entlüften der Saugleitung ein- oder angebaute Wasserstrahlpumpen verwenden. Eine neue Bauart ist die Ejektor-Kreiselpumpe[1].

b) Schacht- und Bohrlochpumpen.

Für die Förderung aus engen Brunnen und Bohrlöchern haben sich in den letzten Jahren die Tiefbrunnenpumpen sehr rasch entwickelt. Sie eignen sich besonders zur Förderung von Trink- und Gebrauchswasser aus tiefen gebohrten Brunnen, wodurch es möglich wird, die tiefliegenden Grundwasserströme und mehrere Wasseradern in verschiedenen Tiefenlagen gleichzeitig zu erschließen. Ferner zur Absenkung des Grundwassers in Baugruben und im Tagebau durch eine Anzahl über die Grube verteilter Pumpen, wodurch der Einbau teurer Spundwände gespart wird. Neuerdings wird das in hochgelegenen Alpentälern oft reichlich vorhandene Grundwasser durch Bohrlochpumpen gehoben und zur Erzeugung von Kraft benutzt. Die Hebung des Wassers beträgt hier nur höchstens 20 m. Es können aber durch dasselbe oft mehrere hundert Meter Gefälle ausgenutzt werden, so daß die Hebung des Wassers nur einige Prozent der gewonnenen Energie beträgt.

In der Praxis hat sich die Tiefbrunnenpumpe nach zwei Richtungen entwickelt. Bei der ersten Ausführung, den eigentlichen Bohrlochpumpen, ist der Motor über Tage angeordnet und treibt durch eine lange Transmissionswelle innerhalb der Druckrohrleitung die eingetauchte, senkrechte, meist mehrstufige Kreiselpumpe. Die Pumpe hängt an dem Steigrohr. Bei der zweiten Anordnung, den Tauchpumpen oder Unterwasserpumpen, ist der Drehstrommotor unmittelbar mit der Pumpe gekuppelt und beide zusammen werden an dem Druckrohr hängend bis unter den Wasserspiegel in das Bohrloch gesenkt. Die Stromzuführung erfolgt durch ein von oben zugeleitetes Kabel. Beide Anordnungen geben eine billige Anlage mit denkbar kleinem Grundriß. Fundamente sind kaum nötig und das Maschinenhaus wird klein und billig. Die Bedienung ist sehr einfach.

Die eigentlichen **Bohrlochpumpen**[2] mit Transmissionswelle werden als Radial-, Axial- und Halbaxialpumpen ausgeführt. Die radiale Anordnung ergibt großen Pumpendurchmesser, aber geringe Bauhöhe und einen günstigen Wirkungsgrad. Der Pumpendurchmesser kann verringert werden, wenn ein kleiner Laufraddurchmesser und bei großer Förderhöhe eine große Stufenzahl gewählt wird. Dadurch geht aber der Vorteil der geringen Bauhöhe verloren. Für weite Brunnen und kleinere Leistungen von 10 bis 35 m³/h bei Förderhöhen von 40 bis 80 m führt die Firma Klein, Schanzlin & Becker in Frankenthal die Radialpumpe mit großen Laufraddurchmessern aus. Dadurch wird der Pumpendurchmesser groß, aber die Stufenzahl und daher die Bauhöhe wird klein,

[1] Z. VDI 1940 S. 22. Dziallas: Selbstansaugende Kreiselpumpe mit Ejektoreinrichtung.
[2] Siehe auch Z. VDI 1940 S. 141. Dziallas: Kreiselpumpen mit senkrechter Welle.

wie die zweistufige Pumpe in Abb. 179 zeigt. Bei der verhältnismäßig kleinen Förderhöhe hat die Pumpe keine Leitschaufeln. Das Pumpengehäuse besteht aus Gußeisen und ist entsprechend der Stufenzahl geteilt. Die einzelnen Stufenglieder werden durch außenliegende Schrauben zusammengehalten. Die Laufräder bestehen aus Bronze. Ebenfalls für weite Brunnen, aber für große Leistungen bis 650 m³/h bei 1450 Umdr./min und Förderhöhen bis zu

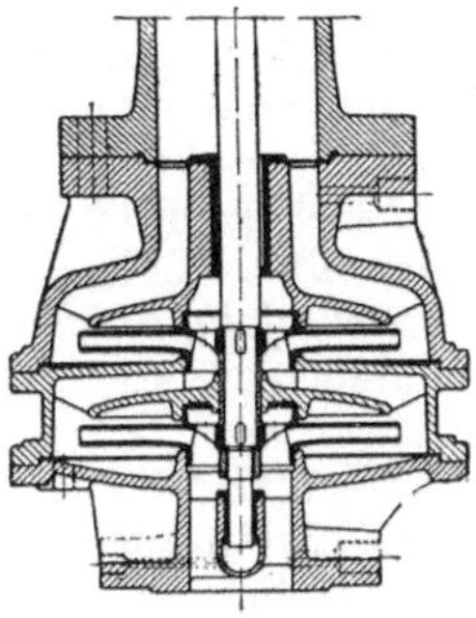

Abb. 179. Radiale Bohrlochpumpe mit großem Laufraddurchmesser und kleiner Stufenzahl für kleinere Förderhöhen.

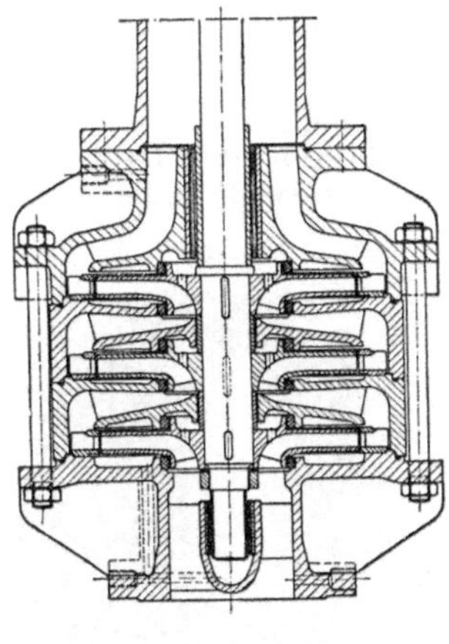

Abb. 180. Radiale Bohrlochpumpe mit Leitschaufeln für weite Brunnen bei großen Leistungen und großer Förderhöhe.

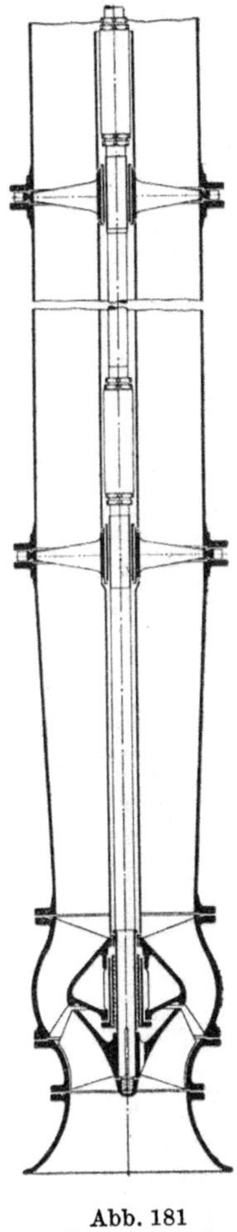

Abb. 181 Einstufige Bohrlochpumpe.

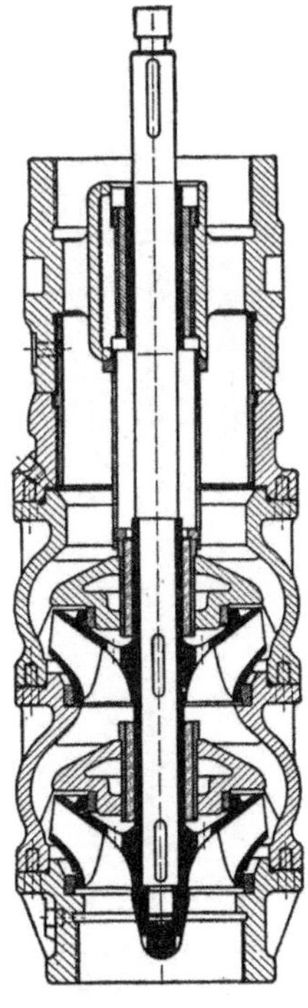

Abb. 182. Bohrlochpumpe. Halbaxiale Form.

250 m wird dieselbe Radialpumpe mit Leitschaufeln ausgeführt, wie Abb. 180 zeigt. Die einzelnen Glieder der zweistufigen Pumpe sind hier durch Längsanker verbunden. An den Stellen, wo die Längsanker durch die Umführungskanäle gehen, läßt sich eine Verengung der Kanäle nicht vermeiden, ohne daß der Pumpendurchmesser dadurch vergrößert wird. Die Laufräder und der auswechselbare Leitapparat bestehen aus Bronze. Zu beiden Seiten der Laufradnabe sind die auswechselbaren Abdichtungsringe zu erkennen.

Die axiale Pumpe gibt kleinsten Durchmesser, aber ungünstigen Wirkungsgrad und bei größeren Druckhöhen große Stufenzahl. Die halbaxiale Form ist oft zweckmäßig, weil sie nicht zu große Durchmesser und infolge der guten Wasserführung einen günstigen Wirkungsgrad gibt (s. Abb. 181, 182 und 183). Sie eignet sich auch für unreines Wasser. Die Bohrlochpumpe ist für enge Brunnen mit stark schwankendem Wasserspiegel und zur Förderung aus nicht allzu tiefen (bis etwa 150 m) Bohrlöchern geeignet. Die Steigleitung setzt sich aus einzelnen, etwa 2 m langen Flanschenrohren zusammen, welche genau zentriert werden. Bei hohen Drücken und zur Erzielung eines kleinen Durchmessers verwendet man Stahlrohre mit Flanschen- oder mit Muffenverschraubungen. Bei Flanschenrohren erhalten die Wellenstücke zweckmäßig die gleiche Länge wie die Rohrstücke und die Lager werden dann zwischen den Trennungsflächen der Rohre angeordnet, wie aus Abb. 181 ersichtlich. Die Lager sind wassergeschmiert und werden mit Gittermetall, einem mit Graphit legierten Weißmetall, ausgebüchst. Bei sandhaltigem Wasser erhalten die Laufstellen der Welle eine Bronze-

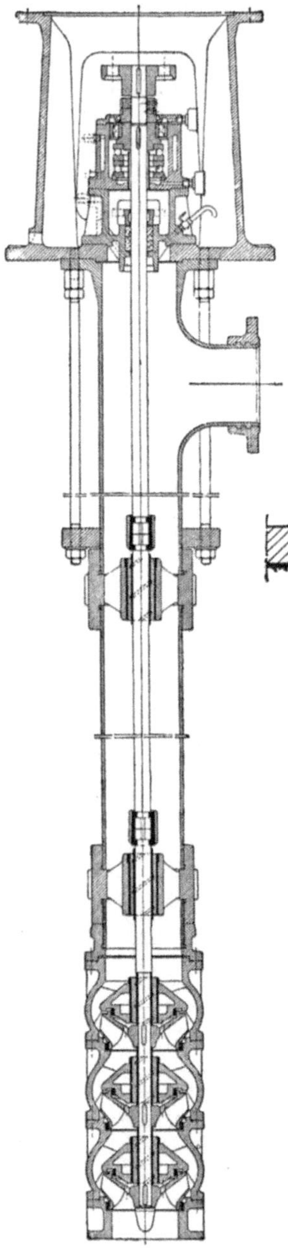

Abb. 183. Bohrlochpumpe (halbaxial) mit Steigleitung und Motoruntersatz.

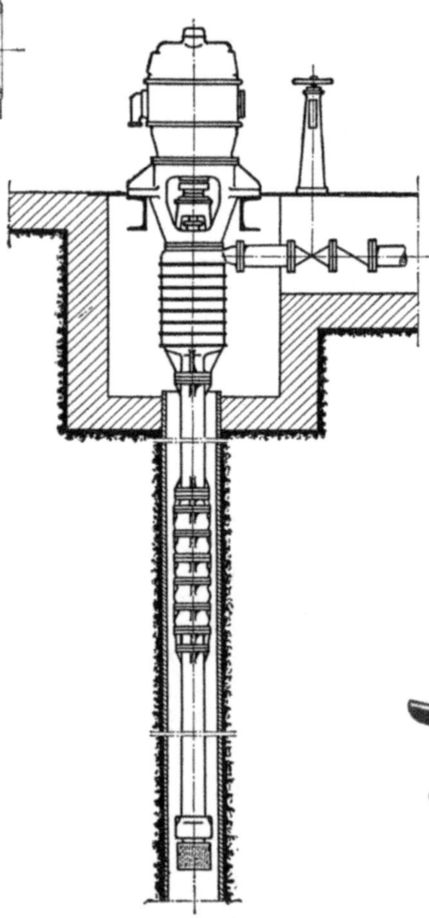

Abb. 184. Bohrlochpumpe als Zubringerpumpe in Verbindung mit einer oberen senkrechten Druckpumpe.

Abb. 185. Bohrlochpropeller für kleine flache Bohrlöcher.

schutzbüchse und das Lager wird mit Pockholz oder mit einem elastischen Hartgummibelag mit Längsnuten für die Wasserschmierung ausgekleidet. Gummilager haben eine sehr lange Lebensdauer, sind aber recht teuer. Bei stark sandhaltigem Wasser werden Welle und Lager durch einen Stahlmantel geschützt

(s. Abb. 181 und 182), in welchen reines Wasser zur Schmierung und Kühlung mit etwas höherem Druck als der Förderdruck eingeführt wird. Lager und Kupplungen sollen dem Durchgang des Wassers möglichst wenig Widerstand bieten (s. Abb. 181). Die Steigleitung mit der Pumpe hängt an dem Motoruntersatz. Abb. 183 zeigt diesen Untersatz mit dem Steigrohr- und Druckrohranschluß und dem 2fachen Kugeltraglager zur Aufnahme des Gewichtes von Welle und Pumpenläufer. Bei großen Pumpen wird meistens das Michel-Segment-Traglager mit selbsttätiger Ölschmierung verwendet.

Der Antrieb der Pumpe erfolgt am besten unmittelbar durch einen vertikalen Elektromotor. Beim Antrieb durch eine Dampf- oder Verbrennungsmaschine geschieht die Übertragung bei mittleren Größen durch geschränkten Riementrieb mit Lenix-Spannrolle und bei großen Kräften durch ein Kegelradvorgelege.

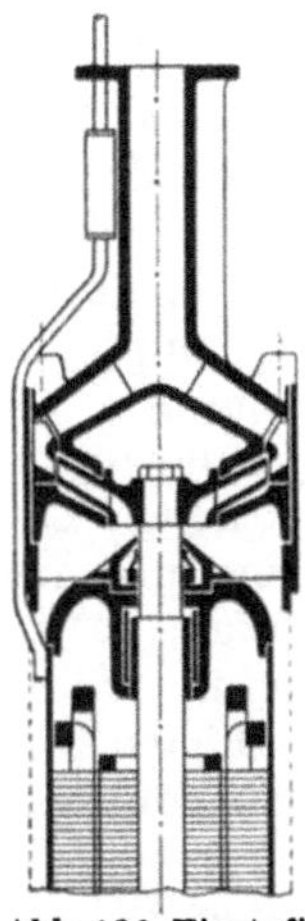

Abb. 186. Einstufige U-Pumpe mit untenliegendem Elektromotor.

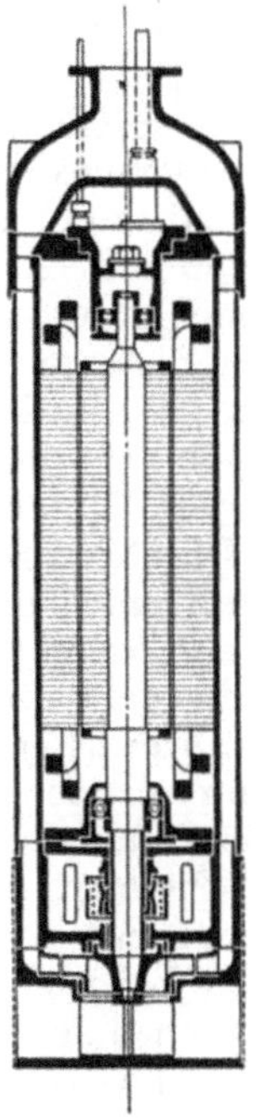

Abb. 187. U-Pumpe. Obenliegender Motor mit einem Wassermantel.

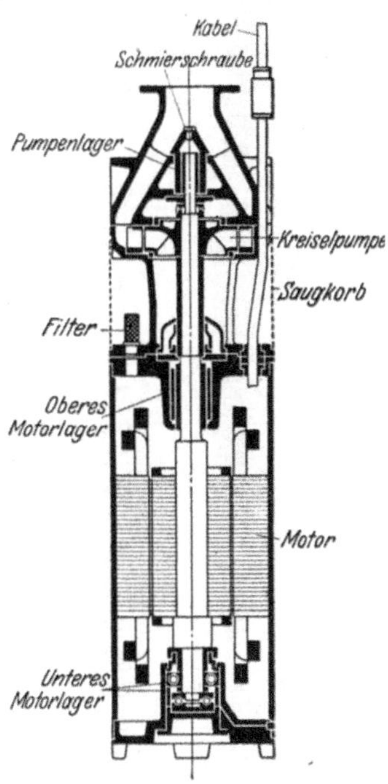

Abb. 188. U-Pumpe mit untenliegendem völlig überfluteten Motor und niedriger Spannung.

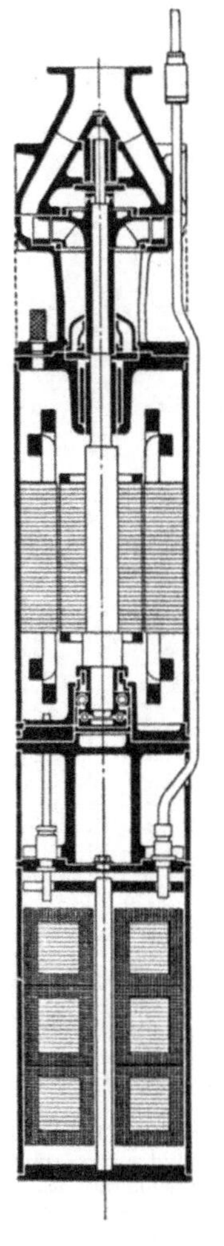

Abb. 189. U-Pumpe mit untenliegendem Motor und wasserdichtem Transformator.

Bei großen Bohrlochpumpen sind Wirkungsgrade bis zu 90% erreicht. Die Reibungsverluste der Transmission betragen je nach Länge der Welle 5 bis 10%, so daß man ohne Berücksichtigung des Antriebsmotors mit einem Gesamtwirkungsgrad von etwa 80% rechnen kann. Bei sehr großen Tiefen macht die große Länge der Welle Schwierigkeiten. Es sind aber schon Bohrlochpumpen mit einer Steigrohrlänge von 150 und ausnahmsweise sogar von 180 m von Gebr. Sulzer ausgeführt. Die günstigsten Verhältnisse liegen bei einer Bohrlochweite von 100 bis 300 mm. Es gibt aber auch Ausführungen bis zu 900 mm Durchmesser. Bei sehr großen Förderhöhen dient die Bohrlochpumpe zweckmäßignur als Zubringerpumpe, während eine besondere Druckpumpe als zweite senkrechte Kreiselpumpe auf der gemeinsamen Welle über Tage (s. Abb. 184) oder als waagerechte normale Hochdruck-Kreiselpumpe mit besonderem Antrieb angeordnet wird. Man kann dann bei flachen Bohrlöchern mit einem kleinen billigen Bohrlochdurchmesser und einer billigen Propellerpumpe auskommen. Abb. 185 zeigt einen einfachen Bohrlochpropeller von kleinstem Durchmesser der Firma Klein, Schanzlin & Becker, Frankenthal. In Abb. 182 und 183 ist die Zusammensetzung der mehrstufigen Pumpe aus einzelnen Gliedern zu erkennen. Das Saugrohr erhält unten ein Fußventil, damit bei starkem Sinken des Wasserstandes die Pumpe während des Stillstandes mit Wasser gefüllt bleibt. Auch tritt dann die Wasserschmierung der Lager beim Anfahren sofort in Tätigkeit. Die Bohrlochpumpen können auch unter Wasser arbeiten.

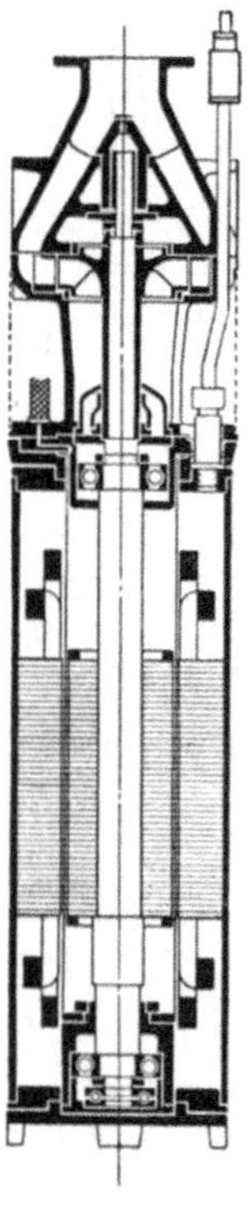

Abb. 190. U-Pumpe (radial) mit untenliegendem Motor. Rotor mit wasserdichtem Blechmantel.

Abb. 191. Ansicht einer dreistufigen halbaxialen U-Pumpe.

Die Tauchpumpen oder Unterwasserpumpen, wie sie Gebr. Sulzer, Klein, Schanzlin & Becker und die Siemens-Schuckertwerke bauen, werden mit unmittelbar unterhalb oder oberhalb der Pumpe liegendem Elektromotor ausgeführt. Bei untenliegendem Motor schließt sich das Steigrohr gleich oben an die Pumpe an und die Saugschlitze sind seitlich zwischen Pumpe und Motor angebracht (s. Abb. 186 und 190). Bei obenliegendem Motor muß das Förderwasser durch Umführungsrohre oder durch einen den Motor umgebenden Mantel in das Steigrohr geleitet werden. Die Pumpe hat dann unten ein ganz kurzes Saugrohr mit einem Seiher (s. Abb. 187). Hier ist das untere Ende des Pumpensatzes mit seitlichen Öffnungen als Seiher ausgebildet. Ein Fußventil ist bei den U-Pumpen nicht nötig, da der ganze Pumpensatz entsprechend tief ins Wasser eingetaucht wird. Bei großen Förderhöhen kann ein Rückschlagventil in die Steigleitung eingebaut werden. Schwierigkeiten verursacht der Schutz des Motors vor eindringendem Wasser, da die Isolation sehr empfindlich dagegen ist. Es gibt aber heute schon Isolationen, welche bei einer Spannung von 120 bis 150 V im Wasser nicht durchschlagen. Es werden daher auch U-Pumpen mit völlig überflutetem Motor und niedriger Spannung gebaut. Nur wird dann das Zuleitungskabel sehr stark und daher recht teuer und seine Unterbringung macht, besonders bei kleinem Bohrlochdurchmesser, oft Schwierigkeiten (s. Abbildung 188). Der Motorraum muß mit reinem Wasser gefüllt werden und das Eindringen von Förderwasser, besonders wenn es sandhaltig ist, muß durch eine Stopfbüchse möglichst vermieden werden.

Bei einer anderen Ausführung mit untenliegendem Motor ist unter dem Motor ein wasserdicht verlöteter Transformator angebaut. Dadurch wird das starke Zuleitungskabel vermieden (s. Abb. 189). Der Wirkungsgrad wird dadurch entsprechend verkleinert.

Der Transformator kann wieder vermieden werden, indem der Rotor durch einen Zylinder aus elektromagnetisch geeignetem, sehr dünnem Metallblech wasserdicht abgeschlossen wird, wie Abb. 190 zeigt. Dadurch wird der Stator völlig gegen Wasser geschützt und der Motor kann mit normaler Spannung gespeist werden. Der Rotorraum muß mit reinem Wasser gefüllt werden. Der zwischengeschobene Blechzylinder und die Wasserfüllung setzen natürlich η entsprechend herab.

Den besten Wirkungsgrad erzielen die U-Pumpen, bei denen der Motorraum in einem völlig abgeschlossenen Gehäuse untergebracht ist. Dieser wird gegen Eindringen von Wasser durch zugeführten Luftdruck geschützt, welcher etwas höher als der Eintauchdruck ist. Über Tage ist zu diesem Zwecke ein kleiner Kompressor aufgestellt, welcher nach Bedarf auf kurze Zeit selbsttätig angelassen wird. Die Pumpenanlage wird dadurch weniger einfach und erheblich teurer.

Der Motor der U-Pumpen wird infolge seines kleinen Durchmessers, ganz besonders bei niedriger Spannung, stark langgestreckt und hat einen niedrigeren Wirkungsgrad als ein normaler Motor. Das Laufrad wird in der Regel mit radialen Kanälen (s. Abb. 187 bis 190), bei unreinen Flüssigkeiten mit halbaxialen Kanälen (s. Abb. 186) ausgeführt. Bei höheren Drücken ist die Pumpe mehrstufig. Abb. 191 ist die Außenansicht einer dreistufigen U-Pumpe von Klein, Schanzlin & Becker für kleine Brunnenweiten. Die halbaxiale Pumpe ist oben, der Einlaufseiher in der Mitte und der Motor unten angeordnet. Von der Steigrohrleitung, an welcher der ganze Maschinensatz hängt, ist nur ein kurzes Stück gezeichnet. Die Lager sind für den Motor und die Pumpe wassergeschmierte Gleitlager. Bei ölgeschmierten Lagern könnte leicht Öl in die Wicklung und in das Gebrauchswasser eindringen und die öftere Erneuerung des Öl- oder Fettvorrates würde Schwierigkeiten verursachen. Für große Brunnenweiten wird die Pumpe in radialer Anordnung gebaut. Das Pumpengehäuse ist aus Gußeisen, die Laufräder werden aus Bronze hergestellt, die Welle aus V 2 A-Stahl. Ein Fundament und Maschinenhaus ist für U-Pumpen nicht nötig. Oft genügt ein kleiner rechteckiger Schacht mit einer Abdeckplatte. Die U-Pumpen eignen sich besonders für sehr tiefe Bohrlöcher, weil sie keine lange Wellenleitung haben. Auch gegen geringe Verschiebungen des Bohrloches sind sie unempfindlich. Das Steigrohr wird ebenso wie bei den Bohrlochpumpen ausgeführt.

c) Wasserwerkspumpen[1].

Bei den Wasserwerksanlagen legt man heute auf billige Anschaffungskosten besonderes Gewicht, damit die Kapitalbeschaffung erleichtert wird und die Möglichkeit besteht, bei den oft veränderten Verhältnissen in der Wasserversorgung, die ganze Anlage durch wirtschaftlichere Maschinen zu erneuern. Trotz des geringeren Wirkungsgrades der Kreiselpumpe kommt diese infolge ihres niedrigen Anschaffungspreises und des geringen Platzbedarfs heute vorzugsweise als Wasserwerkspumpe in Frage. Die Kreiselpumpe läßt bei annähernd gleichbleibender Drehzahl nur eine geringe Abänderung der Fördermenge zu. Es müssen daher bei elektrischem Antrieb für die Spitzenbelastung Aushilfspumpen vorhanden sein. Wo das Gelände den Bau eines großen Erdbehälters in entsprechender Höhenlage gestattet, bietet dieser ein vorzügliches Mittel, den wechselnden Wasserbedarf auszugleichen. Gleichzeitig gibt er einen sicheren Schutz gegen

---

[1]) Siehe Z. VDI 1941 S. 119. Kissinger: Grundsätzliche Erwägungen für die Errichtung von Wasserversorgungs-Pumpanlagen.

etwaige kurze Stromstörungen. Der Elektromotor, welcher infolge seiner Schnellläufigkeit die direkte Kupplung mit der Kreiselpumpe gestattet, ist heute die günstigste und betriebssicherste Antriebsmaschine. Als Zubringer- (Rohwasser-) Pumpe dient eine einstufige Kreiselpumpe oder neuerdings häufig eine Bohrlochpumpe ohne Entlüftungsanlage (s. Kap. II, 6b), besonders für tiefe Brunnen. Bei den üblichen Druckhöhen von 40 bis 60 m kommt für die Reinwasserförderung eine Mitteldruckpumpe oder eine Hochdruckpumpe mit geringer Stufenzahl in Frage. Bei hochgelegenen Städten ist eine mehrstufige Hochdruckpumpe erforderlich. Die Druckpumpe kann auch als senkrechte Pumpe über Tage auf der gemeinsamen Welle der Bohrlochpumpe angeordnet werden (s. Abb. 184). Große Wasserwerke mit mehreren Pumpstationen werden heute mit einer automatischen Fernsteuerung versehen.

Pumpwerke für kleinere Gemeinden erhalten eine selbsttätige Anlage mit Windkessel- oder Hochbehälterbetrieb. Die unmittelbar mit dem Elektromotor gekuppelte Kreiselpumpe ist ein- oder mehrstufig. Vorteilhaft ist auch hier die Bohrlochpumpe. Ebenso für Saughöhen bis zu 8 m die selbstansaugende Kreiselpumpe (s. Kap. II, 6a). Als Brandreserve nimmt man eine besondere Pumpe, die elektrisch oder durch einen sofort bereiten Verbrennungsmotor angetrieben wird. Man rechnet etwa 70 l Wasser pro Kopf und Tag. Es gibt aber auch Städte und Gemeinden, welche mehr als 200 l verbrauchen.

d) Wasserhaltungspumpen.

Die unter Tage aufgestellte, elektromotorisch angetriebene, vielstufige Hochdruckkreiselpumpe ist jetzt Regel im Bergbau. Die Zuführung des Stromes von oben ist einfach. Mit einer zehnstufigen Pumpe können Förderhöhen von 700 bis 1000 m und mehr bewältigt werden. Bei noch größeren Förderhöhen und zur Erzielung eines günstigen Wirkungsgrades werden zwei vielstufige Hochdruckpumpen hintereinander geschaltet (s. Abb. 162). Das oft sandhaltige und mit Steinsplittern durchsetzte Grubenwasser ruft keine zu starke Abnutzung der Pumpe hervor, wenn bei den großen Abmessungen der Pumpen, die hier in Frage kommen, die Drehzahl nicht sehr hoch ist und keine zu großen Beimengungen scharf kantiger Steinsplitter vorliegen, welche eine Sonderausführung der Pumpe verlangen. Näheres hierüber s. S. 112 im Kap. 6g.

Abb. 192. Achtstufige Hochdruckkreiselpumpe.

Abb. 192 zeigt eine große neuzeitliche achtstufige Turbinenpumpe der Pumpenwerke C. H. Jäger & Co. für eine Wasserhaltung. Die Fördermenge beträgt 6 cbm/min bei 700 m Förderhöhe und 1480 Umdr./min. Auf der linken Seite sind die Muttern der acht schweren Ankerschrauben sichtbar, durch welche die einzelnen Glieder zusammengehalten werden. Ebenso ist hier das linke Außenlager. Rechts sieht man die große Kupplungsscheibe und davor den Saugstutzen, links oben den Druckstutzen. Die einzelnen Stufenglieder haben oben eine Händelschraube, so daß sie mit dem Kran bequem angehoben werden können.

Beim Abteufen neuer Schächte benutzt man Hochdruck-Kreiselpumpen mit senkrechter Welle, welche unmittelbar mit einem Elektromotor gekuppelt und in einen Rahmen aus Profileisen eingebaut werden. Der Rahmen hängt an einem

Drahtseil und kann nach Bedarf mehr oder weniger tief in den Schacht hinuntergelassen werden. Da bei den Abteufarbeiten stark sand- und steinsplitterhaltiges Wasser gefördert wird, müssen alle dem Verschleiß unterworfenen Teile der Pumpe leicht auswechselbar und gut zugänglich sein. Der gliederartige Bau der Pumpe gestattet durch Hinzufügen von weiteren Stufen eine allmähliche Steigerung des Förderdrucks beim Fortschreiten der Abteufarbeiten.

e) Dockentleerungspumpen.

Zur Entleerung der Trocken- und Schwimmdocks müssen in kurzer Zeit große Wassermengen bewältigt werden, um ein schnelles Docken zu ermöglichen. Hierfür eignet sich besonders die Kreiselpumpe infolge ihrer Einfachheit, Betriebssicherheit, leichter Wartung, ihres geringen Gewichts und der kleinen Abmessungen der Pumpe selbst bei sehr großen Leistungen. Bei der während der Dockentleerung allmählich von fast 0 auf 12 bis 14 m ansteigenden Förderhöhe eignet sich zum Antrieb der Pumpe am besten die Dampfmaschine infolge ihrer einfachen Drehzahlregulierung. Dampfmaschine und Pumpe erhalten aber bei der niedrigen Drehzahl sehr große Abmessungen, so daß Anschaffungskosten und Platzbedarf sehr groß werden. Die Niederdruck-Kreiselpumpe kann aber jetzt so gebaut werden, daß der größte Energiebedarf bei einer mittleren Förderhöhe auftritt, so daß heute zum Antrieb meistens ein normaler Drehstrommotor verwendet wird. Die kleineren schnellaufenden Kreiselpumpen mit elektromotorischem Antrieb ergeben daher eine viel wirtschaftlichere Anlage.

f) Kanalisationspumpen.

Für neuere Anlagen kommen nur Niederdruck-Kreiselpumpen in Frage. Es handelt sich hier um große Wassermengen bei meistens kleinen Förderhöhen von etwa 2 bis 6 m. Bei sehr langer Druckleitung kann die Widerstandshöhe die manometrische Förderhöhe erheblich erhöhen. Die größere Kreiselpumpe ist bei ihrer nicht sehr hohen Drehzahl gegen Sand und Schlamm ziemlich unempfindlich. An geeigneten Stellen des Gehäuses werden Reinigungsöffnungen angebracht. Wellenstümpfe und sonstige vorspringende Teile innerhalb der Pumpe, um welche sich Fasern schlingen können, sind zu vermeiden. Der Antrieb erfolgt bei kleineren Anlagen mit höherer Drehzahl durch Elektromotoren, mit Verbrennungsmotoren als Reserve, bei großen Pumpen mit kleinerer Drehzahl durch schnellaufende Dieselmotoren mit starker Regulierfähigkeit der Drehzahl oder durch Drehstrommotoren mit Vorgelege. In der Regel sind getrennte Pumpen für Abwasser und Regenwasser erforderlich. Man rechnet etwa 200 bis 300 l Abwasser pro Kopf und Tag. Die zu beseitigende Regenwassermenge richtet sich nach der Größe des Niederschlagsgebietes. Die Kanalisationsanlage muß stark erweiterungsfähig sein. Zur schnellen Beseitigung der großen Wassermengen bei Platzregen oder Schneeschmelze ist eine große Kraft- und Pumpenreserve nötig. Durch einen Sandfang und einen Rechen vor dem Saugschacht werden grobe Verunreinigungen von der Pumpe ferngehalten. Oft wird noch ein Rührwerk im Saugschacht angeordnet. Eine möglichst kleine Schaufelzahl ist bei Schmutzwasser vorteilhaft. Die waagerechte Pumpe mit einem Wirkungsgrad bis zu 80% ist Regel. Man verwendet aber auch vereinzelt senkrechte Kreiselpumpen und Propellerpumpen mit 2 bis 4 Schaufeln. In erster Linie ist die unbedingte Betriebssicherheit erforderlich. Ein offenes Laufrad ist bei stark faserigen Beimengungen immer günstiger als ein geschlossenes Rad.

Bei sehr stark verunreinigtem Kanalwasser und besonders zum Fortschaffen von Fäkalien verwendet man neuerdings auch die im folgenden Abschnitt 6 g behandelten Dickstoffpumpen.

g) Schlauchrad- (Kanalrad-) Kreiselpumpen für Schmutzwasser und Dickstoffe und Hochdruck-Schmutzwasserpumpen.

Für Flüssigkeiten mit mehr oder weniger festen Beimengungen oder von breiiger Beschaffenheit, wie sie im Bergwerks- und Hüttenbetrieb oder in Zellstoff-, Schokoladefabriken usw. vorliegen, können Kreiselpumpen mit geschaufelten Laufrädern, auch wenn die Räder offen sind, häufig nicht verwendet werden. Besonders langfaserige Beimengungen bleiben an den Eintrittskanten der Schaufeln hängen und verursachen Verstopfung oder Verengung der Schaufelquerschnitte. Hier ist nur ein Schlauchrad (Kanalrad) ohne enge Durchgänge und ohne vorspringende Kanten am Platze. Abb. 193 zeigt ein Zweikanalrad. Das Rad kann auch als Einkanal- oder Dreikanalrad (Abb. 194) ausgebildet werden. In Abb. 195 ist der Längsschnitt einer Dickstoffpumpe mit Zweikanalrad der Pumpenfabrik Klein, Schanzlin & Becker gezeichnet. Die Pumpen werden von der mit ihr befreundeten Pumpenfirma Amag-Hilpert-Pegnitzhütte in Nürnberg hergestellt. Der Saugstutzen hat einen Reinigungsdeckel mit schnell zu öffnendem Bügelverschluß. Das Gehäuse ist nicht spiralförmig ausgeführt, um keine Verengungen zu bilden. Es hat an jeder Seite eine Reinigungsöffnung. Die vordere Öffnung mit abgenommenem Deckel ist in Abb. 196 sichtbar. Das Schlauchrad aus verschleißfestem Gußeisen mit großen, freien Durchgangsquerschnitten ist fliegend auf der langen Welle in zwei Kugellagern mit weitem Abstand voneinander gelagert. Es läuft mit den Radhälsen auf beiden Seiten in auswechselbaren Schleißwänden. Die Pumpe ist an den Lagerstuhl angeflanscht. Die Welle hat, soweit sie in der

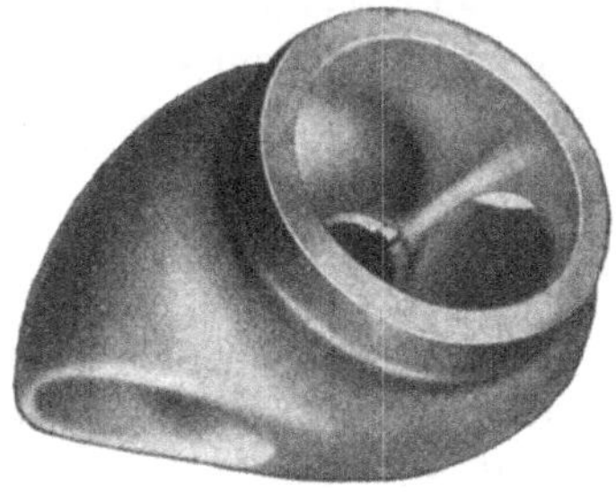

Abb. 193. Zweikanalrad.

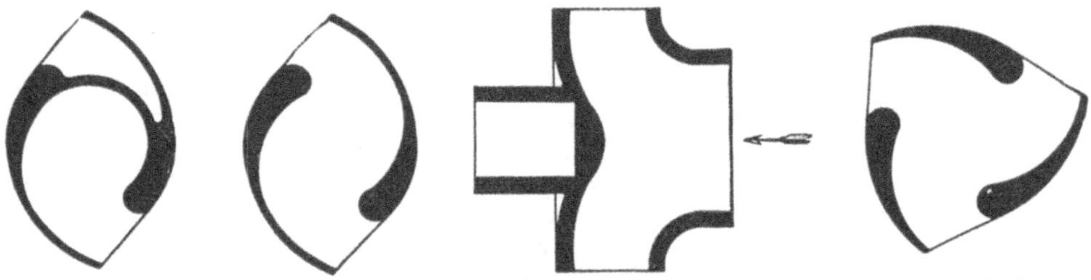

Einkanalrad Zweikanalrad Dreikanalrad.

Abb. 194.

Stopfbüchse läuft, eine Schutzhülle aus verschleißfestem Material. Die Schmierung in der Grundbüchse erfolgt durch eine Staufferbüchse. Die Schlauchradpumpen werden für eine Fördermenge bis zu 35 cbm/min und für Förderhöhen bis 60 m ausgeführt.

Bei hohen mechanischen oder chemischen Beanspruchungen wird diese Schlauchradpumpe auch ganz oder teilweise aus besonders hochwertigem Material gebaut. Laufringe und Schlauchradhälse werden dann nötigenfalls noch besonders mit Hartmetall gepanzert. Die Pumpe wird auch in senkrechter Anordnung ausgeführt.

Hochdruck-Schmutzwasser-Kreiselpumpen. Bei der Förderung von Schmutzwasser mit großen Mengen von scharfkantigen, sc...eifenden Beimengungen, auf große Förderhöhen, wie sie im Bergbau öfter vorkommen, hat sich herausgestellt, daß bei Hochdruckpumpen mit hoher Drehzahl ein vorzeitiger Verschleiß der

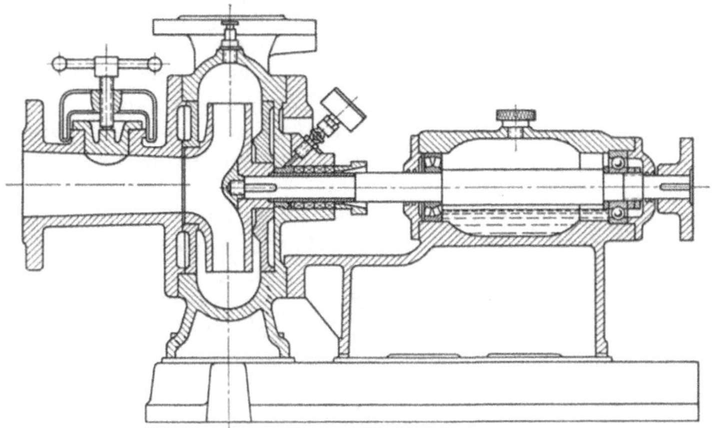

Abb. 195. Dickstoffpumpe mit Zweikanalrad.

Pumpe eintritt. Um die wirtschaftlichen Vorteile durch die heute mehr und mehr durchgeführte Steigerung der Drehzahl möglichst ausnutzen zu können, hat Amag-Hilpert-Pegnitzhütte eine neuzeitliche Hochdruck-Kreiselpumpe entwickelt,

Abb. 196. Schlauchrad-Kreiselpumpe mit abgenommenem Saugdeckel.

die auch bei Schmutzwasser mit vielen scharfkantigen Beimengungen zuverlässig und betriebssicher mit langer Lebensdauer arbeitet. Es hat sich gezeigt, daß besonders an den Trennungsfugen geteilter Leitapparate und an Stellen, wo eine schroffe Umlenkung und eine mehr oder weniger plötzliche Änderung der Wassergeschwindigkeit stattfindet, eine starke Abnutzung durch die scharfkantigen großen Beimengungen eintritt. Diese Auswaschungen und Anfressungen werden bei der Hochdruck-Schmutzwasserpumpe durch ungeteilte Leitapparate mit einfach gekrümmten Schaufeln, die eine einfache Umlenkung des Stromfadens bewirken, möglichst vermieden. Diese Richtung der Umlenkung wird in den Zwischenböden bei stetiger Querschnittserweiterung beibehalten, so daß keine zu raschen Änderungen der Wassergeschwindigkeit stattfinden. Neben dem geringen Verschleiß wird hierdurch auch ein günstiger Wirkungsgrad erreicht. Wenn trotzdem mit der Zeit eine größere Abnutzung der besonders gefährdeten Leitringe eintritt, können diese ohne Nacharbeitung leicht ausgewechselt werden. Die Pumpe wird für Fördermengen bis zu 15000 l/min — parallel geschaltet bis 30000 l/min — und für Förderhöhen bis 500 m gebaut. Für größere Drücke bis 1000 m wird ein Sonderbaustoff verwendet. Sie besteht aus einzelnen Gliedern für jede Stufe, die durch Längsanker zusammengehalten werden. Als Material wird bis 250 m Förderhöhe verschleißfestes Sondergußeisen, bis 500 m Elektrostahlguß oder Manganstahlguß verwendet. Die Welle erhält bis über die Stopfbüchse hinaus eine Wellenschutzhülle. Der Ausgleich des Achsschubes erfolgt durch Bohrungen nahe der Nabe und durch Laufringe beiderseits der Laufräder (s. auch Abb. 198). Dadurch wird ein Druckausgleich in den innerhalb der Ringe liegenden Räumen geschaffen. Zur Sicherheit ist noch ein Kugeldrucklager eingebaut. Bei hohen Drücken und bei nicht zu großen Mengen schleifender Beimengungen kann der Achsschub durch eine Entlastungsscheibe ausgeglichen werden. Dadurch wird ein etwas günstigerer Wirkungsgrad erzielt. Dann erhalten die Laufräder nur einen Laufring auf der Saugseite. Die Pumpe wird für besondere Fälle auch mit senkrechter Welle gebaut.

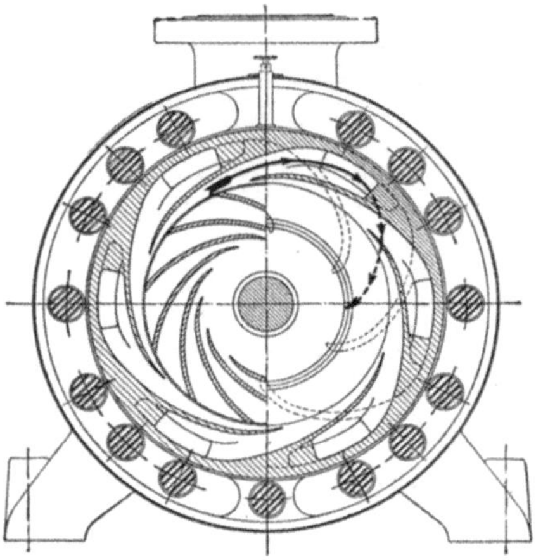

Abb. 197. Querschnitt einer Hochdruck-Schmutzwasser-Kreiselpumpe.

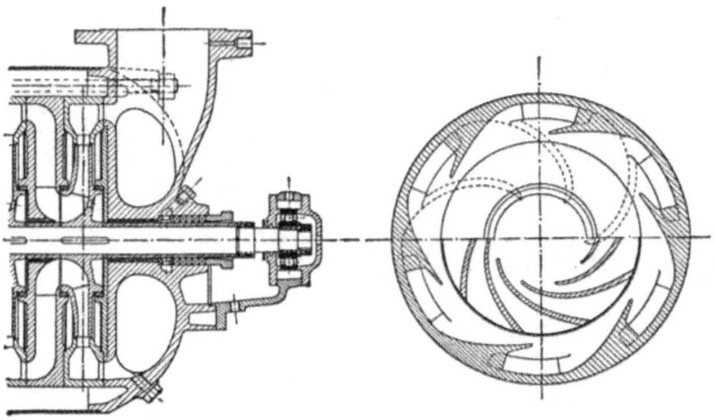

Abb. 198. Diffusorbauart der Hochdruck-Schmutzwasser-Kreiselpumpe.

Abb. 197 zeigt die Wasserführung in den Leitapparaten und in der Umführung. Bei sehr großen Beimengungen schleifender Bestandteile wird der Leitapparat als Diffusorring ausgebildet (s. Abb. 198). Es fehlen dann im inneren Teil des Leitringes die Leitschaufeln gänzlich. Erst in den erweiterten Räumen, wo die Wassergeschwindigkeit schon weit herabgesetzt ist, kommt die Förderflüssigkeit mit Leitschaufeln in Berührung, so daß hier kein größerer Verschleiß mehr stattfinden kann. An besonders gefährdeten Stellen können auswechselbare Futterwände eingebaut werden.

h) Entwässerungs- und Bewässerungspumpen.

Zur Entwässerung von Niederungen, die oft unter dem Meeresspiegel liegen und von ausgedehnten Sumpfgebieten verwendet man senkrechte, geneigte oder waagerechte Axialpumpen mit Schraubenrädern oder mit Propellern, die entweder feste oder bewegliche Schaufeln haben. Im allgemeinen werden die Axialpumpen durch Elektromotoren angetrieben. Jedoch kann auch der Antrieb durch Dieselmotoren, Dampfmaschinen oder Dampfturbinen wirtschaftlich sein. Es sind hier große Wassermengen von etwa 1 bis 10 m³/sek., bei kleinen Förderhöhen von nur 1 bis 4 m bei oft schwankendem Wasserstand zu bewältigen. Dafür ist besonders die Axialpumpe geeignet. Ist hohe Schnelläufigkeit (s. auch S. 86) erforderlich, werden Axial-Propellerpumpen verwendet. Bei den Axial-Schraubenpumpen ist die Schnelläufigkeit nicht so groß, dagegen sind sie unempfindlicher gegen verunreinigtes Wasser. Abb. 199 zeigt eine Entwässerungsanlage von Sulzer, Winterthur. Die Wellen der Pumpen mit den zugehörigen Rädergetrieben und Motoren sind geneigt angeordnet. Dadurch erreicht man sehr günstige Wasserführung, kleine Umlenkungsverluste und damit gute Wirtschaftlichkeit der Anlage. Zweckmäßig wird der Einlauf so bemessen und so tief gelegt, daß sich Wirbelverluste und das Ansaugen von Luft selbst beim niedrigsten Wasserstand sicher vermeiden lassen. Damit die Pumpen ohne vorherige Entlüftung anlaufen können, läßt man die Schraubenräder stets ins Unterwasser eintauchen. Beim Auslauf sind Diffusoren angeordnet, um die Geschwindigkeitsenergie der Wassermassen in Druck umzusetzen. Selbsttätige Abschlußklappen an den Druckrohren verhindern beim Stillstand der Pumpen einen Rückfluß des Wassers.

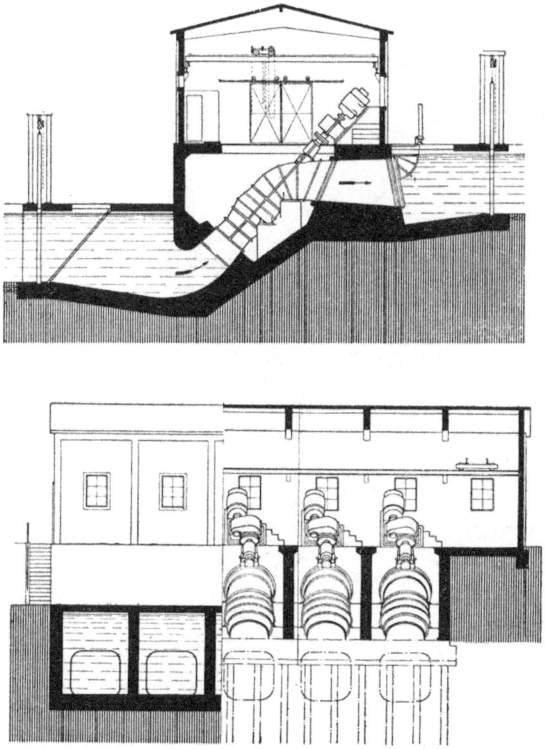

Abb. 199. Entwässerungsanlage mit geneigt eingebauten Sulzer-Schraubenaxialpumpen.

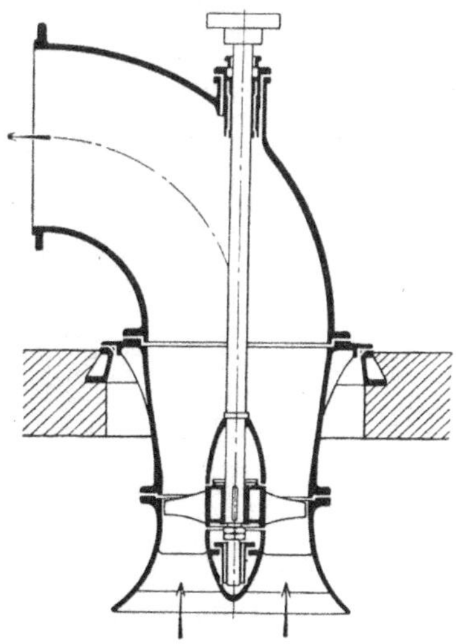

Abb. 200. Ausführung der senkrechten, geschlossenen Propellerpumpe.

Die Axial-Propellerpumpen werden meist senkrecht angeordnet. Dadurch erhält man einfachen Aufbau, gute Wasserführung und geringe Verstopfungsgefahr. Abb. 200 zeigt eine Ausführung von Sulzer, Winterthur. Der sorgfältig ausgewuchtete Läufer mit der kräftigen, in reichlich bemessenen Lagern geführten Welle, sichert einen ruhigen und erschütterungsfreien Gang. Unten wird das Wasser durch einen Saugtrichter eingeführt und oben durch einen Druckkrümmer weitergeleitet. Der Propeller einer sehr großen Axialpumpe von C. H. Jaeger & Co. ist in Abb. 201 dargestellt. Soll die senkrechte Entwässerungspumpe auch Saug-

Abb. 201. Propeller einer sehr großen Entwässerungspumpe von C. H. Jäger & Co.

arbeit leisten, verwendet man ein halbaxiales Laufrad, wie Abb. 202 zeigt. Der Leitapparat liegt oberhalb des Laufrades.

Wenn verschiedene Wassermengen bei ungefähr gleichen Förderhöhen bewältigt werden sollen, verwendet man zweckmäßig Axial-Propellerpumpen mit verstellbaren Schaufeln.

Durch Bewässerungspumpen sollen trockene Landstriche mit tiefliegendem Grundwasserspiegel, wie sie in den Tropen häufig vorkommen, künstlich bewässert und dadurch fruchtbar gemacht werden. Auch hier handelt es sich um große Wassermengen bei verhältnismäßig kleinen Förderhöhen. Abb. 203 zeigt eine

Bewässerungsanlage im Nildelta mit 4 waagerechten Sulzer-Schrauben-Axialpumpen. Die überflutungsfrei aufgestellten Pumpen sind in den Scheitelstücken der heberartig wirkenden Rohrleitungen eingebaut. In der Abbildung sind die Elektromotoren und die Rädergetriebe, sowie die sorgfältig gewählte Wasserführung leicht erkennbar. Beim Stillstand der Pumpe läßt sich der Wasserrücklauf durch Öffnen einer Belüftungsvorrichtung unterbinden.

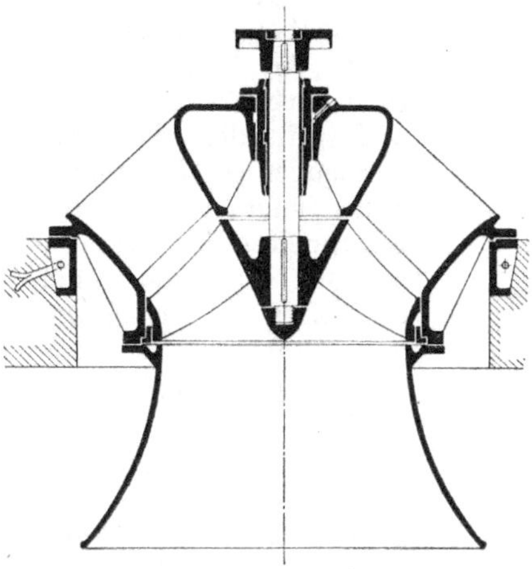

Abb. 202. Senkrechte, offene Axial-Entwässerungspumpe.

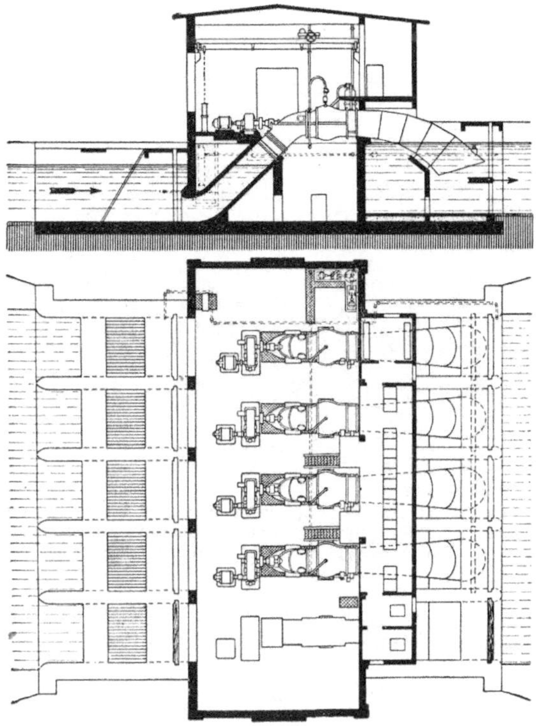

Abb. 203. Bewässerungsanlage.

i) Kraftspeicherpumpen.

Hydraulische Speicherkraftanlagen dienen dazu, die täglichen Belastungsschwankungen großer Kraftwerke auszugleichen und besonders den täglichen Spitzenbedarf der Kraftanlage zu decken[1]. In einzelnen Fällen soll aber auch die zu verschiedenen Jahreszeiten vorhandene Wassermenge hierdurch ausgeglichen werden. Trotz des ungünstigen Wirkungsgrades von etwa 60 %, mit dem eine solche Anlage arbeitet, ist sie doch die einzigste Kraftspeicherung, die sich für diese großen Kraftwerke eignet. Die Kraftspeicherpumpen, die besonders von Gebr. Sulzer in Verbindung mit Voith-Heidenheim gebaut werden, haben sich in den letzten Jahren zu gewaltiger Größe entwickelt, so daß jetzt bereits Anlagen mit einer sekundlichen Wassermenge von 12 bis 14 m³ für die einzelne Pumpe bei einer Leistung von über 30000 PS vorhanden sind. Die Speicherkraftanlage von Herdecke an der Ruhr hat ein Speicherbecken von 1,5 Millionen m³. Die drei Pumpen fördern jede 12,3 m³/sek auf eine manometrische Förderhöhe von 165 m. Der Kraftbedarf jeder dreistufigen waagerechten Pumpe beträgt 33000 PS. Sie hat ein Gesamtgewicht von 200 t. Jede Wasserturbine entwickelt 48500 PS bei 165 m Gefälle.

[1] Siehe auch Ried: Selbststeuereinrichtung von Pumpenspeicheranlagen. Z. VDI 1940 S. 343.

Abb. 204 zeigt eine hydraulische Speicherkraftanlage in waagerechter Anordnung. Der Motorgenerator befindet sich in der Mitte, die Kreiselpumpe auf der einen und die Wasserturbine auf der anderen Seite. Bei geringem Strombedarf während der Nacht fördert die Pumpe aus dem unteren Sammelbecken in das hochgelegene künstlich angelegte Speicherbecken. Der Motorgenerator arbeitet dann als Motor mit billigem Strom, während die Wasserturbine leer mitläuft. Zur Deckung der Spitzenbelastung am Tage wird die Turbine vom Speicherbecken gespeist und treibt den als Stromerzeuger geschalteten Motorgenerator bei abgekuppelter Pumpe. Abbildung 205 zeigt eine einstufige Speicherpumpe von 27000 PS.

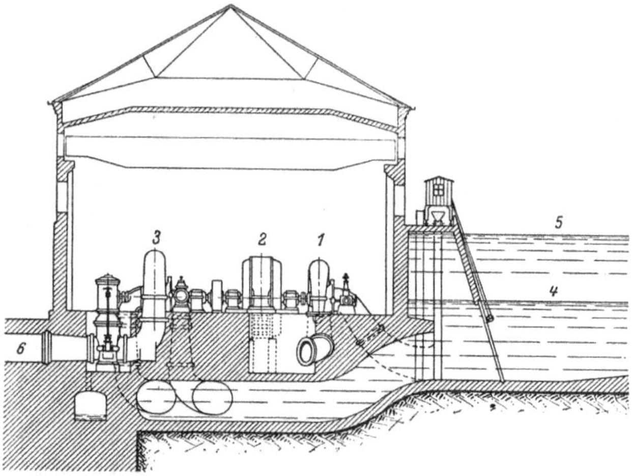

Abb. 204. Hydraulische Speicherkraftanlage. *1* Wasserturbine, *2* Motorgenerator, *3* Kreiselpumpe, *4* niedrigster Unterwasserspiegel, *5* höchster Unterwasserspiegel, *6* Druckrohrleitung (Gebr. Sulzer).

Die Druckrohrleitung, die bei den großen Pumpen einen Durchmesser von etwa 3,5 m hat, wird in den Längsnähten autogen geschweißt und in den Rundnähten genietet. Die oberen Rohre werden ganz geschweißt. Die Wandstärken, die unten etwa 30 bis 35 mm betragen, werden nach obenhin allmählich auf etwa 10 mm verjüngt. Die Rohre sind im Boden verlegt und einbetoniert oder sie werden offen verlegt und in Abständen von 15 bis 20 m durch eiserne Rollenlager gestützt.

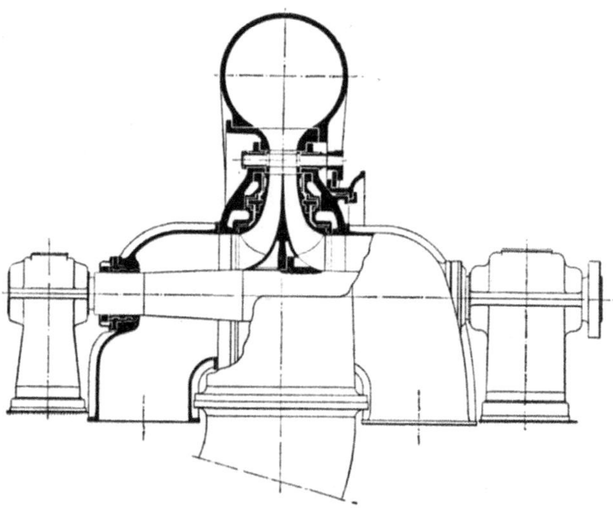

Abb. 205. Längsschnitt durch eine einstufige 27000 PS Sulzer-Kreiselpumpe für eine Speicherkraftanlage.

Im Kraftwerk des Baldeneysees sind Turbine und Pumpe nicht getrennt, sondern vereinigt als Turbinenpumpe[1] ausgeführt, um Anlagekosten zu sparen. Die Turbinenpumpe ist eine senkrechte Kaplanturbine mit festen Leitrad- und drehbaren Laufradschaufeln. Sie erreicht als Turbine einen Wirkungsgrad $\eta = 0{,}90$ und als Pumpe $\eta = 0{,}78$.

[1] Z. VDI 1934 S. 1183.

k) Kesselspeisepumpen und Hilfspumpen für die Kondensation.

Die Kesselspeisepumpen für Höchstdruckkessel haben sich in den letzten Jahren derartig rasch entwickelt und die Ausführungen sind so mannigfaltig, daß hier nur ein kurzer Überblick über diese Pumpen gegeben werden kann. Ausführlicheres siehe Abhandlungen von Direktor Weiland (Klein, Schanzlin & Becker) und Dipl.-Ing. Kissinger (Gebr. Sulzer) [1–4].

Man verwendet heute fast ausschließlich Kreiselpumpen für die Speisung der Höchstdruckkessel. Nur bei zu kleinen Wassermengen ist unter Umständen die Kolbenpumpe überlegen, weil die Kreiselpumpe zu klein wird. Für die Wirtschaftlichkeit ist neben dem hohen Druck besonders eine hohe Vorwärmung des Speisewassers wichtig, um den Kessel für die Verdampfungsarbeit zu entlasten. Durch hohe Vorwärmung des Speisewassers wird heute ein ganz erheblicher Energiegewinn erreicht. Die Speisepumpen müssen daher meistens für hohe Temperatur des Wassers ausgeführt werden, da das Wasser am besten vor der Pumpe vorgewärmt wird. Hoch- und Höchstdruck-Dampfkessel haben nur einen verhältnismäßig kleinen Wasserinhalt, so daß sie kaum noch als Wasserspeicher angesehen werden können. Die Kesselspeisepumpe muß sich daher ganz schnell an jede Belastungsschwankung anpassen. Von ihrer Betriebssicherheit hängt die Sicherheit der ganzen Kesselanlage ab. Es muß eine genügende Pumpenreserve vorhanden sein und die Reservepumpen müssen beim Ausfall einer Pumpe sofort in Betrieb genommen werden können. Bei Berechnung der Heißwasserpumpe ist das erheblich verringerte spez. Gewicht des heißen Wassers zu berücksichtigen. Bei 200° C ist das spez. Gewicht des Wassers nur 0,863. Mit kleiner werdendem spez. Gewicht steigt der Kraftbedarf, der nach der Gleichung $N = \frac{Q \cdot p}{27 \cdot \eta \cdot \gamma} PS$ zu berechnen ist. In der Gleichung bezeichnen Q die Wassermenge in t/h, p den an der Pumpe erzeugten Druck in kg/cm², γ das spez. Gewicht in kg/l und η den Wirkungsgrad.

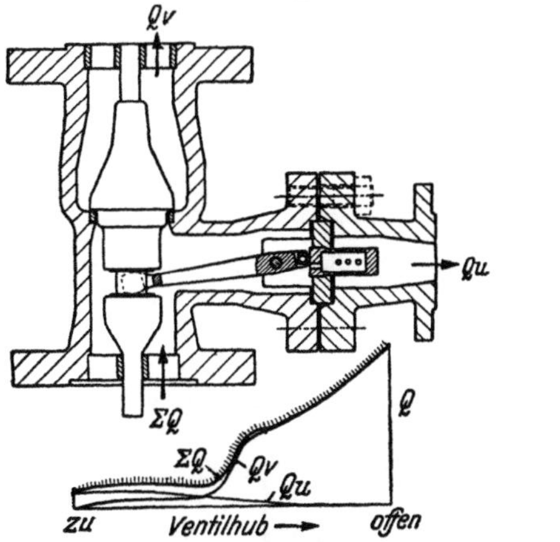

Abb. 206. In die Speisedruckleitung eingebautes KSB-Rückschlagventil mit selbsttätiger Mindestwassermengenabführung, DRP.

Kesselspeisepumpen für Heißwasserförderung können nicht saugen, sondern das Wasser muß der Pumpe mit genügend großem Gefälle zufließen (s. Abschn. 2 b). Bei Bemessung der Zulaufhöhe ist stets ein Sicherheitszuschlag empfehlenswert, um den schwankenden Betriebsbedingungen Rechnung zu tragen. Sowohl in der Zuleitung als auch in der Pumpe muß jede Dampfbildung verhindert werden. An jeder Stelle muß der Wasserdruck $> h_t$ sein, hierbei sind der Stoßverlust am Laufradeintritt und der Druckabfall innerhalb des Schaufelkanals im Laufrad zu beachten.

Dampfbildungen können auch eintreten, wenn die Pumpe gegen geschlossene Speiseleitung oder mit geringer Teillast arbeiten muß. Dieser Übelstand wird durch ein in die Speisedruckleitung eingebautes KSB.-Rückschlagventil mit selbsttätiger Mindestwassermengenabführung DRP.[5] Abb. 206 beseitigt. Sobald die Pumpenleistung zurückgeht oder ganz aufhört, nähert sich der Ventilkegel

[1] Wärme Nr. 24. Berlin: Rudolf Mosse 1930. — [2] Wärme 1931 Nr. 10. — [3] Arch. Wärmewirtsch. 1929 Nr. 3. — [4] Z. VDI 1929 Nr. 12. — [5] Direktor Weyland: Abhandlung über Hochdruckkreiselpumpen von Klein, Schanzlin & Becker.

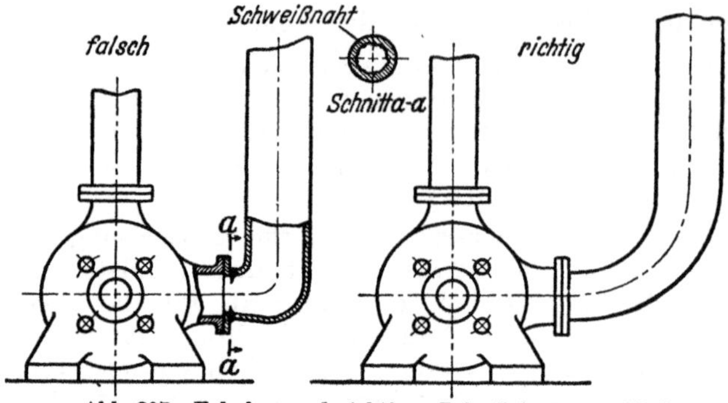

Abb. 207. Falscher und richtiger Zulaufleitungsanschluß.

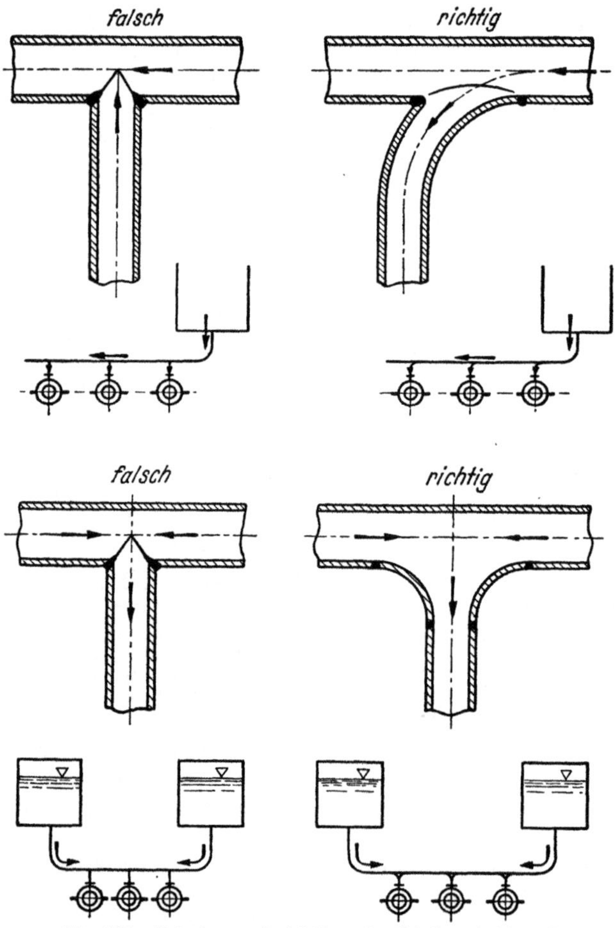

Abb. 208. Falscher und richtiger Anschluß und Abzweig in der Zulaufleitung.

seinem Sitz oder kommt in Schließstellung. Dadurch öffnet sich der Schieberabschluß, so daß eine ganz bestimmte Wassermenge in den Speisebehälter zurückfließen kann. Ein Trockenlaufen der Pumpe im toten Wasser wird auf jeden Fall vermieden.

Unrichtig ausgeführte Zulaufleitungen können ebenfalls Dampfbildungen hervorrufen. Einer Abhandlung von Direktor Weyland (Klein, Schanzlin & Becker) sind folgende Angaben über falsche und richtige Zulaufleitungsanschlüsse entnommen: In Abb. 207 hat links der Anschluß an den Pumpenstutzen einen zu kleinen Krümmungsradius. Außerdem ist der freie Querschnitt an der Schweißstelle *a—a* durch innere Vorsprünge stark verengt. Nach der hergestellten vebesserten Ausführung (rechts) arbeitete die Pumpe mit voller Leistung. In Abb. 208 sind falsche und richtige Übergänge beim Anschluß mehrerer Pumpen an einen gemeinsamen oder an zwei Zulaufbehälter gezeigt.

Bei den hohen Drücken und der hohen Wassertemperatur kommen nur hochwertige Sonderbaustoffe in Frage. Für das Pumpengehäuse wird Elektrostahlguß verwendet und bei ganz hohen Drücken werden die einzelnen Stufenglieder aus S.M.-Stahl aus dem Vollen herausgearbeitet. Vielfach erhält der Stahl auch noch Chrom- und Molybdänzusatz. Die Dichtungsflächen werden sämtlich aufgeschliffen. Die Ankerschrauben für den Zusammenbau der einzelnen Stufenelemente werden für hohe Drücke aus zähgehärtetem Chrom-Molybdänstahl ausgeführt. Die Wärmeisolierung zwischen der Pumpe und dem Stahlblechmantel wird zweckmäßig durch leicht herausnehmbare Isolierplatten hergestellt Sie soll gleichzeitig das Bedienungspersonal vor der ausstrahlenden Hitze schützen Um die Laufräder bei den großen Wassergeschwindigkeiten und den hohen Temperaturen gegen vorzeitige Abnutzung zu schützen, werden diese aus verschleißfestem Elektromanganstahlguß angefertigt. Die Laufringe, die bei einseitigem Eintritt des Wassers nur auf der Eintrittsseite angebracht werden müssen leicht auswechselbar sein. Wellenschutzhüllen bestehen zweckmäßig aus VA-Stahl. Bei hoher Drehzahl, besonders bei hohen Temperaturen, wählt man zweckmäßig Preßölschmierung für die Lager.

Die Pumpen werden als Glieder- oder Gehäusepumpen ausgeführt. Die Gliederpumpen (s. Abb. 209) werden billiger und eignen sich besonders für die ganz hohen

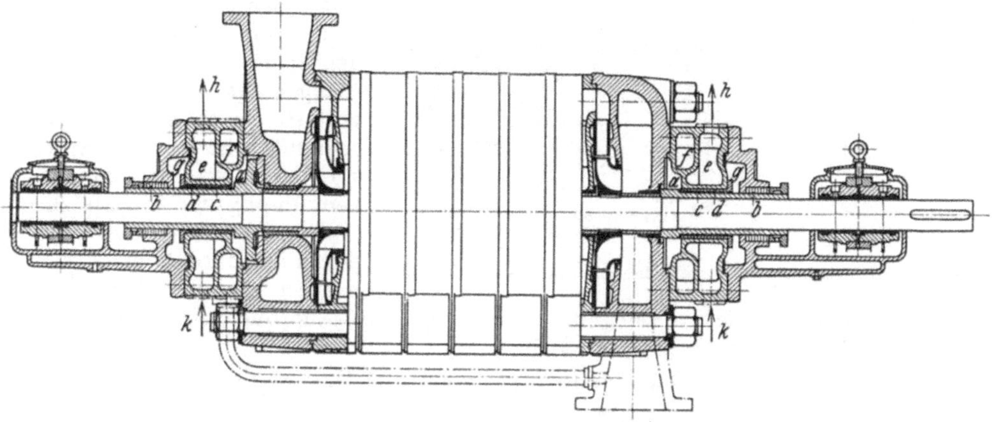

Abb. 209. Heißwasserpumpe in Gliederform.

Drücke. Die Firma Gebr. Sulzer hat für eine 225 at Benson-Kesselanlage eine 12stufige Gliederpumpe mit außenliegenden Ankerschrauben gebaut bei einer Speisewassertemperatur von 153°, 250 at Pumpendruck und einer Drehzahl von 6000/min. Jede Stufe hat eine Förderhöhe von 222 m Flüssigkeitssäule. Die Laufräder aus S.M.-Stahl sind geteilt und aus dem Vollen gefräst. Die Zwischen- und Endstücke sind geschmiedet. Die Dichtungsflächen sind aufgeschliffen. Für Drücke von 60 bis 100 at werden auch Gehäusepumpen aus Stahlguß verwendet. Die Läufer werden dann aus Bronze oder Monelmetall (76% Ni, 23% Cu, 1% Mn + Fe), die Welle aus V 2 A-Stahl hergestellt. Die einzelnen Rotorteile müssen möglichst ähnliche Ausdehnungsziffern haben. Um keine zu großen Laufräder und keine zu hohe Stufenzahl bei den sehr hohen Drücken zu erhalten, nimmt man sehr hohe Drehzahlen, so daß selbst bei Turbinen- oder Drehstrommotorantrieb ein Zahnrädergetriebe mit Übersetzung ins Schnelle zwischengeschaltet werden muß. Die Lagerung des Pumpengehäuses muß in der Achsebene erfolgen. Es kann sich dann bei Anordnung von Gleitfüßen frei nach hinten axial ausdehnen und durch die radiale Ausdehnung tritt keine Achsenverschiebung ein, die das gute Arbeiten des Vorgeleges stören würde. Der Pumpenkörper wird gegen Wärmeausstrahlung gut isoliert. Besondere Schwierigkeiten machte anfangs die Abdichtung der Stopfbüchsen bei den hohen Drücken und den hohen Temperaturen. Die Stopfbüchsen müssen entlastet und gekühlt werden. In Abb. 209, einer Heißwasserpumpe von Klein, Schanzlin & Becker[1], fließt das heiße Wasser der Kammer *a* mit geringer Geschwindigkeit durch den Drossel-

[1] Weiland: Wärme 1930 Nr. 24. Berlin: Rudolf Mosse.

spalt *c* der sehr langen Drosselbüchse *d*. Durch den Raum *e* fließt kaltes Wasser, welches die Drosselbüchse und somit das Leckwasser kühlt. Der Luftraum *f* zwischen den Räumen *a* und *e* soll eine zu starke Abkühlung des heißen Wassers in *a* und dadurch größere Wärmeverluste verhüten. In der Kammer *g* und in der Stopfbüchse *b* ist also nur ein geringer Druck und niedrige Temperatur vorhanden. Das Leckwasser wird von dem Raume *g* durch eine Rohrleitung in den Speisewasserbehälter zurückgeleitet. Die Wärmeverluste sind bei dieser Anordnung sehr gering. Sulzer verwendet eine wirksame Innenkühlung der Stopfbüchse und spritzt das Kühlwasser durch die durchbohrte Welle in den umlaufenden Kühlwasserraum ein. Die Packungen einer doppelten Stopfbüchse werden durch Sperrwasser geschützt[1] (s. Abb. 210).

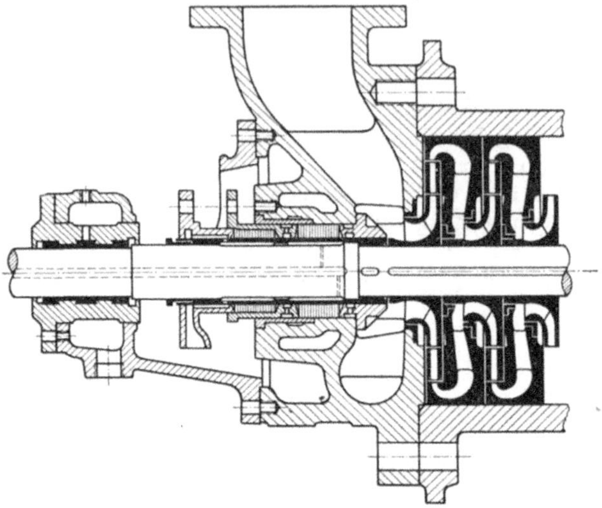

Abb. 210. Innenkühlung der Stopfbüchse und Sperrwasserabschluß.

Abb. 211 zeigt eine Turbinenpumpe von C. H. Jäger & Co., die durch eine

Abb. 211. Hochdruckkesselspeisepumpe.

Dampfturbine mit 10200 Umdr./min angetrieben wird. Sie fördert stündlich 170 t Speisewasser gegen 110 at Kesseldruck, wobei das Wasser von einer besonderen

[1] Kissinger: Z. VDI 1929 Nr. 12.

Zubringepumpe mit 9 at Druck der Pumpe zufließt. Die Speisepumpe ist mit einer Wärmeschutzumhüllung versehen.

Abb. 212 zeigt den Längsschnitt durch eine achtstufige Hochdruck-Kesselspeisepumpe neuester Konstruktion der Pumpenfabrik Halberg vorm. Gebr. Sulzer. Bemerkenswert ist bei dieser Pumpe das doppelseitig beaufschlagte Laufrad der ersten Stufe (DRP.). Hierdurch kann entweder die Zulaufhöhe des vorgewärmten Wassers bei gleicher Drehzahl kleiner gehalten werden, als es bei einem einseitig beaufschlagtem Laufrad in der ersten Stufe der Fall sein

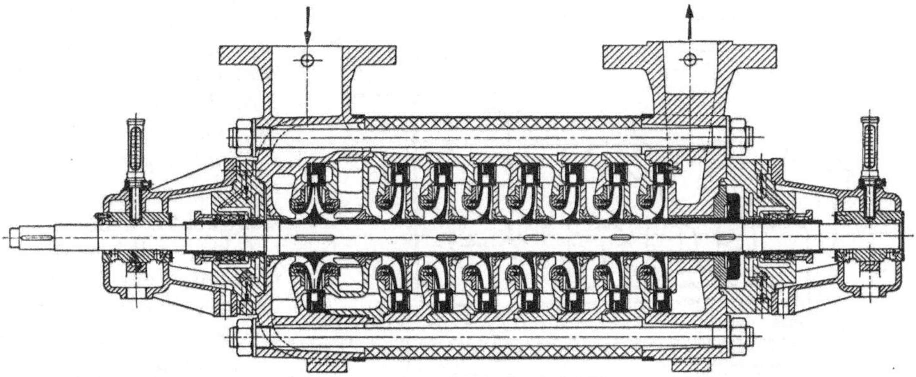

Abb. 212. Hochdruckkesselspeisepumpe.

würde. Oder es kann bei gleicher Zulaufhöhe die zulässige Drehzahl gesteigert werden. Dadurch wird die Anlage billiger und arbeitet wirtschaftlicher. In vielen Fällen kann durch das vorgeschaltete Doppellaufrad eine aus betriebstechnischen Gründen nicht immer erwünschte Zubringepumpe vermieden werden. Die durch schwere Längsanker zusammengehaltenen Glieder der Pumpe sind gegeneinander zentriert und durch Aufschleifen gedichtet. Die Längsanker sind durchbohrt. Durch diese Bohrungen wird das Abwasser der ganz rechts sichtbaren Entlastungsscheibe geleitet und dem Saugstützen zugeführt. Dadurch erhalten die Ankerschrauben ungefähr die gleiche Temperatur wie das Pumpengehäuse und Wärmespannungen, vor allem beim Anfahren, werden vermieden. Die Pumpenfüße sind in der Achsebene angeordnet und können, der Wärmeausdehnung nachgebend, auf der Unterlage sich in der Längsrichtung verschieben. Alle dem Verschleiß unterworfenen Teile sind leicht auswechselbar. Die Welle ist in preßölgeschmierten Gleitlagern gelagert. Durch eine angebaute Ölpumpe werden die Lager und alle übrigen Teile der Anlage geschmiert. Besonders bemerkenswert ist die der Firma geschützte Stopfbüchsenkonstruktion, wie sie auch bei den Heißwasser-Umwälzpumpen für La Mont-Kessel (s. Abschn. 61) Verwendung findet. Umlaufende Wellen sind bei hohem Druck und bei heißer Flüssigkeit schwer zu dichten, da die Stopfbuchspackungen verbrennen und die in der Packung enthaltenen Schmiermittel sehr rasch aufgelöst werden. Bei der hier angewandten Sulzer-Halberg-Stopfbüchse (s. Abb. 213) ist der eigentlichen

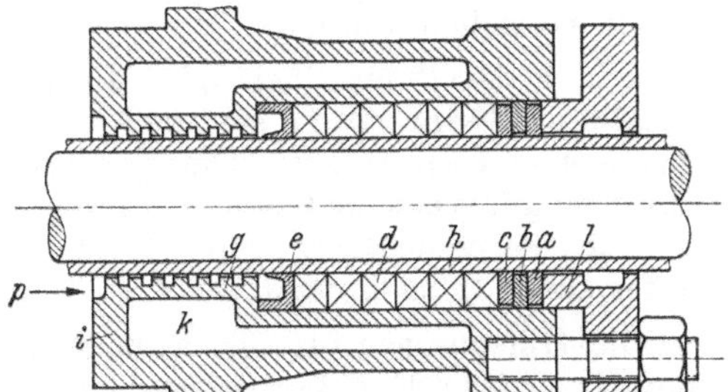

Abb. 213. Sulzer-Halberg-Stopfbüchse für Kesselspeisepumpe.

Packung *d* eine wassergekühlte Labyrinthdichtung *g* vorgeschaltet. *i* ist das Kühlstück mit dem Kühlwasserraum *k*. Das Fördermittel tritt daher schon stark gekühlt zur Packung *d*. Dieser ist ein Druckring *e* vorgeschaltet. Durch diesen Ring wirkt der innere Pumpenüberdruck *p* sich auf die sechs Packungsringe *d* aus. Durch den gleichmäßig verteilten Druck wird das Packungsmaterial an die Wellenschutzhülle *h* angepreßt. Zwischen *d* und der Stopfbüchsbrille *l* liegen drei Lamellenringe *a*, *b* und *c*, um zu verhindern, daß Packungsmaterial durch den kleinen Spielraum zwischen *l* und *h* nach außen gepreßt werden kann. Das Stopfbüchskühlstück *i* ist so geteilt, daß es leicht auseinandergenommen werden kann und die sich oft zusetzenden Kanäle rasch gereinigt werden können.

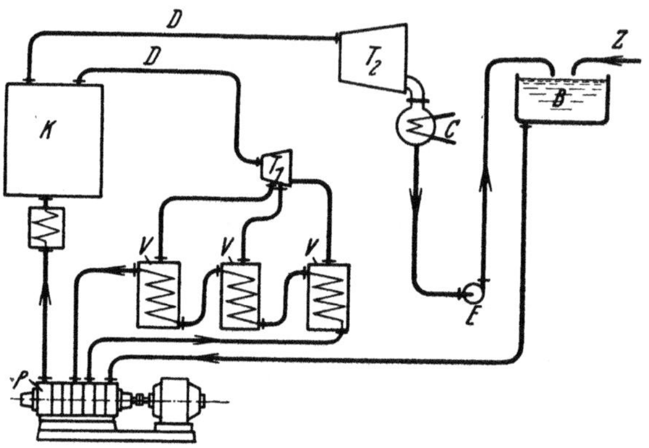

Abb. 214. Schaltplan einer Höchstdruck-Kesselanlage mit vereinigter Vorwärm- und Speisepumpe.

Für Schiffszwecke werden die Speisepumpen meistens in senkrechter Anordnung ausgeführt, weil hier die Grundrißfläche sehr beschränkt ist und die stehende Pumpe weniger Grundfläche beansprucht.

Der Schaltplan Abb. 214[1] zeigt eine Höchstdruck-Kesselanlage, bei welcher Vorwärm- und Speisepumpe in einer Pumpe vereinigt sind. Die erste oder die beiden ersten Stufen leisten die Arbeit der Vorwärmungspumpe, die weiteren Stufen drücken das in *V* stark vorgewärmte Wasser in den Kessel *K*. Die zusammengebaute Pumpe wird billiger und es ist nur eine einzige Heißwasserstopfbüchse erforderlich. Die Heißwasserpumpen erhalten die üblichen Entlastungen gegen Axialschub. Der Antrieb der Pumpe erfolgt vorteilhaft durch eine Dampfturbine, welche sich am besten für Speisewasserregelung eignet. Die Aushilfspumpe kann durch einen Drehstrommotor betrieben werden.

Damit die Pumpe bei jeder Belastung einwandfrei arbeitet, muß die *QH*-Linie stabil sein, d. h. sie muß mehr oder weniger flach gegen Null stetig ansteigen (s. Kap. II, 2 h). Dies gilt besonders beim Parallelarbeiten von mehreren Pumpen mit verschiedenen Kennlinien.

Auf eine neue Bauart einer Hochdruck-Heißwasser-Kreiselpumpe, „die Hohlläuferpumpe“, sei hingewiesen[2].

Die **Hilfspumpen für die Kondensation** bei größeren Dampfturbinenanlagen und für Höchstdruckkraftwerke werden zur Vereinfachung des Betriebes und aus Sparsamkeitsgründen zweckmäßig in einem Pumpensatz vereinigt. Abb. 215 zeigt ein solches Aggregat, bestehend aus Kühlwasser-, Strahlwasser- und Kondensatpumpe. Die Kühlwasserpumpe (links) liefert die große Kühlwassermenge für den Oberflächenkondensator. Die Förderhöhe ist gering (etwa 7 bis 9 m), da im allgemeinen nur die Widerstände in der Leitung und im Kondensator zu überwinden sind. Es genügt daher eine einstufige Niederdruck-Kreiselpumpe mit Spiralgehäuse. Die Strahlwasserpumpe erzeugt in zwei Stufen das

---

[1] Wärme 1930 Nr. 24. Berlin: Rudolf Mosse.

[2] Schupp: Die Hohlläuferpumpe eine neue Kreiselpumpenart. Z. VDI 1940 S. 921.

Druckwasser von etwa 5 at für einen Wasserstrahlejektor, der die Luft aus dem Kondensator absaugt. Kühlwasser- und Strahlwasserpumpe haben ein gemeinsames waagerecht geteiltes Gehäuse. Die verhältnismäßig geringe Wassermenge der letzteren wird dem Druckraum der ersteren entnommen. Die kleine

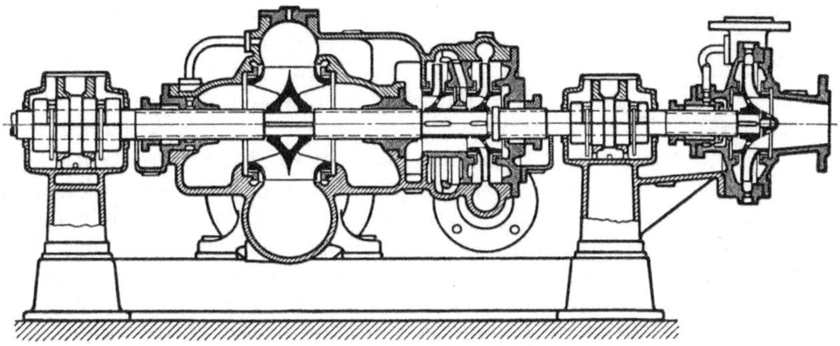

Abb. 215. Vereinigter Hilfspumpensatz für die Kondensation größerer Dampfturbinenanlagen.

einstufige Kondensatpumpe (rechts) ist fliegend gelagert. Sie saugt das Kondensat aus dem Kondensator und drückt es den Speisewasserpumpen zu. Die Kondensatpumpe muß wegen der großen bei Turbinenbetrieb erforderlichen Luftleere besonders gute Saugfähigkeit und eine vollständig abdichtende Stopfbüchse haben. Sulzer dichtet die Stopfbüchse durch Druckwasser ab, welches der Druckleitung der Kondensatpumpe entnommen wird und verwendet eine Doppelstopfbüchse, zwischen deren beiden Packungen Kondensat aus einem erhöht aufgestellten kleinen Behälter als Sperrwasser geleitet wird. Dadurch wird erreicht, daß bei geringer Belastung der Turbinen, wobei die Kondensatpumpe fast leer läuft, noch genügende Abdichtung vorhanden ist.

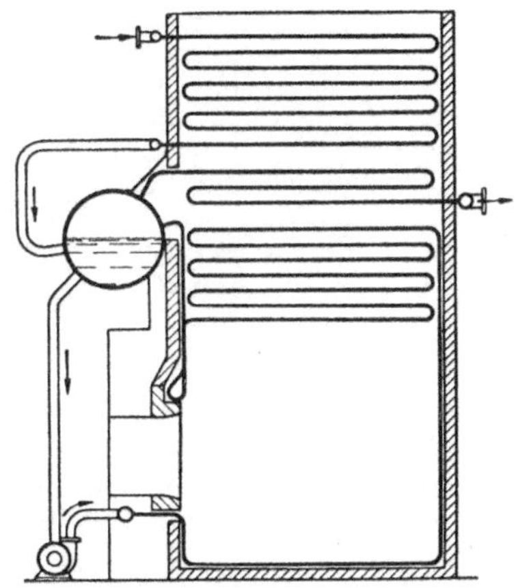

Abb. 216. Schema des La Mont-Verfahrens.

l) Heißwasser-Umwälzpumpen.

Zur Beschleunigung des Wasserumlaufs in neuzeitlichen Wasserrohrkesseln, besonders bei den in den letzten Jahren sehr in Aufnahme gekommenen La Mont-Kesseln, dient eine Heißwasser-Umwälzpumpe. Der nach dem Amerikaner gleichen Namens genannte La Mont-Kessel ist besonders durch unermüdliche deutsche Arbeit in den letzten Jahren außerordentlich entwickelt worden, so daß heute wohl schon Anlagen mit einer Gesamtdampfleistung von mehr als 2 Millionen kg/h in Europa in Betrieb sind. Abb. 216 zeigt ein Schema des La Mont-Verfahrens[1]. Unten um den Feuerraum liegt die Verdampferheizfläche, durch welche die Umwälzpumpe (unten links), wie der Pfeil zeigt, das Umwälzwasser in den unteren Teil des Dampfraumes

[1] Aus Z. „Wärme" 1935 Nr. 49. Dr.-Ing. Herpen. Weitere Abhandlungen über La Mont-Kessel s. Wärme 1934 Nr. 32 (Abhitzekessel); 1935 Nr. 9; 1935 Nr. 10; Arch. Wärmewirtsch. u. Dampfkesselwesen 1937 Nr. 3.

der Trommel drückt. Das heiße Wasser fließt durch die Zulaufleitung aus der Trommel der Pumpe wieder zu. Die Verdampferheizfläche besteht aus engen Schlangenrohren von 20 bis 30 mm lichten Durchmesser, welche auf der Pumpenseite in Verteilerrohre, auf der Trommelseite in Sammelkästen eingewalzt sind. Damit möglichst durch jedes Heizrohr eine gleiche Umwälzwassermenge fließt, muß jedem der parallelgeschalteten Rohre beim Eintritt des Wassers aus dem Verteiler eine Drosseldüse vorgeschaltet werden (s. Abb. 217). a = Verdampferrohr, b = Düseneinsatz, d = Verteiler, f = Verschlußstopfen, g = Düsenhalter mit Siebschutz [1]. Als umzuwälzende Wassermenge nimmt man etwa die 8fache Wassermenge, welche verdampft wird, an. Von der höchsten Stelle der Trommel tritt der Dampf in den in der Mitte angeordneten Überhitzer. Ganz oben liegt der von den Abgasen umspülte Speisewasservorwärmer. Die Speisewasserpumpe drückt das Speisewasser durch denselben in den Wasserraum der Trommel, wie die Pfeile angeben. Der Zwangumlauf trägt sehr zur Verminderung des Ansatzes von Kesselstein in den Heizrohren bei. Auch die Gefahr des Überschäumens des Kessels ist bei der Zwangumwälzung sehr gering.

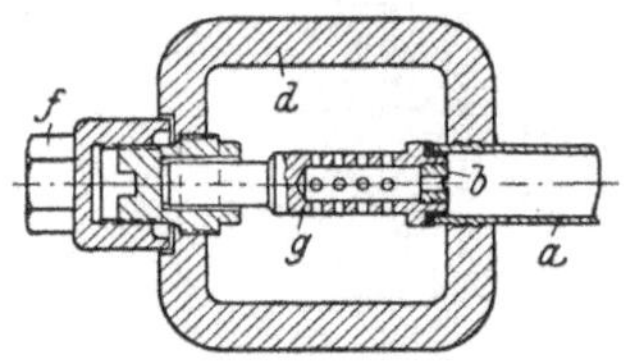

Abb. 217. Drosseldüsenanordnung.

Die Heißwasser-Umwälzpumpe ist einstufig mit Spiralgehäuse, da das Wasser aus der Trommel der Pumpe unter Kesseldruck zufließt und zur Überwindung

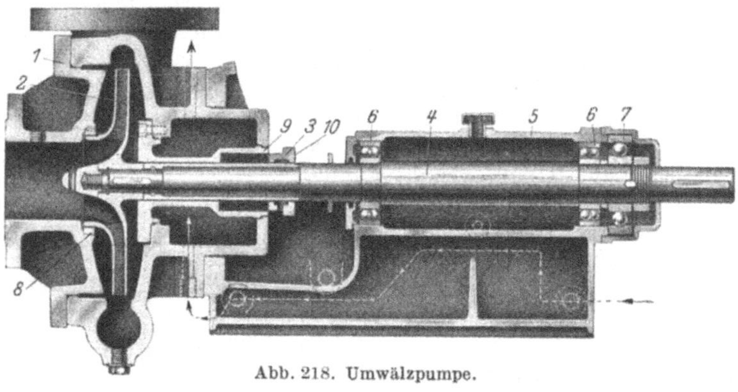

Abb. 218. Umwälzpumpe.

der Widerstände in den engen Rohren und der ganz geringen Förderhöhe bis zur Trommel nur eine Druckerhöhung von etwa $2^1/_2$ at durch die Pumpe nötig ist. Der Kraftbedarf der Pumpe ist daher sehr klein. Er beträgt nur etwa 0,5 bis 0,7% der Dampfleistung des Kessels. Das Material der Pumpe muß gegen Laugen widerstandsfähig sein, da in den meisten Fällen chemisch aufbereitetes Speisewasser vorliegt. Bei hohen Drücken wird das Gehäuse aus Stahlguß, bei geringeren Drücken vielfach aus Nickel-Gußeisen hergestellt. Das Laufrad besteht aus Bronze oder bei stark alkalischem Wasser aus Ni-Gußeisen. Abb. 218 zeigt die Ausführung der Umwälzpumpe von Klein, Schanzlin & Becker. Das von der Trommel zufließende heiße Wasser tritt mit großem Querschnitt axial in die Pumpe. Der Druckstutzen ist tangential und nach oben gerichtet. Nach Entfernung des Saugdeckels (*1*) kann das Laufrad nachgesehen und leicht herausgenommen werden. Das Laufrad (*2*) ist fliegend auf der mit Schutzhülle (*3*)

[1] Vgl. Fußnote S. 125.

aus Bronze oder Ni-Gußeisen versehenen Welle (*4*) befestigt. Dadurch ist nur eine einzige abzudichtende Stopfbüchse vorhanden, was bei dem hohen Druck und dem heißen Wasser sehr vorteilhaft ist. Die Welle ist in dem gußeisernen Lagerbock (*5*) in zwei Doppelkugellagern (*6*) gelagert. Zur Sicherung gegen Längsverschiebung dient ein äußeres Axialkugellager (*7*). Die Abdichtung des Laufrades auf der Saugseite erfolgt durch einen auswechselbaren Laufring (*8*). Bei mindestens 2 m Zulaufhöhe von der Trommel zur Pumpe läßt man in der Zulaufleitung eine Geschwindigkeit von 2 bis 2,5 m/sek zu. Bei der geringsten zulässigen Zulaufhöhe von 1,2 m, wie sie bei Schiffskesseln vorkommt, nimmt man entsprechend kleinere Geschwindigkeiten. In der Druckleitung zu den Verteilern und in den Verteilern selbst können bedeutend höhere Geschwindigkeiten gewählt werden.

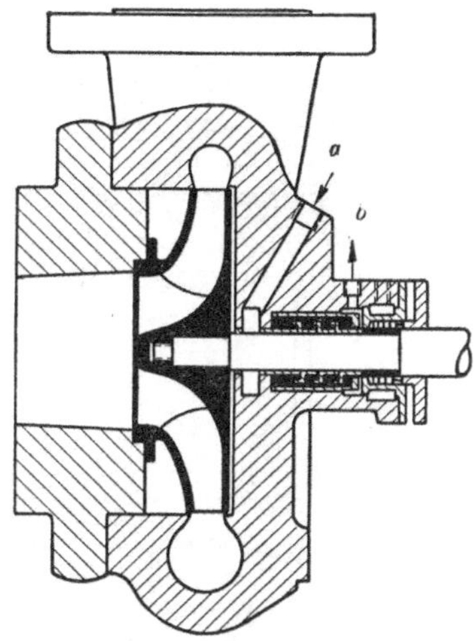

Abb. 219. Drosselstrecke mit Sperreinrichtung.

Bei einer Temperatur von mehr als 120° sind einfache normale Stopfbüchsen auch mit Metallpackung nicht mehr zuverlässig. Die Stopfbüchse (*9*) hat daher bei hohen Kesseldrücken in der linksseitigen Verlängerung einen langen wassergekühlten Drosselspalt. Die Stopfbüchse ist von links in den Kühlwasserraum eingeschoben. Das heiße Spaltwasser muß also auf dem Wege zur Stopfbüchse den Drosselspalt durchfließen und wird in dem Kühlraum durch das umlaufende Wasser, welches zuerst den Lagerbock durchfließt, gekühlt (s. gestr. Pfeillinie). Dadurch wird neben der Temperatur auch der Druck herabgesetzt, so daß die Stopfbüchse nur normal beansprucht wird. Die ausführende Firma gewährleistet selbst bei hohen Drücken von 60 bis 80 at einen Verlust von höchstens ein l/h Leckwasser. Die Stopfbüchsbrille (*10*) braucht dabei nur leicht angezogen zu werden. Bei sehr hohen Kesseldrücken kann in die Drosselstrecke noch ein Sperraum eingeschaltet werden, welcher bei *a* an die Druckleitung der Speisepumpe angeschlossen wird (s. Abb. 219). Da der Speisepumpendruck etwas höher als der Druck in der Umwälzpumpe ist, wird dadurch das heiße Wasser von der Stopfbüchse abgesperrt. Von *b* aus wird das durch die Stopfbüchsenpackung durchsickernde Sperrwasser nach der Saugseite der Speisepumpe zurückgeleitet. Im Abschn. 6k, S. 123 ist eine der Pumpenfabrik Halberg, früher Gebr. Sulzer, geschützte Stopfbüchsenkonstruktion für Hochdruck-Kesselspeisungen abgebildet und beschrieben. Diese Stopfbüchse wird von Halberg auch für Heißwasser-Umwälzpumpen verwendet. Die Umwälzpumpe ist so zuverlässig, daß keine Ersatzpumpe nötig ist. Trotzdem werden für große Anlagen meistens zwei parallel geschaltete Pumpen vorgesehen. Beim Ausfall einer Pumpe kann die zweite mit genügender Sicherheit allein so viel Umwälzwasser liefern, daß eine Überhitzung der Heizrohre nicht eintritt.

m) Säurefeste Kreiselpumpen.

Für größere Fördermengen ist die Säure-Kreiselpumpe geeigneter als Kolbenpumpen oder auch Drucklufteinrichtungen.

Zur Förderung von Salpeter- und Schwefelsäure finden Pumpen aus Kruppschem Thermisilid, für Salpeter- und schweflige Säure Pumpen aus Kruppschem

V 2 A- bzw. V 4 A-Material Verwendung (s. auch S. 31). Thermisilid ist bekanntlich sehr spröde und äußerst empfindlich gegen Stöße; es kann nur durch Schleifen bearbeitet werden. V 2 A- bzw. V 4 A-Material dagegen sind ein Stahlmaterial hoher Festigkeit, das mit normalen Werkzeugen bearbeitet werden kann. Es bestehen keine Schwierigkeiten, Gußstücke größerer Abmessungen, z. B. bei Spiralgehäusen bis 300 mm NW. und auch mehr herzustellen. Die Firma Gebr. Sulzer fertigt sowohl Pumpen aus Thermisilid, als auch solche aus V 2 A-Materialien an. Die Abb. 220 zeigt den Aufbau einer Thermisilidpumpe. Bei der wertvollen und meist gefährlichen Förderflüssigkeit darf die Stopfbüchse nicht tropfen. Sie wird daher vielfach durch ein kleines Hilfsrad entlastet. Bei heißen Flüssigkeiten muß besonders gekühlt werden. Der Einlauf erfolgt axial; das Laufrad ist entlastet. Zur Sicherung gegen Heißlaufen bei eintretendem Verschleiß ist ein Axialkugellager angeordnet. Die Welle läuft in zwei langen Ringschmierlagern. Die Pumpe ist fliegend angeordnet. Bei Berechnung der Pumpe und ihres Leistungsbedarfs ist das höhere spezifische Gewicht der Säure zu berücksichtigen. Der Antrieb erfolgt durch Elektromotor oder Riemen. In Abb. 221 ist eine V 2 A-Pumpe neuester Konstruktion dargestellt. Anstatt des Gleitlagerbockes der Thermisilidpumpe ist ein Kugellagerbock vorgesehen. Zur Sicherung gegen

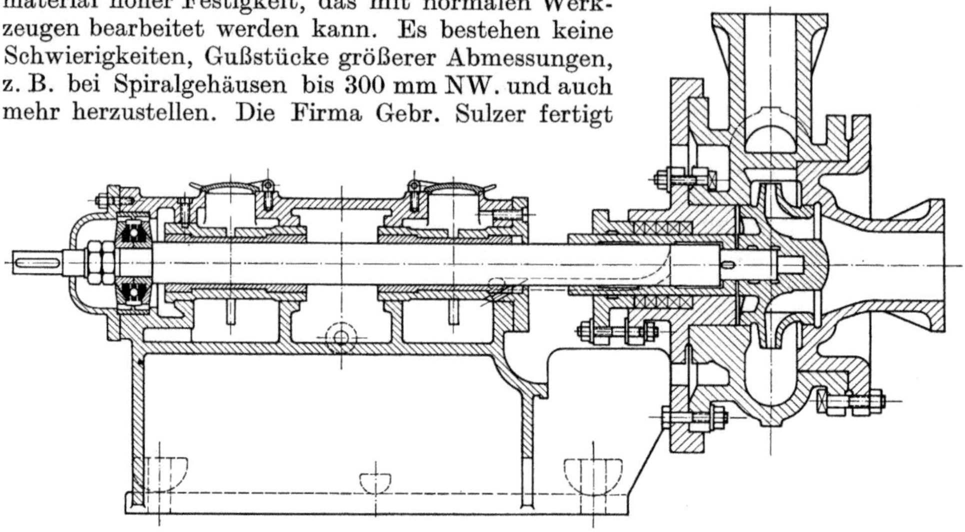

Abb. 220. Säurefeste Pumpe. Lagerbock (links) aus Gußeisen. Fliegend gelagerte Kreiselpumpe aus Thermisilid.

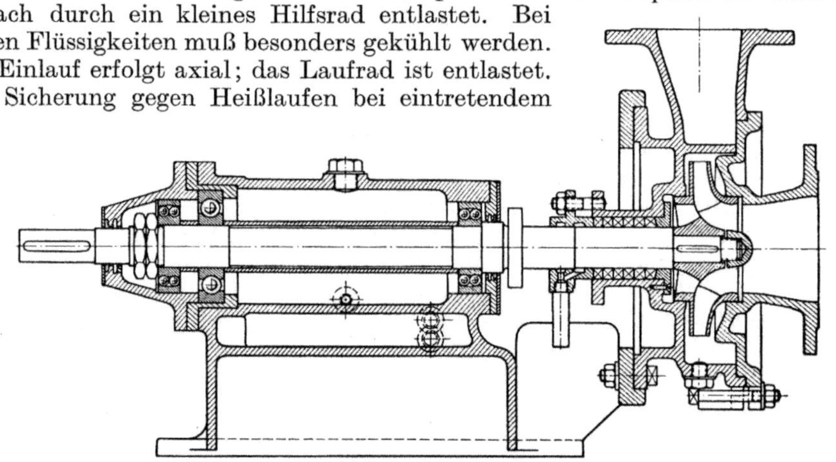

Abb. 221. Säurefeste Pumpe aus V 2 A-Material.

Längsverschiebung ist zwischen den beiden Führungslagern noch ein Axialdrucklager eingebaut. Ein Axialdruck wird kaum auftreten, da das Laufrad auf beiden Seiten Dichtungsflächen von gleichem Durchmesser hat, so daß der Druck ausgeglichen ist. Nur der Lagerbock besteht aus Gußeisen; sämtliche übrigen Teile der Pumpe, wie Gehäuse, Laufrad, Wellenbüchse, Saugstutzen und Welle sind in V 2 A-Material angefertigt. Für die Befestigung des Saugstutzens sind am Gehäuse eingegossene Schlitze vorgesehen, um unnötige Bearbeitungskosten zu sparen. Genau wie bei der Siliziumpumpe tritt auch bei den V 2 A-Pumpen die Säure axial in die Pumpe ein. Das Laufrad ist fliegend angeordnet. Der kräftig ausgebildete Lagerbock vermeidet das Innenlager im Saugstutzen der Pumpe und es ist weiterhin bemerkenswert, daß die Konstruktion nur eine Stopfbüchse erfordert. Bei faserhaltigen Säuren, wie sie in der Papierindustrie vorkommen, wird ein offenes Laufrad verwendet, um Verstopfungen zu vermeiden (Abb. 222). Die Stopfbüchse ist durch eine Hilfspumpe entlastet, welche in die linke Seite des Laufrades *b* bei *a* eingebaut ist (s. Abb. 223). Durch

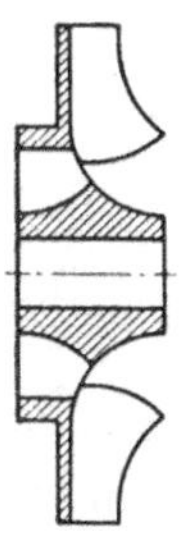

Abb. 222.

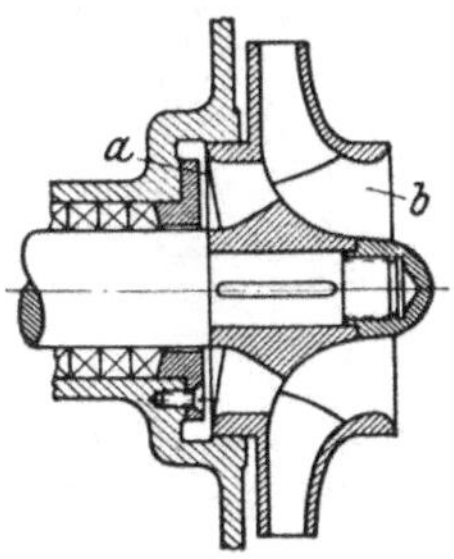

Abb. 223.

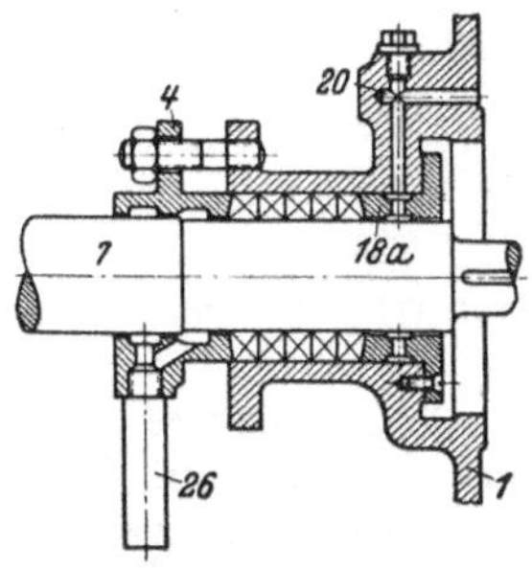

Abb. 224.

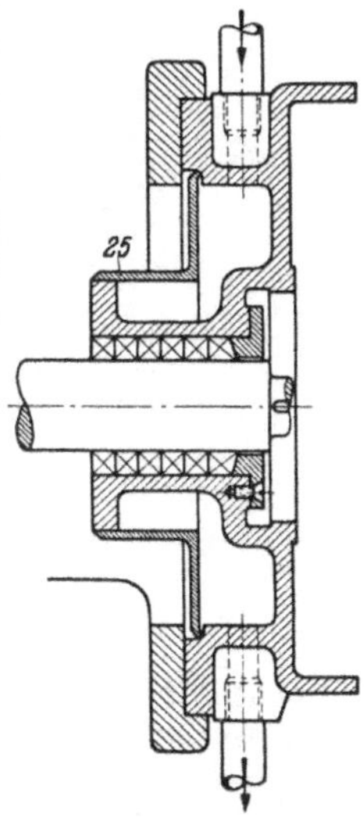

Abb. 225.

Abb. 222. Offenes Laufrad.
Abb. 223. Entlastung der Stopfbüchse durch die kleine axiale Hilfspumpe bei *a*.
Abb. 224. Stopfbüchse mit Sperrflüssigkeit.
Abb. 225. Stopfbüchse mit Kühlmantel.

die kurzen axial gerichteten Schaufeln *a* wird die zur Stopfbüchse vordringende Flüssigkeit in den Saugraum des Laufrades zurückgedrückt. Die Stopfbüchspackung tritt nur beim Stillstand der Pumpe in Tätigkeit; sie braucht daher, ohne zu tropfen, nur ganz leicht angezogen und kaum nachgezogen oder erneuert zu werden. Wenn die Pumpe saugen muß, was nur bei kalter Säure der Fall sein kann, dann wird Sperrflüssigkeit von der Druckseite durch den Kanal *20* nach dem kleinen ringförmigen Raum *18a* in der Grundbüchse geleitet, um ein Ansaugen von Luft zu verhindern (s. Abb. 224). Durch die Hilfspumpe wird diese Flüssigkeit wieder in den Saugraum des Laufrades zurückbefördert, wodurch die Packung entlastet wird. Etwa durch die Packung hindurchsickernde Säure wird durch die kammerartig ausgebildete Stopfbüchsbrille *4* durch das Rohr *26* abgeleitet. Außerdem ist kurz vor dem Lagerbock noch zur Sicherheit ein Schleuderring vorgesehen, damit keine Säure in das Kugellager gelangen kann (s. Abb. 221). Bei Förderung von heißer Säure erhält die Stopfbüchse außen einen Kühlmantel *25* (s. Abb. 225). Die Zu- und Ableitung des Kühlwassers ist durch Pfeile angegeben.

Im allgemeinen genügt für Säureförderung eine einstufige Pumpe, da meistens keine großen Förderhöhen in Frage kommen. Für ausnahmsweise vorliegende höhere Drücke baut die Pumpenfabrik Halberg vorm. Gebr. Sulzer aber auch seit kurzem eine zweistufige Pumpe (s. Abb. 226). Um eine möglichst große Sicherheit gegen Durchtritt der Flüssigkeit an der Welle entlang nach außen zu haben, ist die fliegende Anordnung mit nur einer Stopfbüchse auch hier durchgeführt worden, trotz gewisser Beschränkungen, welche die Verarbeitung des

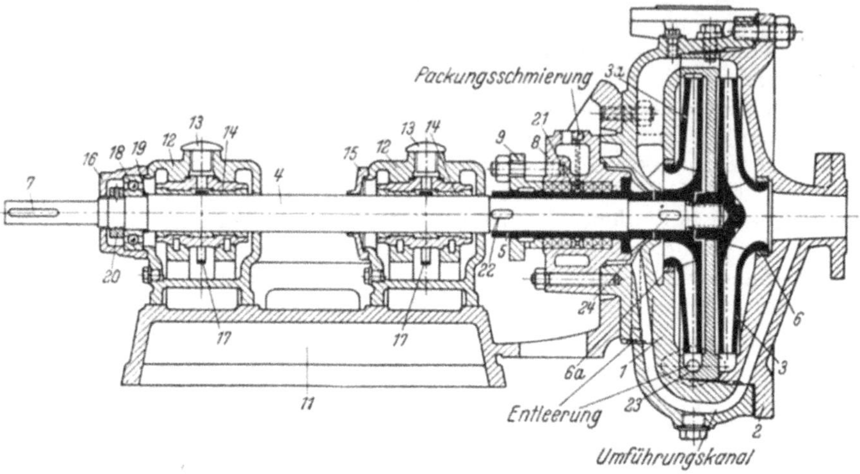

Abb. 226. **Zweistufige säurefeste Kreiselpumpe.**

säurebeständigen Materials in konstruktiver Hinsicht erfordert. Die Welle (*4*) hat über die Stopfbüchse hinaus eine Schutzhülle (*5*). Durch die zweckmäßige Anordnung des Laufrades (*3a*) der zweiten Stufe und des Umführungskanals ist eine gedrängte Zusammenlegung der beiden Stufen und dadurch ein kaum größerer Abstand der Laufräder vom Lager, wie bei der einstufigen Pumpe erreicht. Die Lagerung der Welle (*4*) erfolgt in zwei Ringschmierlagern (*14*) mit großem Abstand voneinander. Zur Sicherung gegen Längsverschiebung ist hinter dem linken Lager ein Axialkugeldrucklager (*18*) vorgesehen. Beide Laufräder (*3* und *3a*) haben an ihrer Eintrittsseite einen Dichtungsring (*6* und *6a*). Die Stopfbüchse hat einen Kühlmantel bei Förderung von heißer Flüssigkeit (*8*) und eine besondere Packungsschmierung (*21*). Die Pumpen werden ausgeführt für Fördermengen von 60 bis 5000 l/min und Förderhöhen bis 50 m in einstufiger und bis 100 m in zweistufiger Form. Die Drehzahl beträgt bei beiden Pumpen 1450 Umdr./min.

Abb. 227. **Säurepumpe mit Hartgummiauskleidung und senkrecht zur Welle geteiltem Gehäuse.**

Für bestimmte Arten von chemischen Flüssigkeiten wird von einigen Pumpenfabriken eine Hartgummiauskleidung der Säurepumpen vorgenommen, so daß dann die ganze Pumpe in Grauguß ausgeführt werden kann. Abb. 227 zeigt eine Ausführung von C. H. Jäger & Co., Leipzig. Das Gehäuse ist in der Laufradebene senkrecht zur Welle geteilt. Alle Innenteile des Spiralgehäuses, sowie das ganze offene Laufrad und die Stopfbüchse, welche mit der Säure in Berührung kommen, erhalten die fest anhaftende Hartgummipanzerung. Bei Beimengungen von Sand oder metallischen Teilen, welche einen mechanischen Verschleiß hervorrufen, erhält die Pumpe auch wohl eine zähe, aber nachgiebige Weichgummiauskleidung. Durch das senkrecht geteilte Gehäuse läßt sich das Innere der Pumpe und das offene Laufrad leicht nachsehen und reinigen. Das Laufrad ist fliegend angeordnet. Der Einlauf erfolgt axial.

Die Baustoffe Thermisilid und Kruppsches VA-Material gehören zu den Sparstoffen und stehen im Kriege nur in beschränktem Maße zur Verfügung[1]. Es werden daher jetzt wieder mehr Säurepumpen auch für größere Fördermengen und Förderhöhen aus Porzellan hergestellt. Amag-Hilpert hat eine Hartporzellanpumpe besonders entwickelt, und zwar für Fördermengen von 130 bis 850 l/min und Förderhöhen bis zu 60 m. Das Hartporzellan ist so widerstandsfähig, daß selbst bei größeren Förderhöhen Brüche, die bei Säureförderung gefährlich sind, nicht zu befürchten sind. Nur der Pumpenkörper mit Saug- und Druckstutzen und das offene Laufrad, sowie die Stopfbüchse bestehen aus Hartporzellan. Die übrigen Teile der Pumpe, die nicht mit der Säure in Berührung kommen, sind aus Gußeisen hergestellt. Der Eintritt erfolgt axial, so daß nur eine Stopfbüchse nötig ist.

III. Luftdruck- und Dampfdruckpumpen.

Die Luft- bzw. Dampfdruckpumpen und ebenso die Wasser- bzw. Dampfstrahlpumpen zeichnen sich durch große Einfachheit und infolgedessen Betriebssicherheit aus. Gegenüber den Kolben- und Kreiselpumpen arbeiten sie durchweg mit einem ziemlich niedrigen Wirkungsgrad, so daß ihre Anwendung meistens nur für besondere Zwecke in Frage kommt.

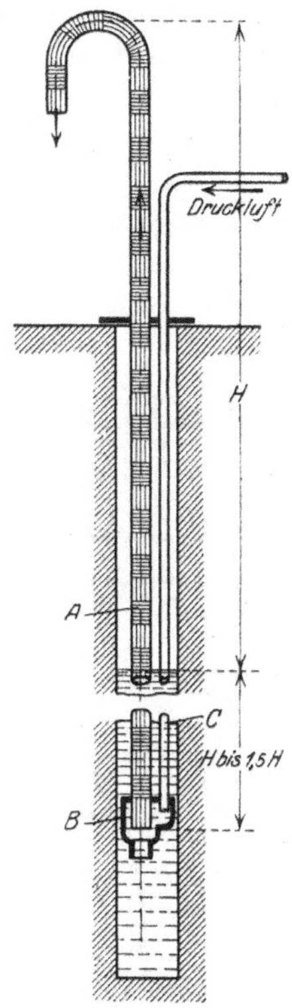

Abb. 228. Mammutpumpe.

1. Luftdruckpumpen.

Die von der Firma Borsig-Berlin gebaute Mammutpumpe fördert die Flüssigkeit unmittelbar mittels Luftdruckes. Die Pumpe (Abb. 228) besteht aus dem Steigrohr *A*, einem Fußstück *B* und dem Luftdruckrohr *C*. Die Druckluft kann nach dem Eintritt in das Fußstück das Steigrohr umspülen und am ganzen Umfange unten in das Steigrohr eintreten. Die Luftblasen, welche sich mit dem Wasser vermischen, verringern das spezifische Gewicht des letzteren. Zeitweise bilden sich in dem Steigrohr während des Betriebes sogar mehr oder weniger große Luftkolben zwischen dem Wasser, wie in der Abb. 228 angedeutet. Die über der unteren Öffnung des Steigrohres stehende Wassersäule drückt dann das Luft- und Wassergemisch nach oben. Aus diesem Grunde muß die Pumpe so weit in das Bohrloch hineingesenkt werden, daß die Eintauchtiefe mindestens gleich der Förderhöhe *H bis 1,5 H* ist. Da die Pumpe keine Kolben, Ventile, Packungen usw. hat, ist sie gegen verunreinigtes, schlammiges oder sandhaltiges Wasser unempfindlich und sehr betriebssicher. Der Wirkungsgrad ist ziemlich niedrig (bis 45%). Bei großen Förderhöhen sinkt der Wirkungsgrad erheblich. Bei großen Saughöhen ist die

[1] Z. VDI 1941 S. 870. Trapp: Werkstoffsparende Bauform einer stopfbüchslosen Säurekreiselpumpe.

Verwendung der Mammutpumpe dadurch günstig, daß sie in einfachster Weise in ein Bohrloch von kleinem Durchmesser tief hinabgesenkt werden kann, während für eine abgesenkte Pumpe ein sehr großes Bohrloch oder ein Schacht erforderlich ist. Die Bohrlochpumpe (s. Kap. II, 6b), welche auch nur ein enges Bohrloch verlangt, tritt infolge ihrer größeren Wirtschaftlichkeit aber immer mehr an die Stelle der Mammutpumpe.

Die Liefermenge einer Mammutpumpe kann, ohne daß der Wirkungsgrad besonders ungünstig beeinflußt wird, innerhalb ziemlich weiter Grenzen geregelt werden. Die Wassergeschwindigkeit beim Eintritt in das Steigrohr soll möglichst nicht größer als 1,5 m/sek sein.

2. Dampfdruckpumpen (Pulsometer).

Der Pulsometer wurde von Hall im Jahre 1871 erfunden. Die Abb. 229 zeigt den Hallschen Pulsometer, wie er von der Firma Carl Eichler, Hennry Halls Nachfolger, Berlin, ausgeführt wird.

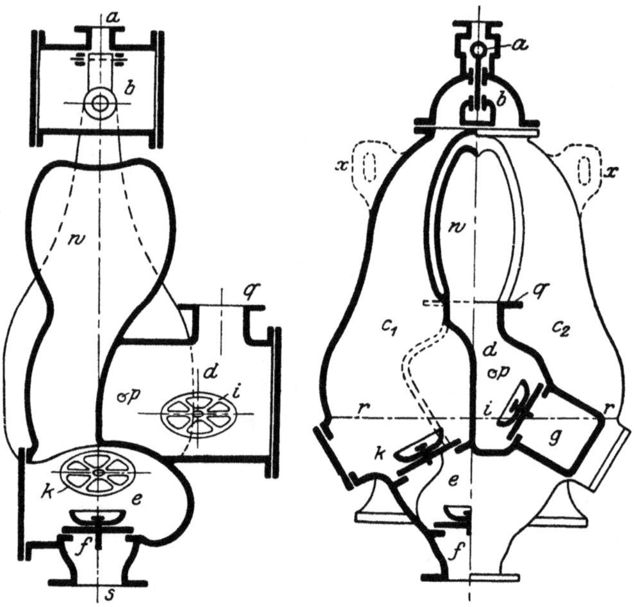

a Dampfeintritt,
b Pendelzunge,
c_1 Druck- bzw. Saugkammer,
c_2 Druck- bzw. Saugkammer,
d Druckventilkasten,
e Saugraum (gemeinschaftlich),
f Fußventil,
g Druckkanäle (zwei),
p Einspritzlöcher (zwei) vom Druckkasten *d* nach Kammer c_1 und c_2,
i Druckventile (zwei),
k Saugventile (zwei),
q Druckrohrflansch,
s Saugrohrflansch,
w Saugwindkessel (mit dem Saugraum *e* in freier Verbindung),
x Augen zum Aufhängen des Pulsometers,
r-r Kondensationslinie.

Abb. 229. Pulsometer.

Der Pulsometer hat außer der Pendelzunge und den Ventilen keine beweglichen Teile, so daß nur Abnutzung von diesen Maschinenteilen stattfindet, und die Lebensdauer und Betriebssicherheit der Pumpe daher groß ist. Auch ist der Pulsometer unempfindlich gegen Verunreinigungen der zu pumpenden Flüssigkeit.

Der Dampf strömt vom Zuleitungsrohr *a* abwechselnd in die beiden Kammern c_1 und c_2 und wird später durch Einspritzwasser kondensiert (s. Abb. 229). Der Dampfdruck bewirkt das Heben der Flüssigkeit, und die Kondensation des Dampfes das Saugen. Es soll angenommen werden, daß der Pulsometer bereits mit Wasser gefüllt ist und die Pendelzunge *b* rechts anliegt, dann drückt der Dampf nach dem Öffnen des Dampfabsperrventils oben auf die Wasseroberfläche der linken Kammer c_1, senkt dieselbe und drückt die Flüssigkeit durch das Druckventil *i* in die Druckleitung (Stutzen q). Sobald der Wasserspiegel bis zur Oberkante des Druckventils i abgesenkt ist, strömt der Dampf mit großer Geschwindigkeit durch dasselbe. Durch die starke Mischung des Dampfes mit dem Wasser erfolgt hier eine Kondensation des Dampfes. Der hierdurch in dem Raume c_1 entstehende Unterdruck veranlaßt ein rasches Einströmen des Dampfes durch den Spalt der Pendelzunge und wirft letztere nach links. Die Kammer c_1 ist jetzt abgeschlossen und der Dampf strömt in die Kammer c_2. Aus der Druckkammer d wird durch die Einspritzlöcher p jedesmal etwas Wasser in die Saugkammer gespritzt, wodurch der Dampf weiter kondensiert wird. Während nun in c_2 der Wasserspiegel gesenkt wird, findet gleichzeitig in der Kammer c_1 durch das entstandene Vakuum ein Ansaugen von Flüssigkeit durch das Saugventil k statt. Nach völliger Senkung des Wassers in c_2 beginnt in c_1 das Spiel von neuem. Abb. 233 zeigt die Außenansicht eines Pulsometers der Firma Körting, Hannover-Linden.

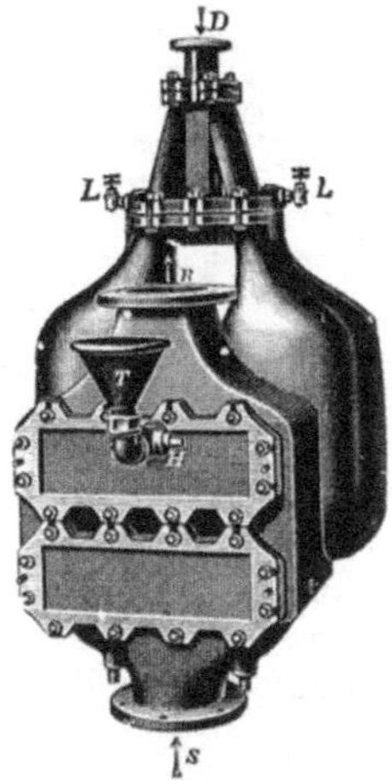

Abb. 230. Außenansicht des Pulsometers der Firma Körting.

Der Pulsometer kann 7 bis 8 m ansaugen. Günstiger ist eine geringe Saughöhe von 1 bis 2 m. Der Dampfdruck muß 1 bis 1,5 kg/cm² höher sein als die Druckhöhe. Der Pulsometer kann auch unter Wasser arbeiten. Er kann sich also freipumpen, wenn er beispielsweise durch Hochwasser einmal unter Wasser gesetzt wird.

Je nach der Größe des Pulsometers erzielt man mit 1 kg Dampf eine Arbeit von 3000 bis 5000 mkg in gehobenem Wasser. In einzelnen Fällen sind schon 6000 bis 7000 mkg erreicht. Der Dampfverbrauch ist sehr hoch, er beträgt 50 bis 90 kg/PS/h. Es tritt eine geringe Erwärmung des gehobenen Wassers ein.

Der Pulsometer wird in solchen Fällen verwendet, wo der Dampfverbrauch gegenüber der Einfachheit des Betriebes nicht ins Gewicht fällt, z. B. zum Auffüllen des Lokomotivtenders, zum Füllen oder Entleeren von Behältern, zum Auspumpen von Baugruben und vereinzelt noch zur Wasserhebung in Bergwerken. Die Pumpenanlage wird verhältnismäßig billig, einfach und läßt sich rasch ausführen, so daß der Pulsometer besonders bei behelfsmäßigen Anlagen vorteilhaft ist.

IV. Wasserstrahl- und Dampfstrahlpumpen.

1. Wasserstrahlpumpen.

a) Gleichförmig wirkende Wasserstrahlpumpen.

Sie dienen zum Auspumpen von Baugruben und überschwemmten Kellern, bei Tunnelbauten und Tiefbauten usw. Voraussetzung ist das Vorhandensein einer Kraftwasserleitung.

Abb. 231 zeigt eine besonders einfache und billige Wasserstrahlpumpe (Ejektor). Dieselbe kann mit dem linken Gewindestutzen an die Wasserleitung angeschlossen werden. Das Druckwasser strömt durch die Düse D, saugt durch die Löcher L das Wasser aus dem Saugrohr S und drückt es in die rechts angeschlossene Druckleitung. Durch Wasser aus einer städtischen Wasserleitung läßt sich eine Förderhöhe von 8 bis 10 m bei genügend gutem Wirkungsgrad der Pumpe erreichen, davon kann die Saughöhe bis zu 3 m betragen. Die Pumpe kann auch ganz in das auszupumpende Wasser gelegt werden; in diesem Falle fällt der Saugstutzen fort und die äußere Wandung der Saugkammer wird siebartig durchlöchert, um große Verunreinigungen fernzuhalten, wie Abb. 232 zeigt. Der Wirkungsgrad

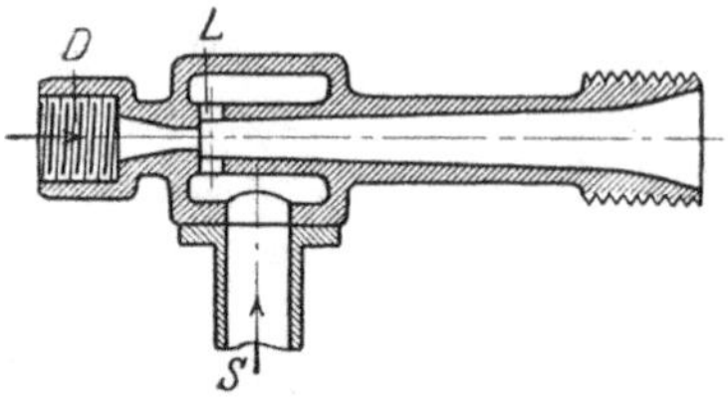

Abb. 231. Wasserstrahlpumpe.

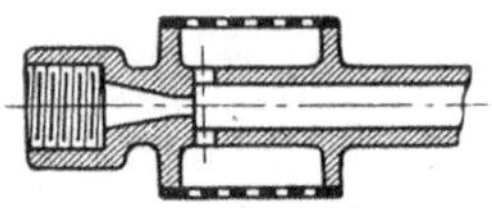

Abb. 232. Wasserstrahlpumpe für Schmutzwasser.

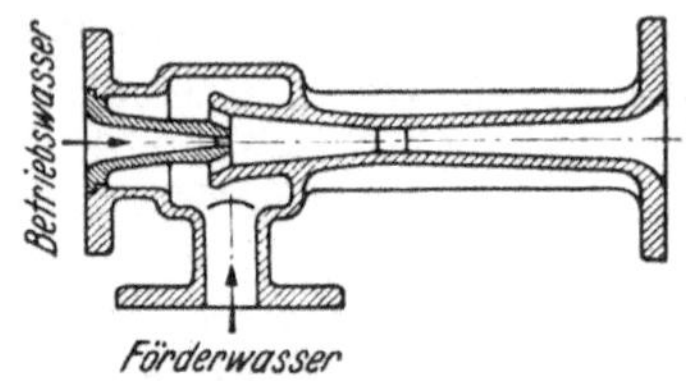

Abb. 233. Ejektor mit besonders eingesetzter Düse.

ist bei kleinen Pumpen $\eta = 0{,}1$ bis $0{,}15$, bei größeren $\eta = 0{,}22$ und bei ganz großen Pumpen bis höchstens 0,25, so daß die Wasserstrahlpumpe nur für schnell auszuführende vorläufige Anlagen in Frage kommt. Abb. 233 zeigt einen Ejektor von Schäffer & Budenberg-Magdeburg mit Flanschenanschluß und besonders eingesetzter Düse für größere Wassermengen.

b) Stoßweise wirkende Wasserstrahlpumpen (Stoßheber, hydraulische Widder).

Der hydraulische Widder dient zum Fördern eines Teiles einer größeren Wassermenge mit geringem Gefälle auf eine größere Höhe durch Stoßdruck des bewegten Wassers in der Kraftleitung D infolge plötzlicher Absperrung der Ausflußöffnung durch das Stoßventil A (s. Abb. 234). Die Kraftleitung D verbindet das Gehäuse F mit dem Vorratsbehälter E. Durch Herunterdrücken des Stoßventils A mit der Hand kann Wasser aus dem Ventil ausfließen, wodurch die Wassersäule in dem Rohr D in Bewegung gesetzt wird. Nach Freigabe des Stoßventils wird dasselbe durch das ausströmende Wasser mitgerissen und geschlossen. Durch den hierdurch verursachten Wasserstoß öffnet sich das Druckventil (Steigventil) B und das Wasser tritt in den Windkessel und in die Steigleitung D_1. Hierdurch wird der Wasserdruck gegen das Stoßventil für einen Augenblick aufgehoben, so daß dasselbe durch sein eigenes Gewicht herunterfällt. Nach Schluß des Druckventils B strömt wieder Wasser aus der Kraftleitung ins Freie aus, bringt das Stoßventil zum Schließen und erzeugt einen neuen Rückstoß und so fort. Der Widder wird in Gang gebracht, indem das Stoßventil mehrmals nacheinander mit der Hand niedergedrückt wird, bis die Steigleitung D_1 gefüllt ist. Dadurch, daß das Stoßventil eine Zeitlang geschlossen gehalten wird, kann man den Widder außer Betrieb setzen. Die Luft im Windkessel wird durch ein Schnüffelventil ständig ergänzt.

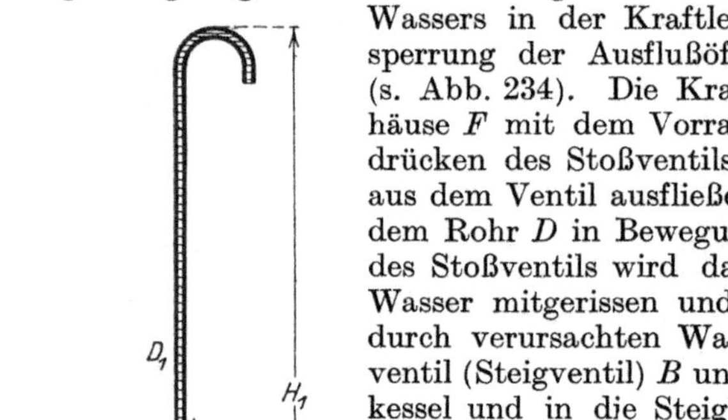

Abb. 234. Hydraulischer Widder.

Die Länge des Kraftwasserrohres soll tunlichst nicht länger als 20 m sein. Der Wirkungsgrad wird am günstigsten bei nicht zu großen Förderhöhen H_1 im Vergleich zur Gefällhöhe H, z. B. $\frac{H}{H_1} = \frac{1}{3}$. Bei Anlagen bis zu $\frac{H}{H_1} = \frac{1}{7}$ ist der Wirkungsgrad auch noch recht günstig. Im besten Falle kann η bis 0,9 werden, während bei großen Förderhöhen im Vergleich zur Gefällhöhe η auf 0,3 bis 0,2 sinkt. Die Firma Schäffer & Budenberg-Magdeburg führt hydraulische Widder aus für eine minutliche Zuflußmenge von 3 bis 1250 l bei einem Zuflußgefälle von 1 bis 10 m.

2. Dampfstrahlpumpen (Injektoren).

Beim Injektor wird die Energie rasch strömenden Dampfes zur Förderung des Wassers benutzt. Der Dampfverbrauch ist sehr hoch, so daß der Injektor in der Regel nur zur Dampfkesselspeisung verwendet wird, da hierbei die dem Wasser durch den Dampf mitgeteilte Wärme nicht verloren geht. Das Speisewasser darf bei einfachen Injektoren und nicht allzu hohem Kesseldruck (etwa

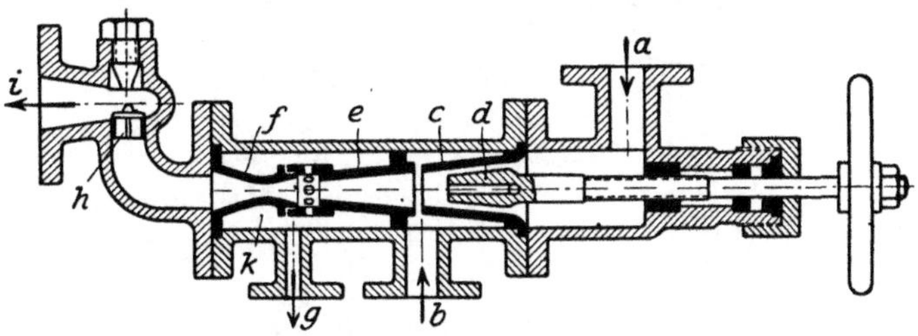

Abb. 235. Injektor.

2 at) eine Temperatur bis zu 30° C haben. Bei ganz niedrigem Dampfdruck von 2 bis 3 at ist eine Speisewassertemperatur bis zu 55° C zulässig. Am günstigsten ist es, wenn das Wasser zufließt, doch kann der Injektor auch saugend ausgeführt werden. Bei nicht saugender Anordnung kann der Injektor sogar mit Abdampf betrieben werden. Bei saugender Anordnung muß etwas Frischdampf dem Abdampf zugeführt werden.

Abb. 235 zeigt einen einfachen saugenden Injektor von Schäffer & Budenberg-Magdeburg. Er besteht aus einem Gehäuse, in das die drei Düsen *c*, *e* und *f* eingebaut sind. Bei *a* ist der Dampfeinlaß. Von dort tritt der Dampf in die Dampfdüse *c* und strömt aus derselben infolge der Verengung mit großer Geschwindigkeit in die Mischdüse *e*. Beim Eintritt in *e* trifft der Dampf mit dem bei *b* eintretenden Wasser zusammen und reißt dasselbe in die Düse *e* hinein. Durch die Mischung des Dampfes mit dem Wasser in der Düse *e* kondensiert sich der Dampf und gibt einen Teil seiner Strömungsenergie und seiner Wärme an das Wasser ab. Am Ende der Mischdüse hat das Gemisch eine hohe Geschwindigkeit erreicht, welche nun in der sich nach links erweiternden Druckdüse *f* (auch Fangdüse genannt) in Druck umgesetzt wird. Dieser Druck ist erheblich höher als der Kesseldruck, so daß das Wasser in den Kessel hineinbefördert werden kann. *h* ist ein Rückschlagventil. Bei *i* findet der Anschluß an den Kessel statt. Zwischen der Mischdüse *e* und der Druckdüse *f*, welche zusammengeschraubt sind, ist ein kleiner zylindrischer Raum vorhanden (Überlauf), dessen Wand mehrere Löcher erhält, damit überflüssiges Kondenswasser beim Ingangsetzen des Injektors in den sogenannten Schlabberraum *k* gelangen und von dort durch den Stutzen *g* abfließen kann. Bei den saugenden Injektoren muß der Dampfzutritt so durch die Düsennadel *d* eingestellt werden, daß zuerst nur ein schwacher Dampfstrahl aus der Dampfdüse tritt, welcher die Luft aus dem Raum *k* und aus dem Saugrohr mitreißt und dadurch ein Vakuum erzeugt. Dadurch wird das Wasser angesaugt. Das Kondensat in dem Überlauf zwischen der Mischdüse *e* und der Druckdüse *f* tritt solange durch *g* ins Freie, bis die Düsennadel ganz geöffnet ist. In der Abb. 235 ist der Düsenkegel *d* der Länge nach und außerdem beim Übergang in die Spindel quer durchbohrt, so daß bei noch geschlossenem Ventilkegel, aber schon geöffnetem Dampfabsperrventil in der Dampfzuleitung, die nötige Dampfmenge zum Anlassen des Injektors hindurchtreten kann. Durch die Mischung des Wassers mit dem Dampf herrscht nach geöffneter Düsennadel im Raum *k* ein ständiges Vakuum, wodurch das dauernde Ansaugen des Wassers gesichert ist. Nach dem richtigen Arbeiten des Injektors wird der Abfluß

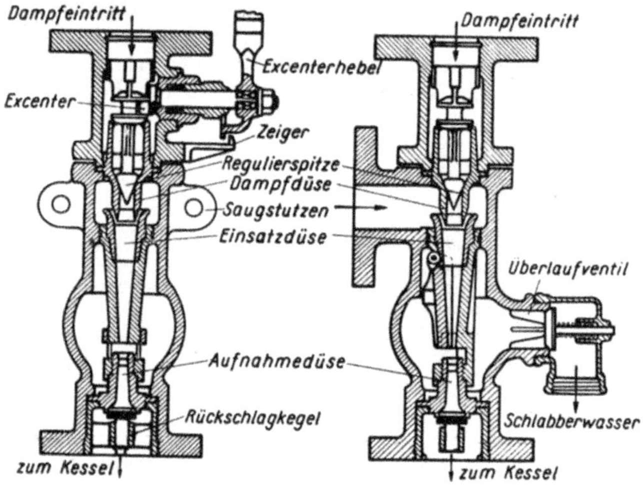

Abb. 236. **Restarting-Injektor.**

bei *g* durch ein federbelastetes Ventil (Schlabberventil), wie es in der Abb. 236 des dort gezeigten Restarting-Injektors zu sehen ist, selbsttätig abgesperrt, damit keine schädliche Luft eindringen kann und kein weiterer Wasserverlust eintritt.

Bei nichtsaugenden Injektoren muß man zuerst das Wasser anstellen und dann erst den Dampf. Die Wassermenge muß durch einen Zuflußhahn nach Bedarf eingestellt werden können. Das überflüssige Wasser tritt solange durch den Überlauf ins Freie, bis der Wasserzutritt so reguliert ist, daß er gerade zur vollständigen Kondensation des Dampfes ausreicht und der Strahl die nötige Geschwindigkeit zur Überwindung des Kesseldruckes hat.

Durch unbeabsichtigtes Eintreten von Luft während des Betriebes (Undichtheiten) oder durch Stöße und Schwankungen (auf Schiffen und Lokomotiven) kann ein Aussetzen des einfachen Injektors eintreten, so daß derselbe wieder neu angestellt werden muß. Der **Restarting-Injektor** springt in diesem Falle gleich wieder selbsttätig an. Dies wird durch eine sogenannte Klappdüse erreicht. Abb. 236 zeigt die Ausführung dieses Injektors von Schäffer & Budenberg. Der Dampf tritt oben ein. Die Dampfdüse kann oben mit einem Ventilkegel von außen durch den Exzenterhebel und das Exzenter (innen ist eine kurze Kurbel) abgesperrt werden. Die Regulierspitze (Düsennadel) besteht mit dem

Kegelventil aus einem Stück. Das Wasser tritt seitlich, wie durch den Pfeil bezeichnet, ein. Die Mischdüse besteht aus einer oberen Einsatzdüse und einem unteren Teil, welcher der Länge nach geteilt ist. Wie es in dem rechts gelegenen Längsschnitt zu sehen ist, kann die linke Hälfte der Düse um einen Bolzen seitlich aufklappen. Beim Anlassen und auch durch etwa eingetretene Luft in das Saugrohr wird die Düsenklappe durch den Dampf- und Wasserstrom geöffnet und dadurch der Düsenquerschnitt vergrößert. Das Gemisch aus Dampf und Wasser sammelt sich in dem umgebenden Schlabberraum und tritt durch das aufgedrückte Schlabberventil ins Freie. Sobald der Dampf vollständig kondensiert und die Luft beseitigt ist, sinkt die Spannung in der Mischdüse, und die Klappe wird durch den äußeren Druck geschlossen. Der Strahl strömt jetzt in die Druckdüse, öffnet das unten eingebaute federbelastete Rückschlagventil und tritt in den Dampfkessel. Der Restarting-Injektor kann ebenfalls saugend oder nichtsaugend verwendet werden. Mit Rücksicht auf die Klappdüse wird er meistens stehend ausgeführt, wie die Abb. 236 zeigt. Ganz ausnahmsweise nur liegend. Dann muß die Klappdüse nach oben oder seitlich gerichtet sein, damit sie sich selbsttätig öffnen und schließen kann. Beim Anstellen wird der Hebel langsam so weit gedreht und dadurch der Ventilkegel und die Düsennadel geöffnet, bis aus dem Luftventil kein Schlabberwasser mehr abläuft. Dann ist der Injektor so eingestellt, daß er sicher weiterarbeitet, was an dem zischenden Geräusch am Apparat zu erkennen ist. Normal wird er für eine Saughöhe von 2 m und für einen Dampfdruck bis zu 12 at bei 30° C Speisewassertemperatur gebaut. Er läßt sich aber auch für Saughöhen bis $6^1/_2$ m und Dampfdrücke bis 35 at einrichten. Die Fördermenge beträgt 4 bis 375 l/min. Die kleinen Restarting-Injektoren werden ganz aus Rotguß, die größeren aus Gußeisen mit Rotgußzubehör hergestellt. Die Düsen lassen sich zwecks Reinigung leicht herausnehmen und nachsehen, ohne daß der Injektor aus der Leitung herausgenommen werden muß. In den Leitungen sind scharfe Biegungen zu vermeiden. Der Injektor muß eine eigene gut umhüllte Dampfzuleitung haben, welche von der höchsten Stelle des Kessels ausgeht, damit das Mitreißen von Wasser vermieden wird. Das Schlabberwasser muß sichtbar aus dem Überlaufstutzen abfließen. Ein Rückschlagventil auch in der Speiseleitung dicht am Kessel ist zu empfehlen.

Um bei hohem Dampfdruck heißes Wasser bis etwa 60° C speisen zu können, muß man einen **Doppel-Injektor** anwenden. Das Speisewasser wird in demselben um etwa 50° erhöht, so daß Wasser über Siedetemperatur in den Kessel gefördert werden kann. Hierdurch wird ein sparsamer Betrieb erreicht und der Kessel sehr geschont. Bewegliche Düsenteile, wie beim Restarting-Injektor, sind hier nicht vorhanden, so daß der Doppel-Injektor sehr betriebssicher ist und wenig Abnutzung vorliegt. Er hat keinen mit der Atmosphäre in Verbindung stehenden Überlauf oder Übersprung wie die anderen Injektoren, sondern die Mischdüse und die Druckdüse bestehen aus einem durchlaufenden Stück. Das Schlabberventil wird durch eine Spindel nur beim Anlassen kurze Zeit geöffnet und dann wieder geschlossen, so daß während des Speisens kein Verlust durch abfließendes Wasser eintritt und bei dichter Saugleitung keine störende Luft in den Injektor gelangen kann. Eine Dampf- und Wasserregulierung ist während des Betriebes nicht nötig. Beim Doppel-Injektor von Schäffer & Budenberg (s. Abb. 237) sind die beiden in einem gemeinsamen Gehäuse untergebrachten liegenden Injektoren hintereinander geschaltet. Der untere kleinere Injektor saugt unten das Wasser an und drückt es dem oberen großen Injektor zu. Misch- und Druckdüse bestehen bei beiden Injektoren aus einem Stück. Beim oberen Injektor kann die Dampfdüse durch ein Kegelventil mit verlängerter Düsennadel durch eine Spindel mit Hebel von außen geöffnet und abgesperrt werden. Der Dampf tritt oben links ein. Die Dampfdüse des unteren Injektors hat nur eine von außen einstellbare Düsennadel, welche meistens von der Firma einreguliert wird und dann offen bleibt. Zwischen dem Absperrkegel und der Düsennadel des oberen Injektors sind Öffnungen in dem Vorraum der Dampfdüse angebracht, durch

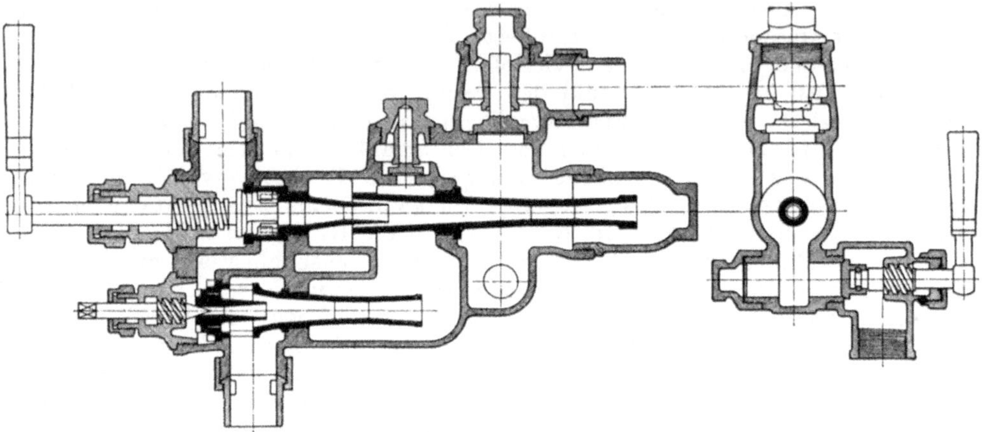

Abb. 237. Doppel-Injektor.

welche der Dampf nach Öffnung des Ventilkegels gleichzeitig Zutritt zur unteren Dampfdüse erhält. Oben rechts sind zwei Rückschlagventile; das größere, ganz rechts, für den oberen Injektor, das kleinere für den unteren Injektor. In dem rechts gelegenen Querschnitt ist das Ausfluß- oder Anlaßventil zu sehen, welches durch die Schraubenspindel mit Hebel geöffnet und geschlossen werden kann.

GPSR Compliance

The European Union's (EU) General Product Safety Regulation (GPSR) is a set of rules that requires consumer products to be safe and our obligations to ensure this.

If you have any concerns about our products, you can contact us on ProductSafety@springernature.com

In case Publisher is established outside the EU, the EU authorized representative is:

Springer Nature Customer Service Center GmbH
Europaplatz 3
69115 Heidelberg, Germany

Batch number: 10682323

Printed by Printforce, the Netherlands